中国传统家具木工CAD图谱④

——沙发类

北京大国匠造文化有限公司 编
袁进东 李岩 主编

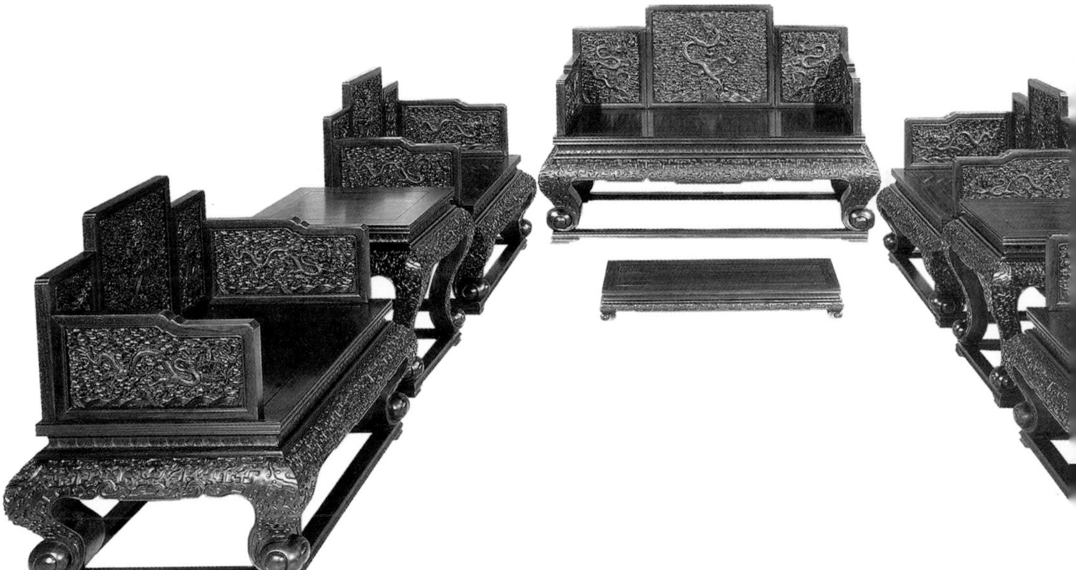

中国林业出版社

图书在版编目（CIP）数据

中国传统家具木工CAD图谱. ④, 沙发类 / 北京大国匠造文化有限公司编. -- 北京：中国林业出版社, 2017.7

ISBN 978-7-5038-9101-4

Ⅰ.①中… Ⅱ.①北… Ⅲ.①沙发－木家具－计算机辅助设计－AutoCAD软件－中国－图谱 Ⅳ.①TS664.101-64

中国版本图书馆CIP数据核字(2017)第151690号

本书编委会成员名单

主　　编：袁进东　李　岩
总 策 划：北京大国匠造文化有限公司
支持机构：中南林业科技大学中国传统家具研究创新中心

中南林业科技大学中国传统家具研究创新中心
首席顾问：胡景初
荣誉主任：刘文金
主　　任：袁进东
常务副主任：纪　亮　周京南
副 主 任：柳　翰　李　顺　李　岩
中心客座研究员：杨明霞　夏　岚
中心新广式研究所 所　长：李正伦
中心新广式研究所 副所长：汤朝阳

策划、责任编辑：纪　亮　樊　菲

出 版：中国林业出版社（100009 北京西城区德内大街刘海胡同 7 号）
网 址：http://lycb.forestry.gov.cn/
电话：010-8314 3518
发 行：中国林业出版社
印 刷：北京利丰雅高长城印刷有限公司
版 次：2017年7月第1版
印 次：2017年7月第1次
开 本：210mm × 285mm　1/16
印 张：10
字 数：200千字
定 价：128.00 元（全套6册定价：768.00元）

前 言

中国传统家具源远流长，无论是笨拙神秘的商周家具、浪漫神奇的矮型家具，或是古雅精美的高型家具，还是简洁隽秀的明式家具、雍容华贵的清式家具……都以其富有美感的永恒魅力吸引着世人的钟爱和追求。尤其是明清家具，将我国古代家具推上了鼎盛时期，其品种之多、工艺之精令国内外人士叹为观止。

《中国传统家具木工CAD图谱》系列图书分为椅凳类、台案类、柜格类、沙发类、床榻类、组合和杂项类等6个主要的家具类型。本册主要讲解的是中式沙发，其特点在于整个外在为实木框架，上置的海绵椅垫可以根据需要撤换。这种灵巧的方式使得中式沙发冬暖夏凉、方便实用，深受许多人的喜爱。不仅如此，每一款中式沙发都拥有独特的款式特点，在家居摆设中散发着东方古典的独特韵味。不同款式的沙发具体雕刻图案都蕴含着中国传统文化的哲学思想和美学理念，例如在沙发上雕刻蝙蝠、佛手、盘长、磬等组成的图案，喻意着福多寿长，表达了人们对家庭幸福的美好期望。利用自然的景观表达心中的期望，正是古人主张“道法自然”崇尚自然之美的最好证明。人依靠在上面，仿佛闭上双眼就能听到从几千年以前传来的阵阵乐曲，如此的祥和安宁，追求得是“韵中之至”和“境生象外”，体会得是空灵、虚无、含蓄的意蕴和艺术境界。

本书中开篇第一件家具为解详细分图，分别标注了家具每个部件的详细尺寸，以后家具图纸为整体分解图纸，仅标注整体家具的详细尺寸，细分部件则不作详细标注。较为复杂的家具图纸为对开双页，简单的为单页。

书中家具款式主要来源于市场，本书纯属介绍学习之用，绝无任何侵害之意。本书主要用于家具爱好者学习参考之用，可作为古典家具学习者，爱好者研究学习之辅助教材。

本书编委会

目　录

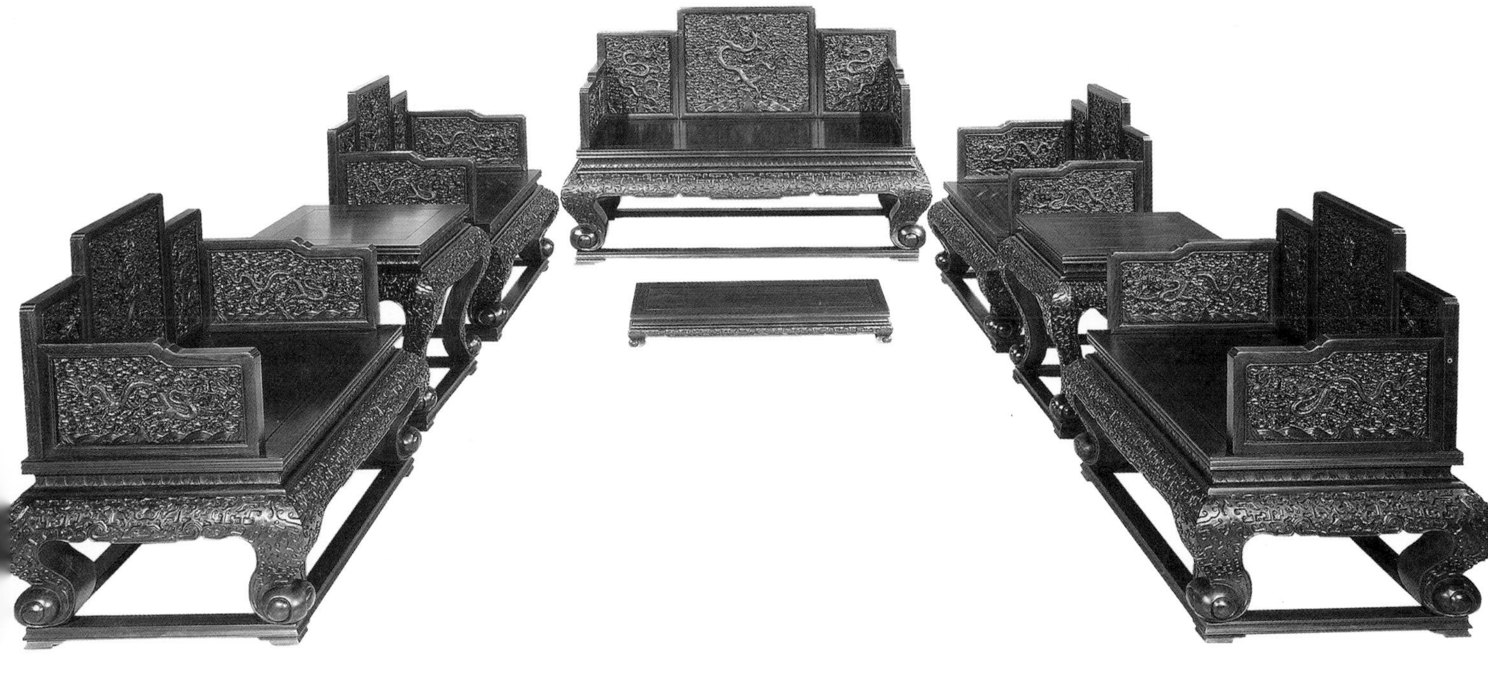

明式兰亭沙发

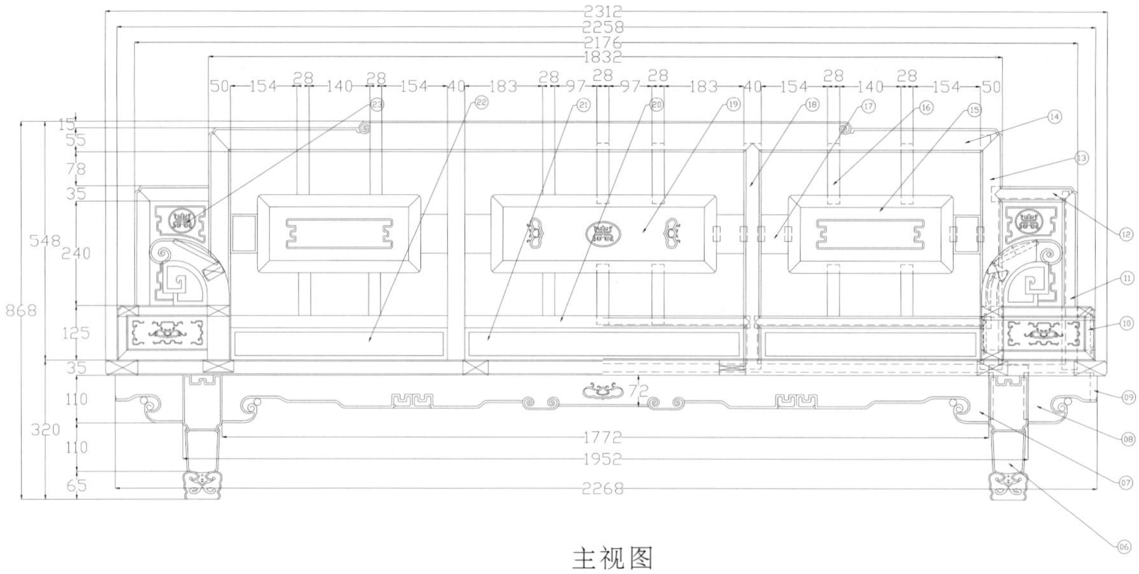

主视图

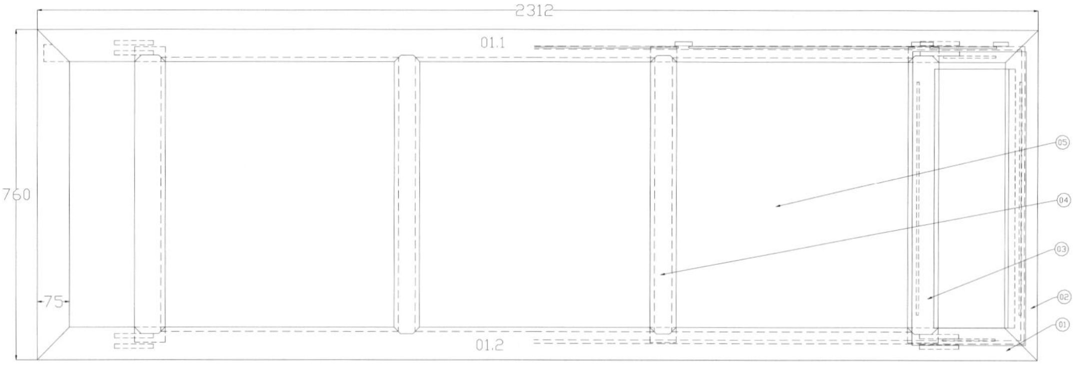

俯视图

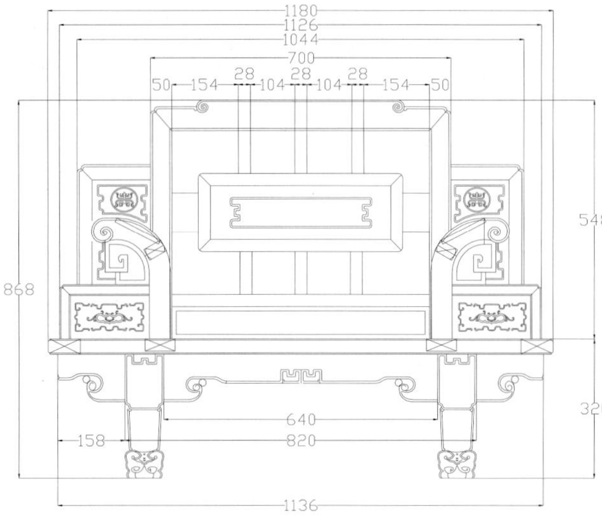

主视图

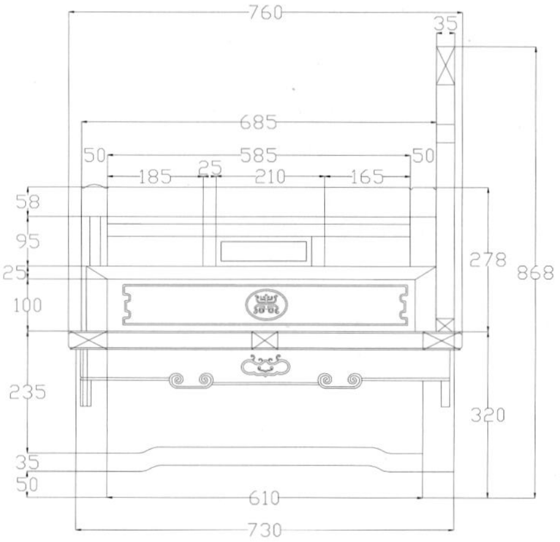

右视图

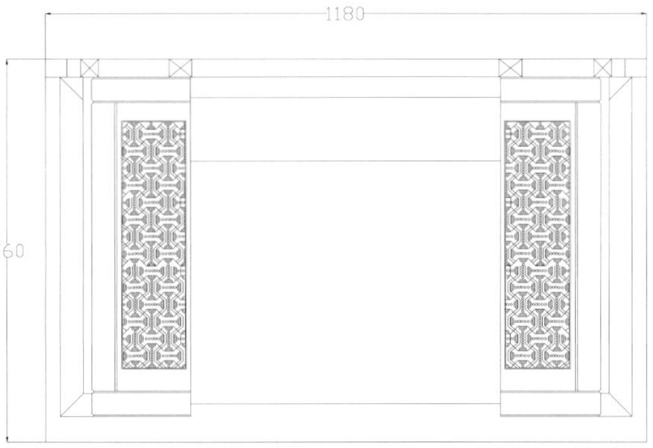

俯视图

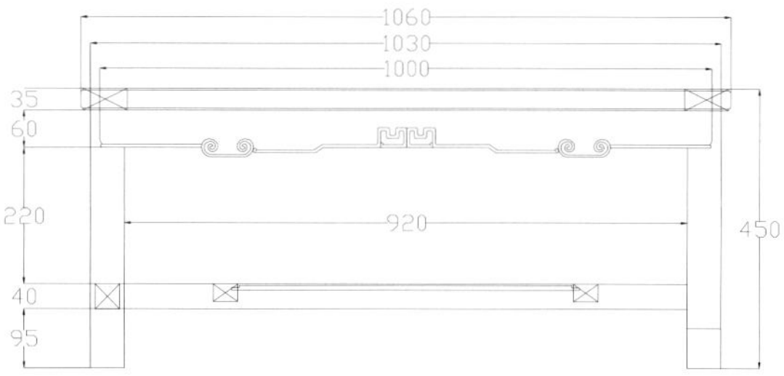

主视图

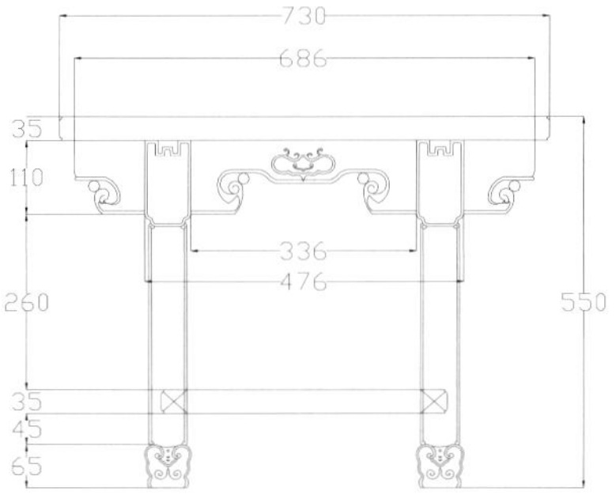

右视图

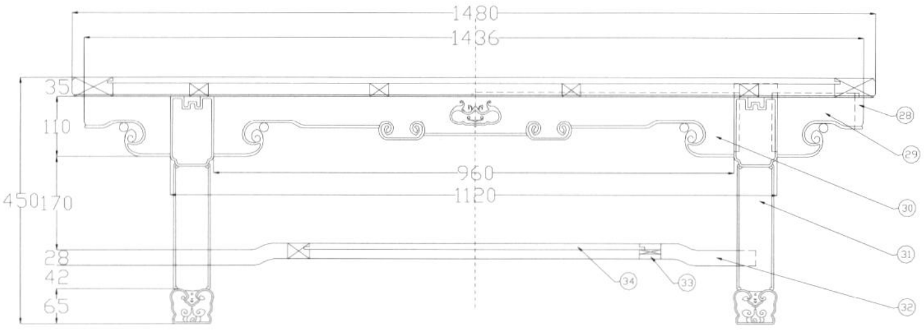

主视图

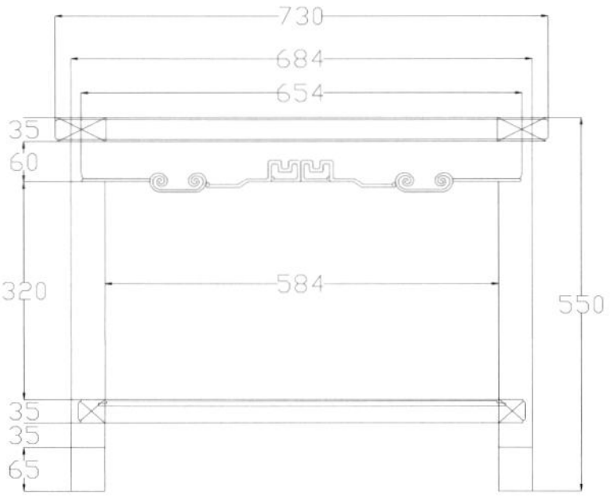

右视图

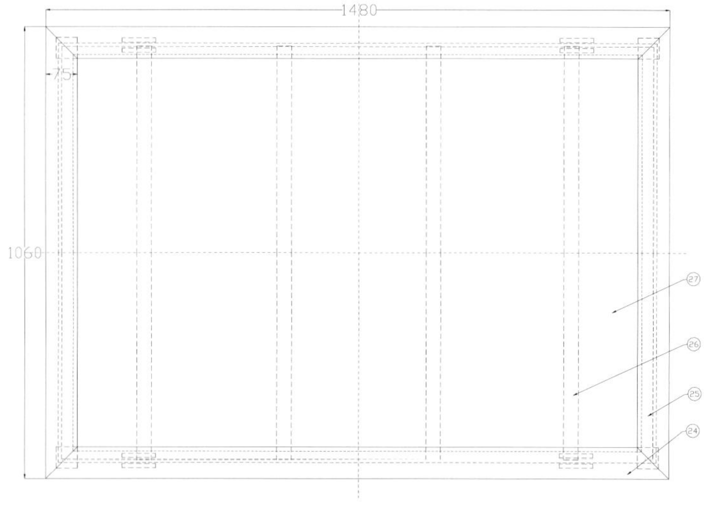

俯视图

结构图

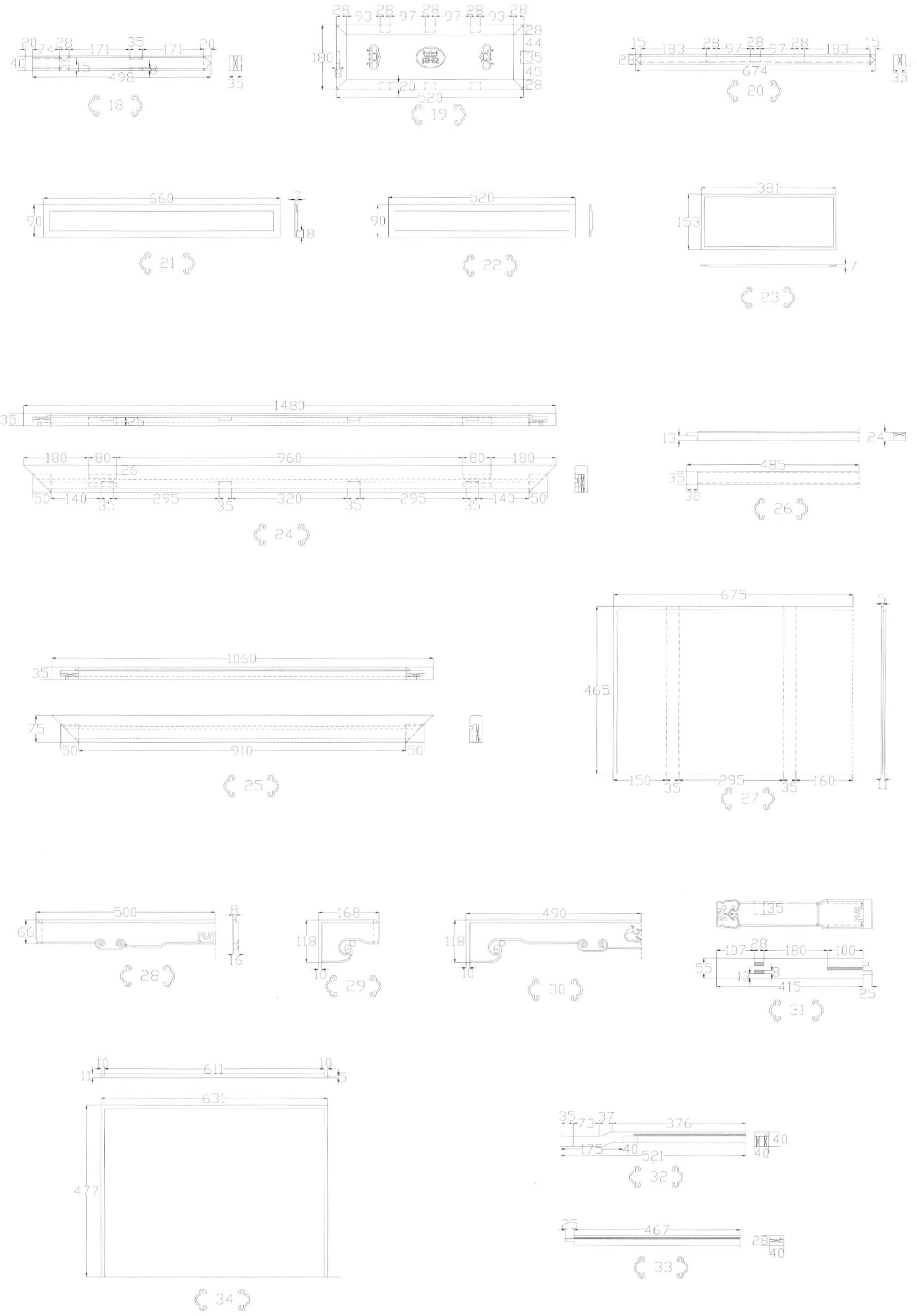
20 74 28 171 35 171 20
40 15 8 498 35
18
28 93 28 97 28 97 28 93 28
180 8 28 44 35 45 28 20 520
19
15 183 28 97 28 97 28 183 15
28 674 35
20
660 90 7 8
21
520 90
22
381 153 7
23
1480 35 25
180 80 960 80 180 26
50 140 35 295 35 320 35 295 35 140 50
24
13 24 485 35 30
26
1060 35
75 50 910 50
25
675 5 465
150 35 295 35 160 11
27
500 66 8 16
28
168 118 10
29
490 118 10
30
135 107 28 180 100 55 13 8 415 25
31
10 611 10 11 5
631 477
34
35 73 37 376 175 40 521 40 40
32
25 467 28 40
33

结构图

明式回纹沙发套件

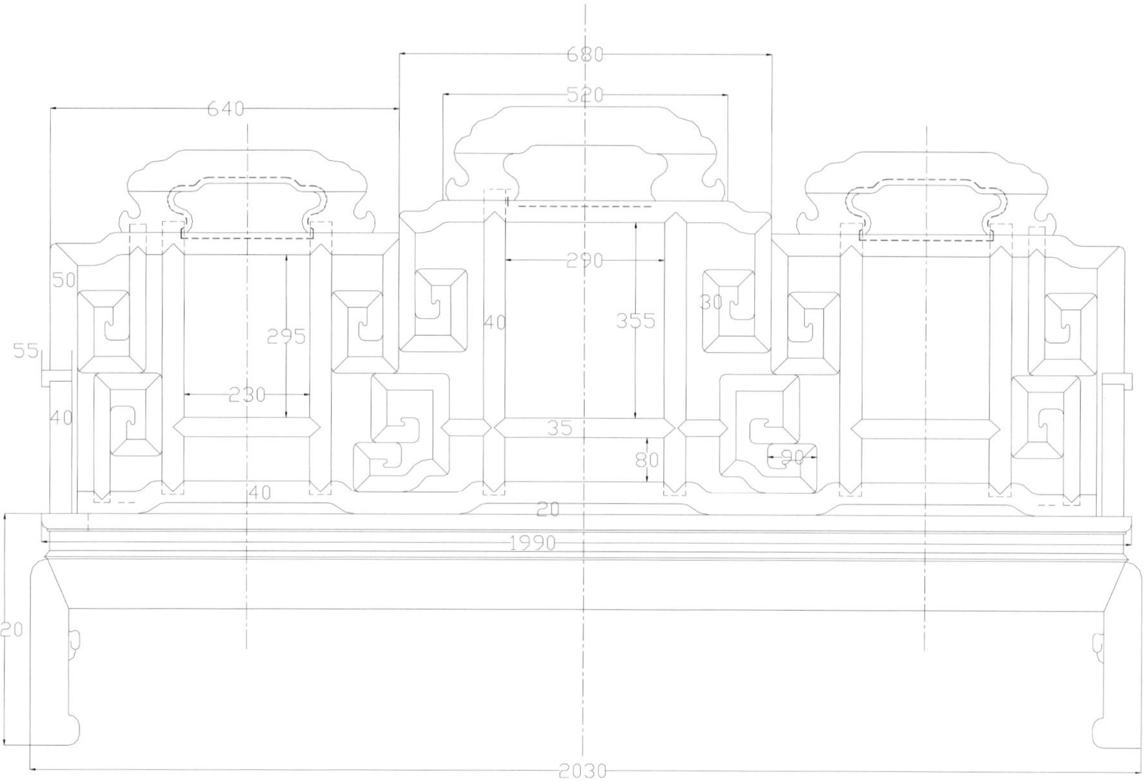

主视图

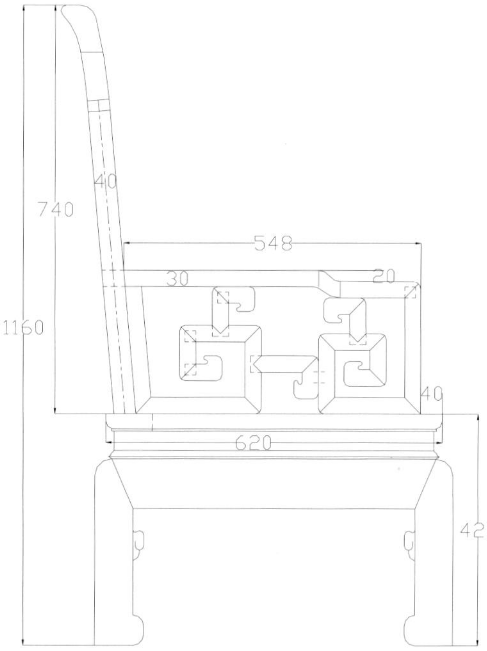

左视图

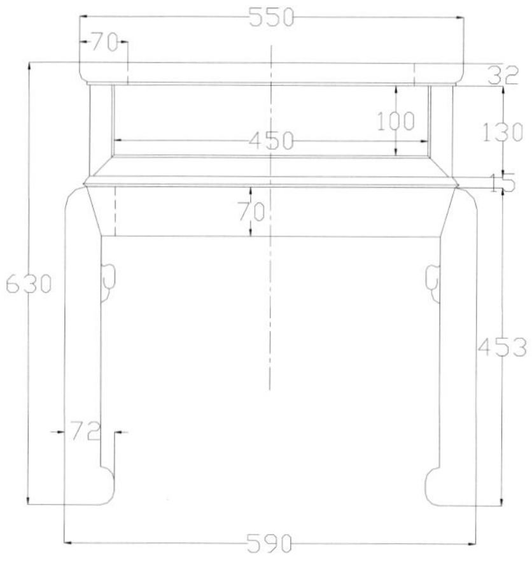

主视图

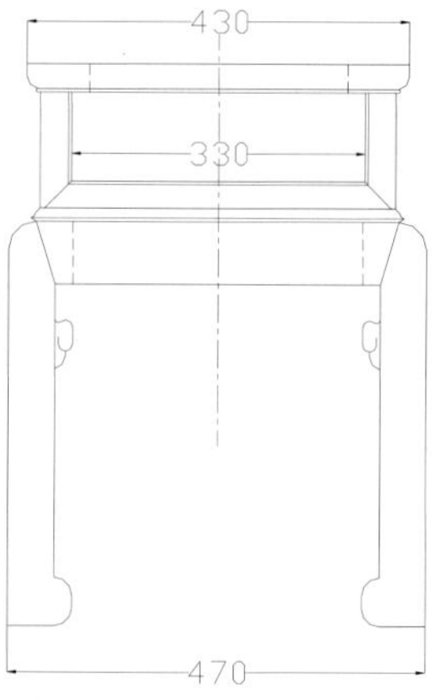

左视图

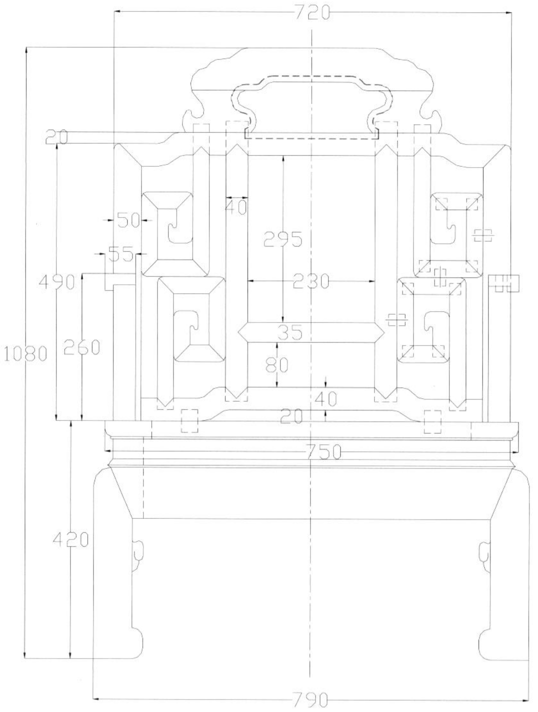

主视图

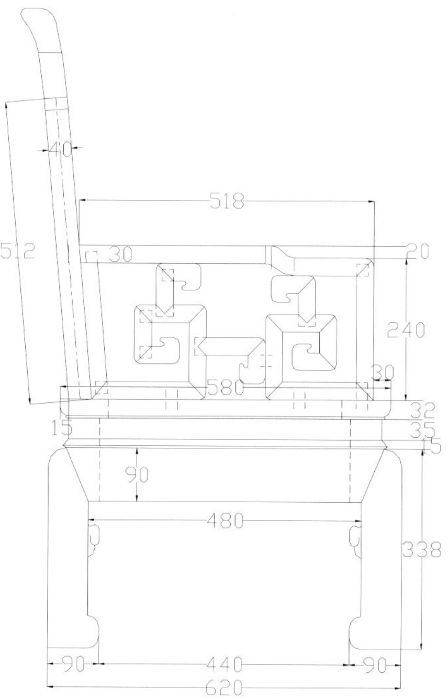

左视图

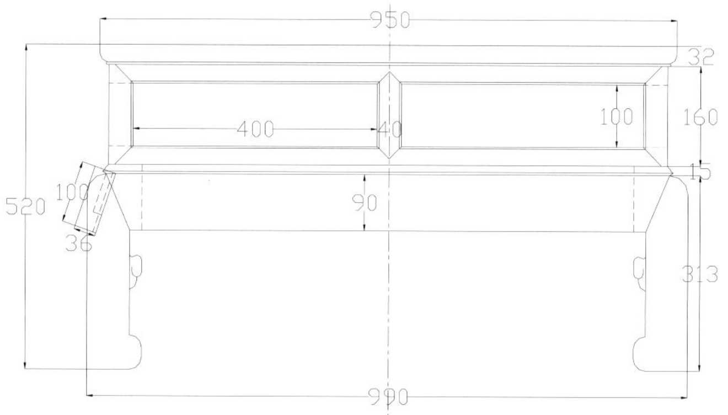

左视图

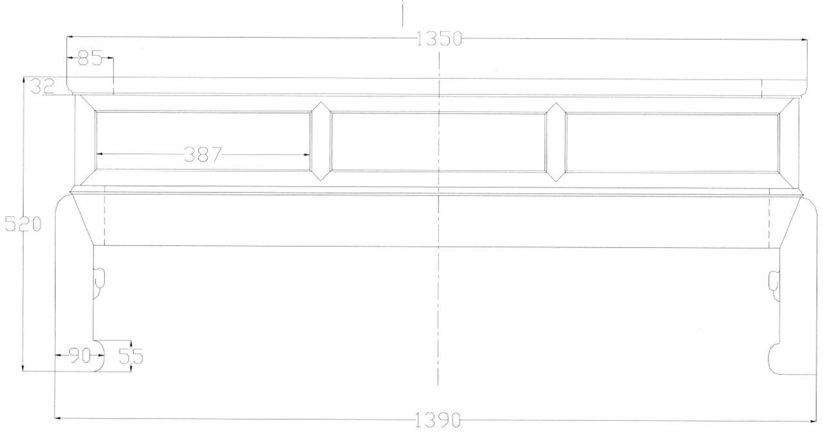

主视图

新中式八仙过海沙发

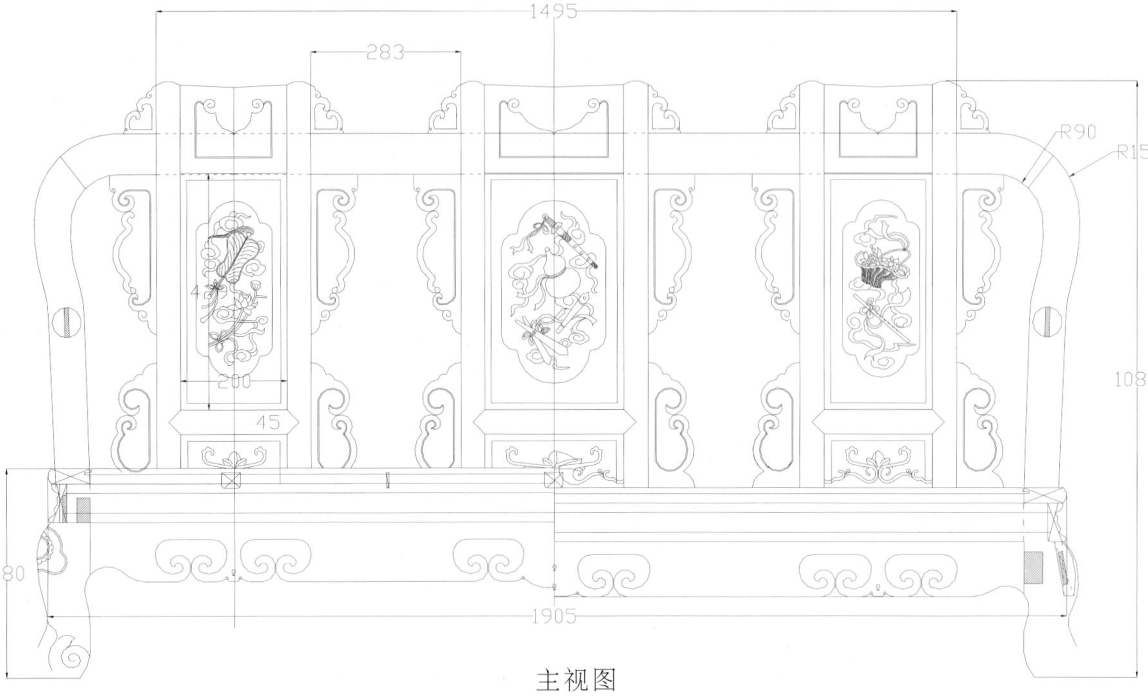

主视图

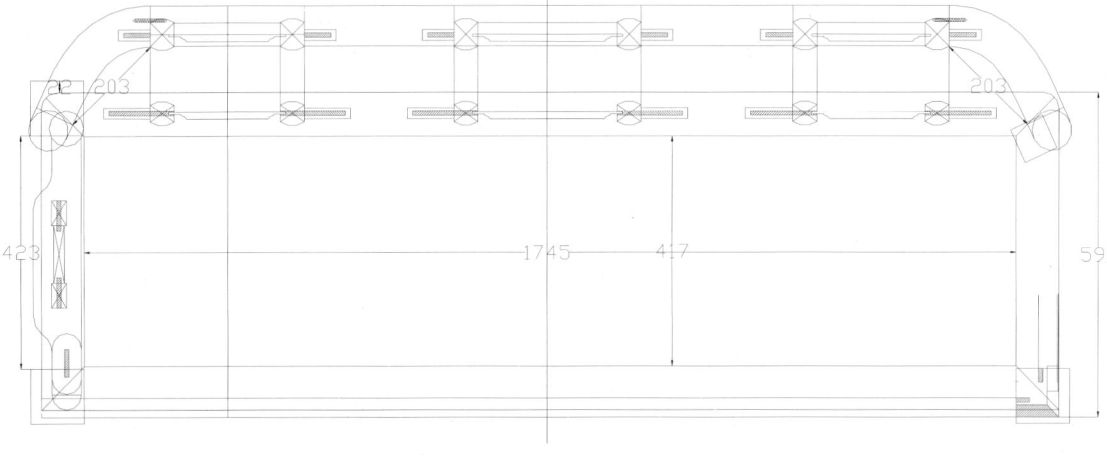

左视图

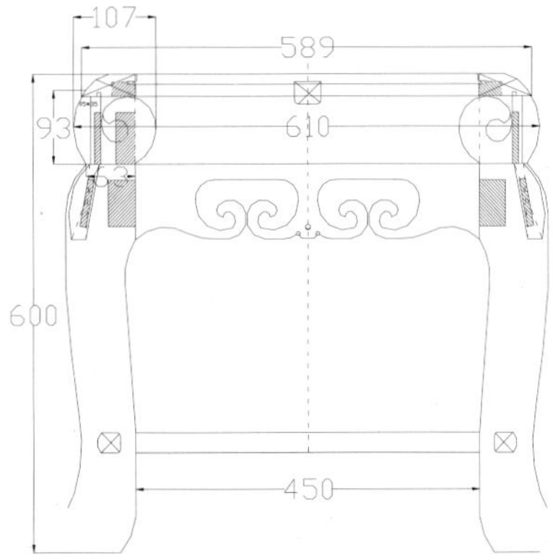

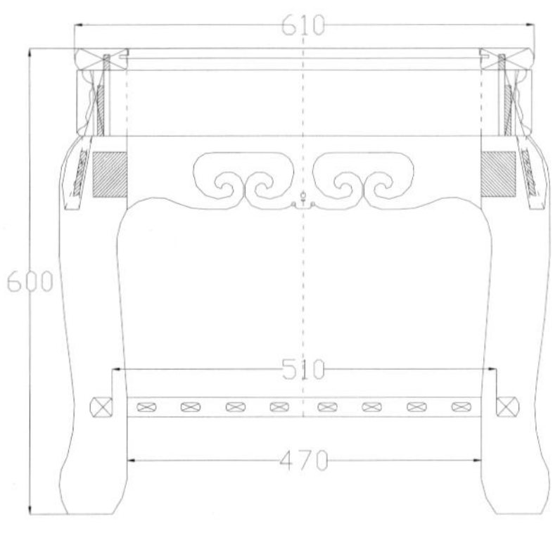

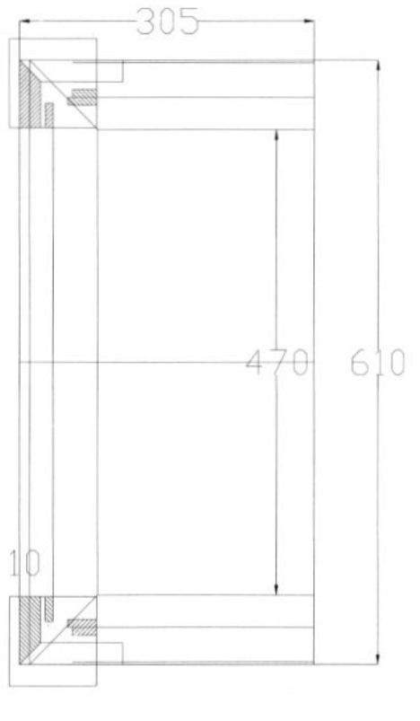

左视图　　主视图　　剖视图

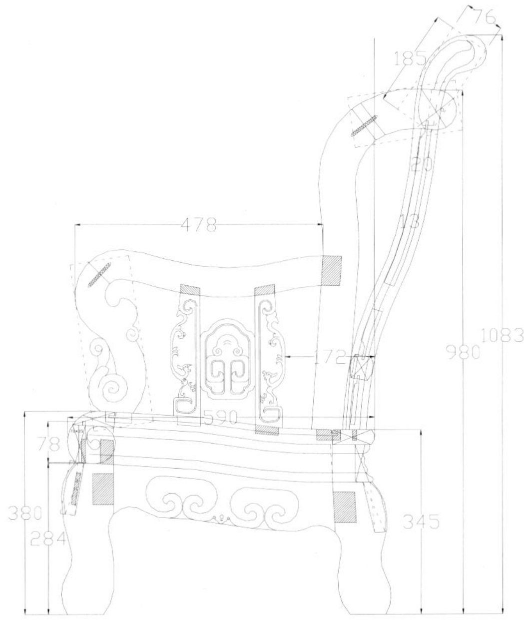

右视图

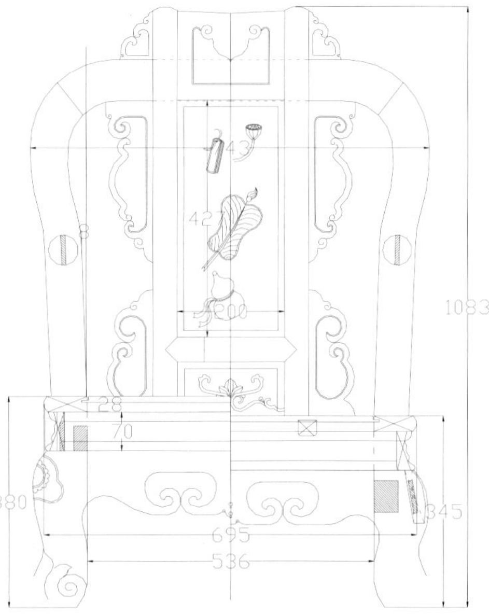

主视图

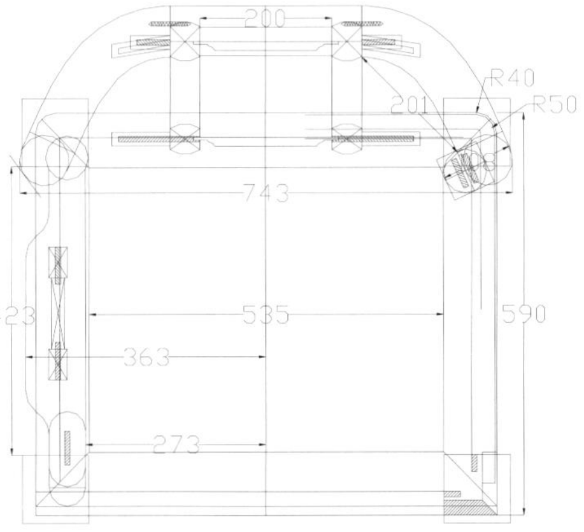

俯视图

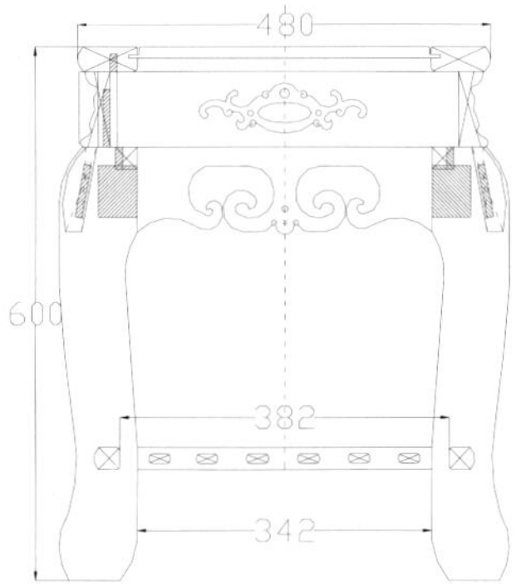

主视图

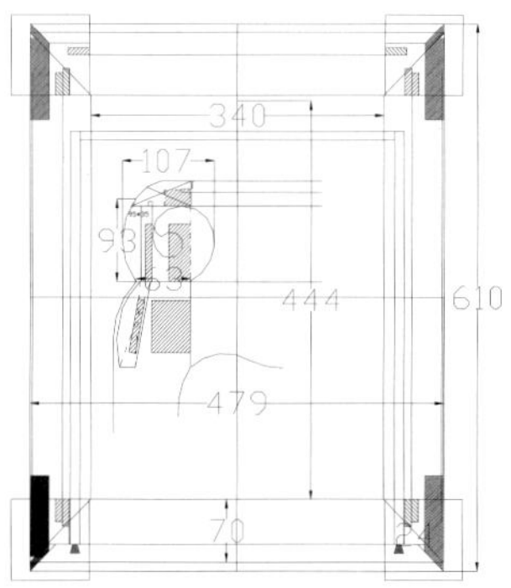

剖视图

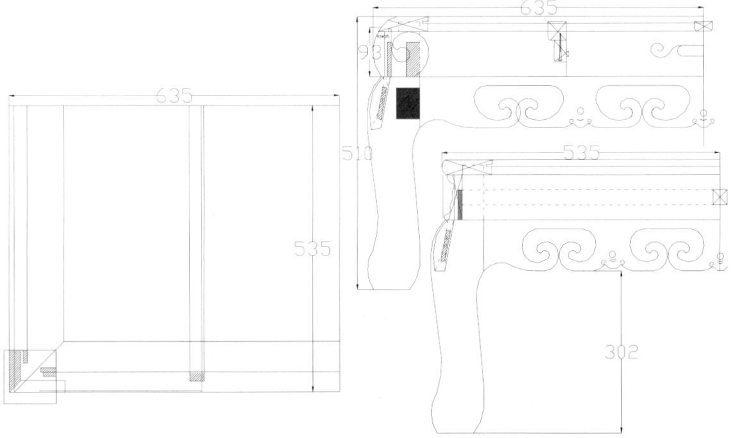

剖视图

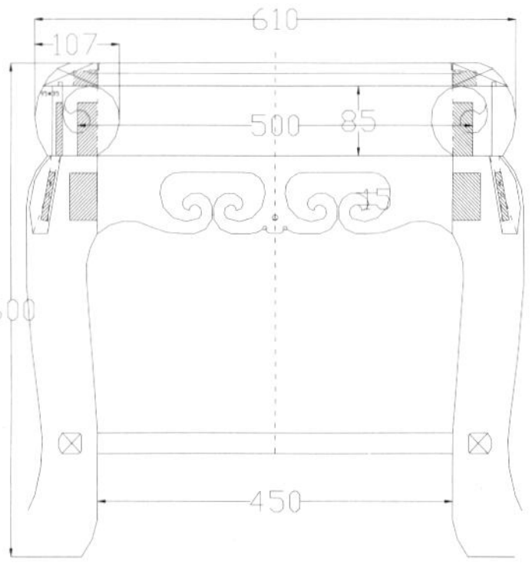

左视图

千里江山沙发

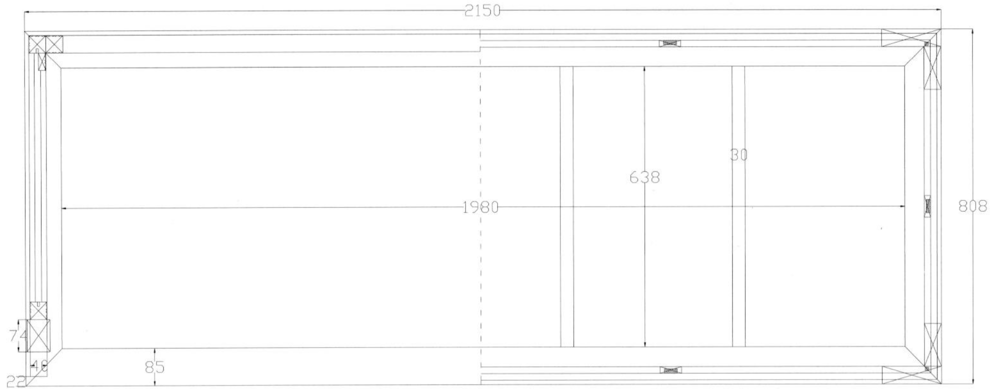

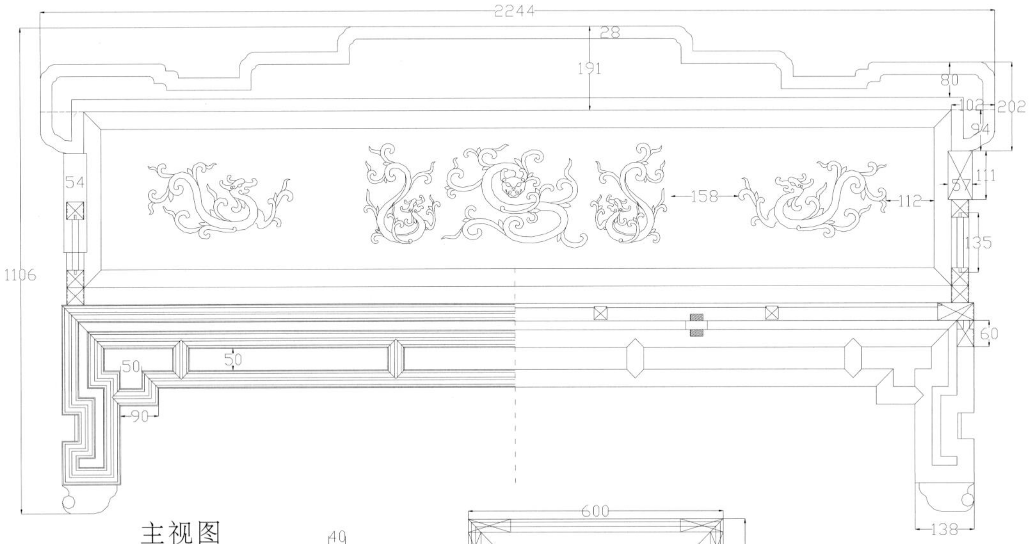

主视图

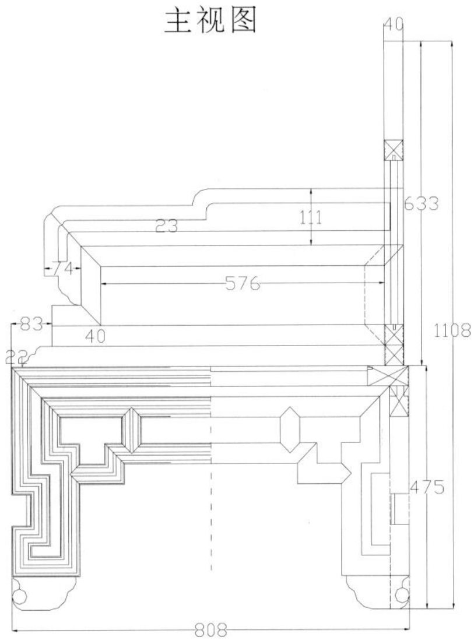

右视图

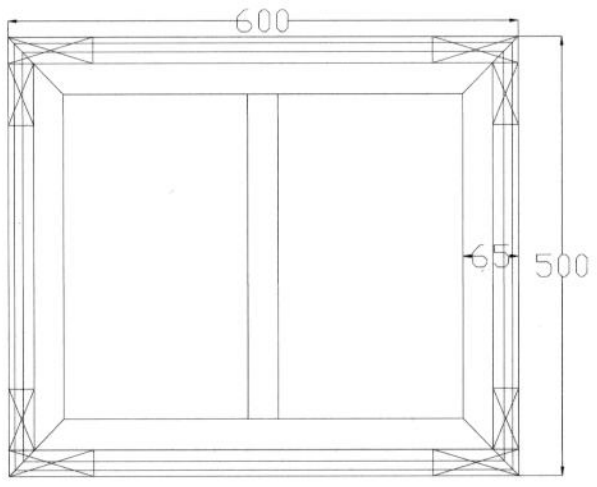

俯视图

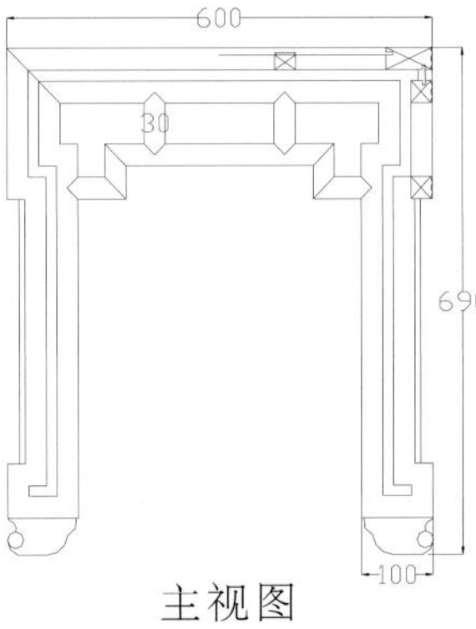

主视图

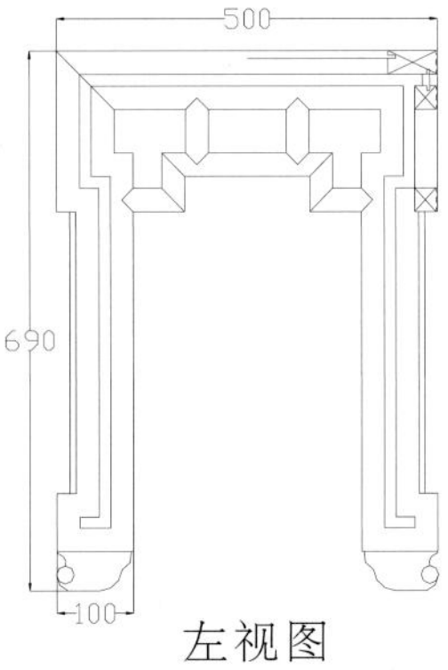

左视图

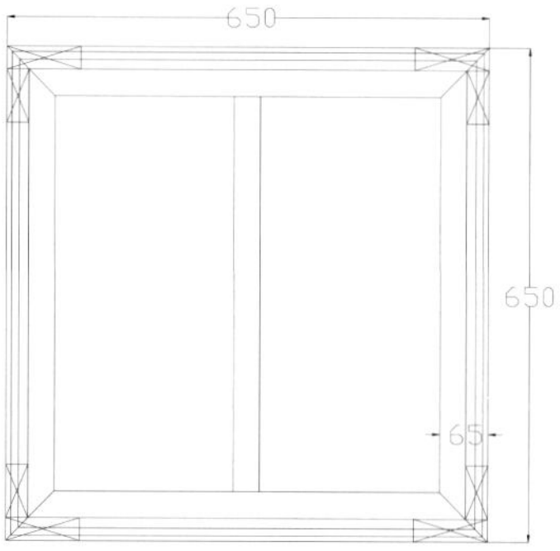

仰视图

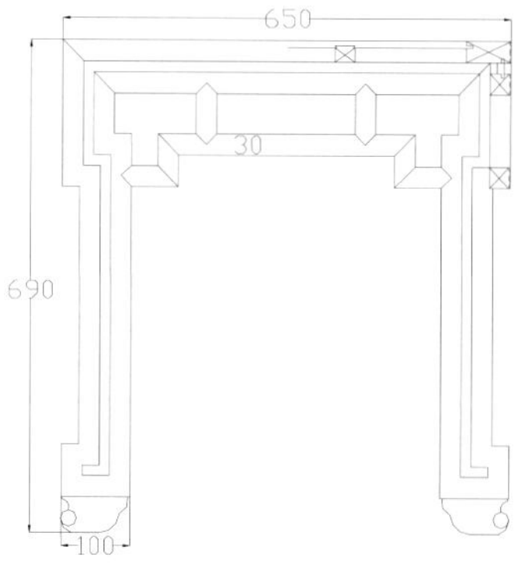

主视图

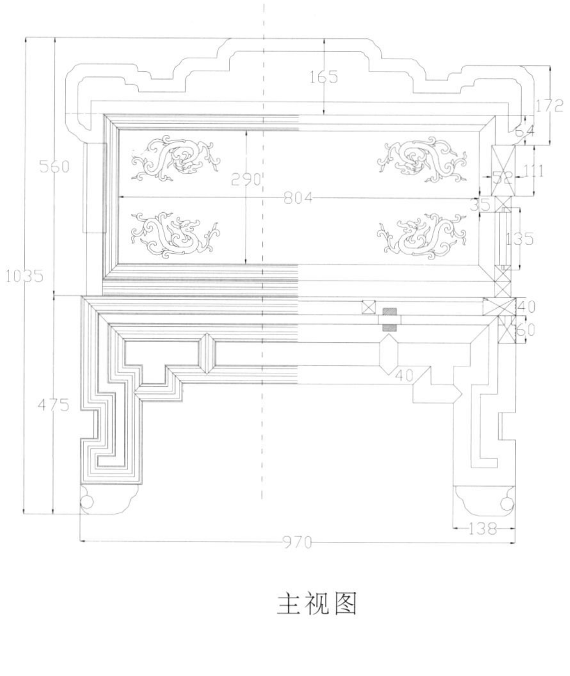

主视图

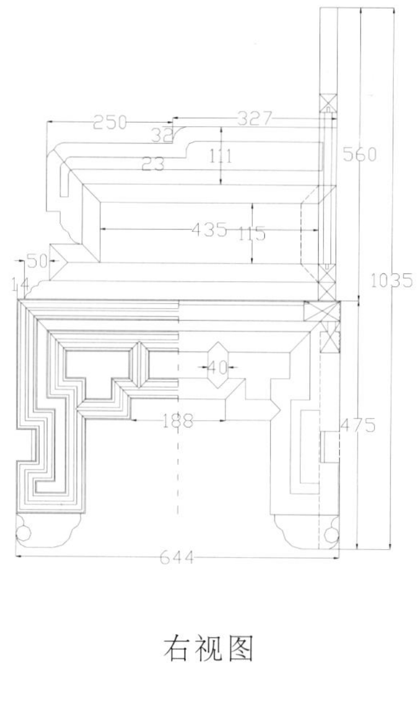

右视图

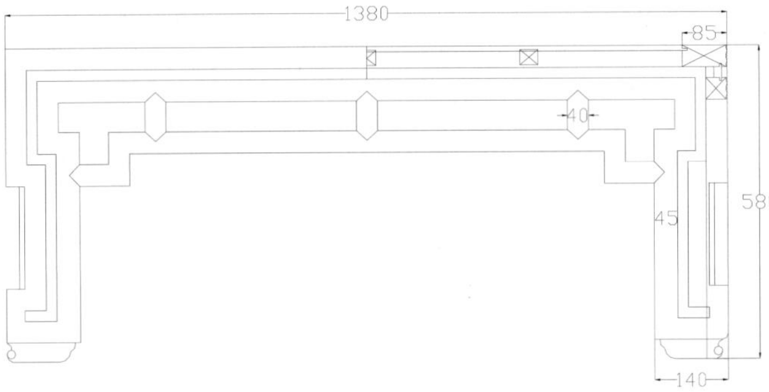

主视图

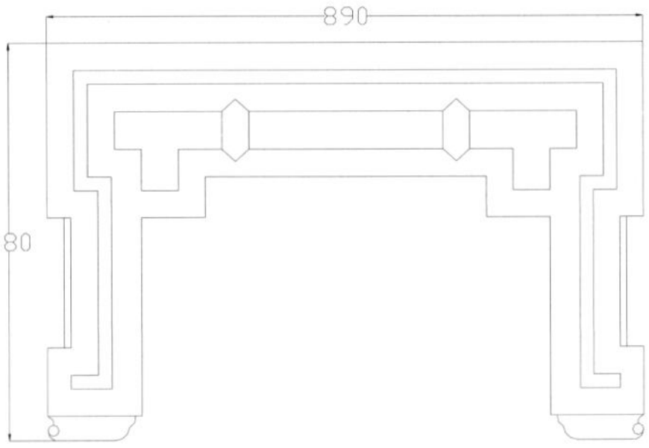

右视图

主视图

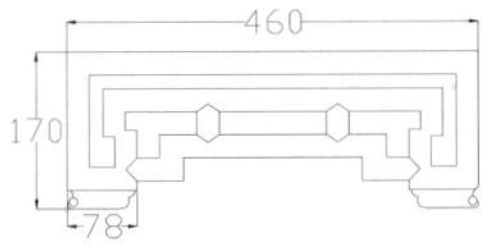

右视图

清式五福如意加长沙发

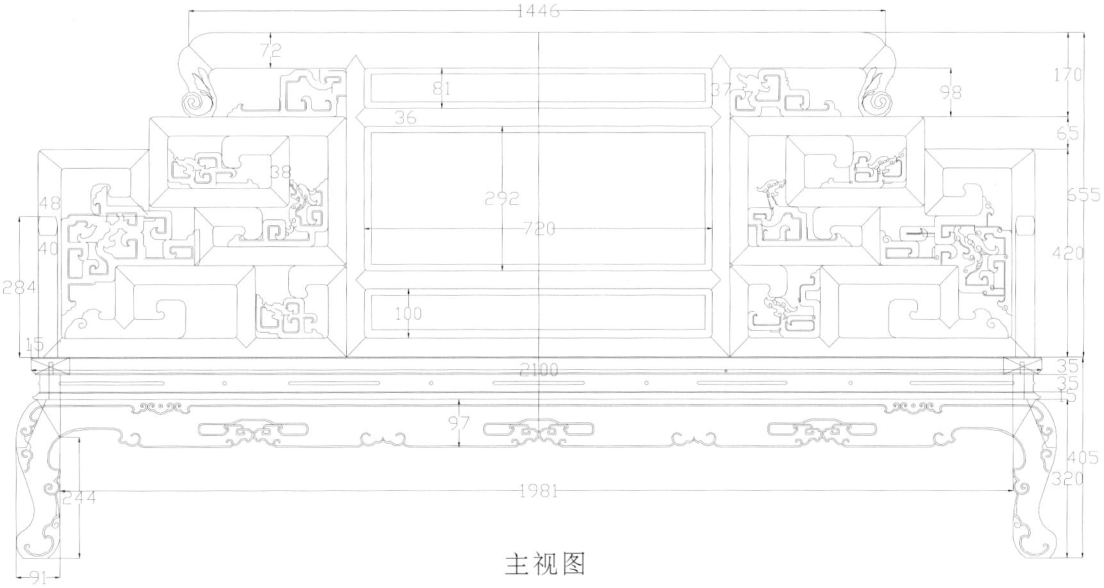

主视图

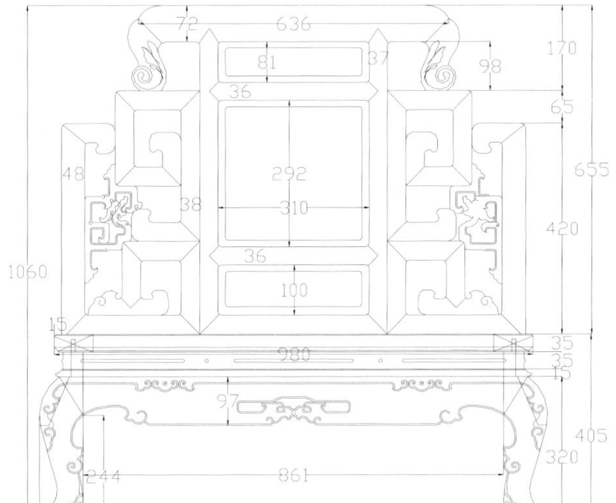

主视图

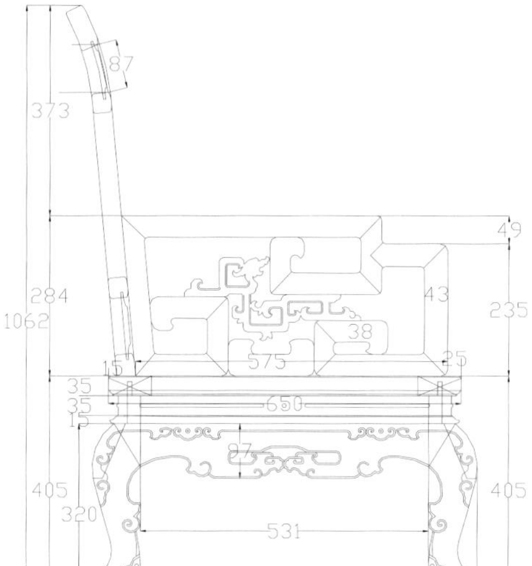

左视图

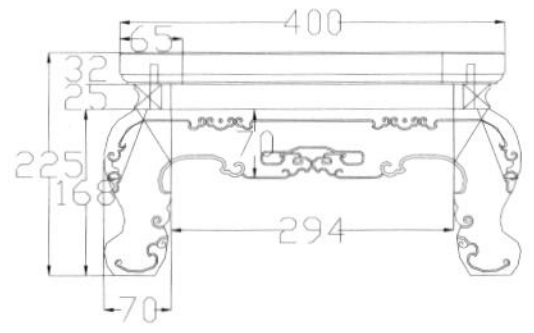

主视图

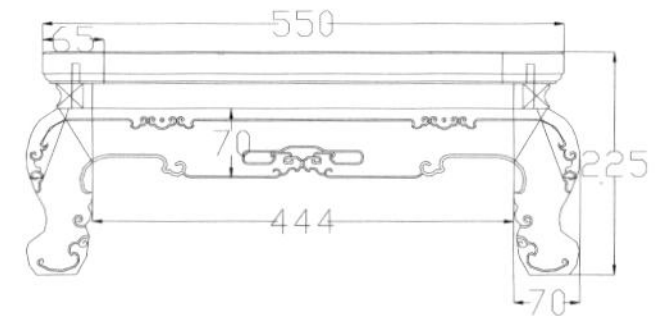

左视图

新中式龙行沙发

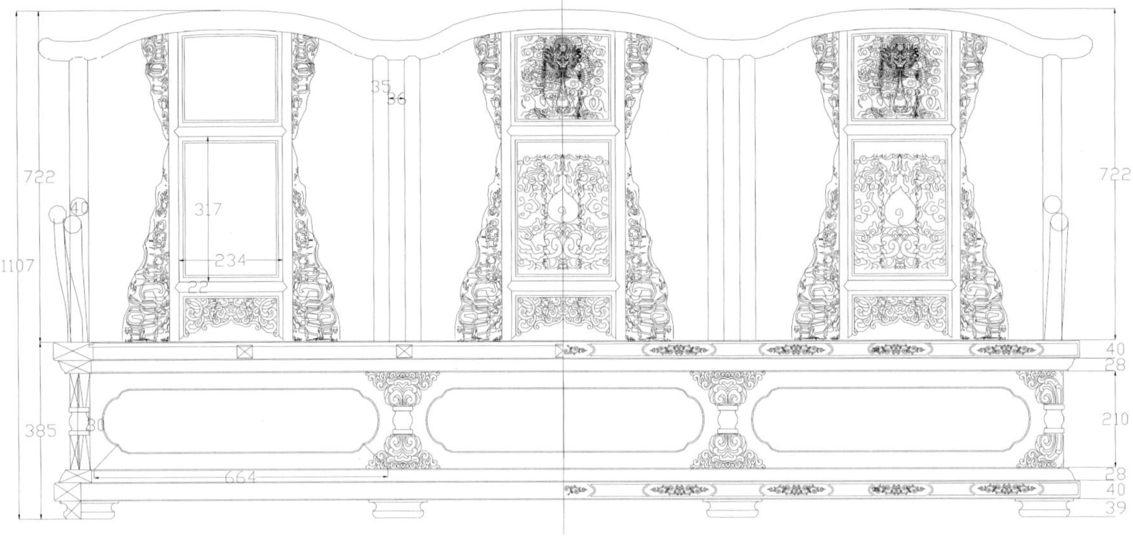

主视图

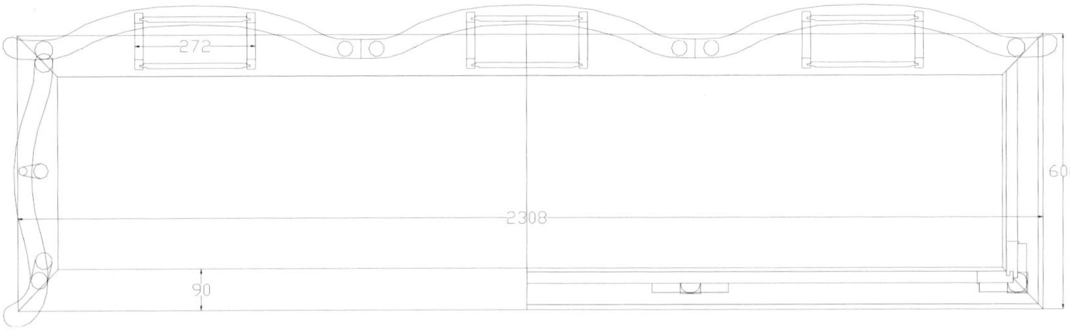

俯视图

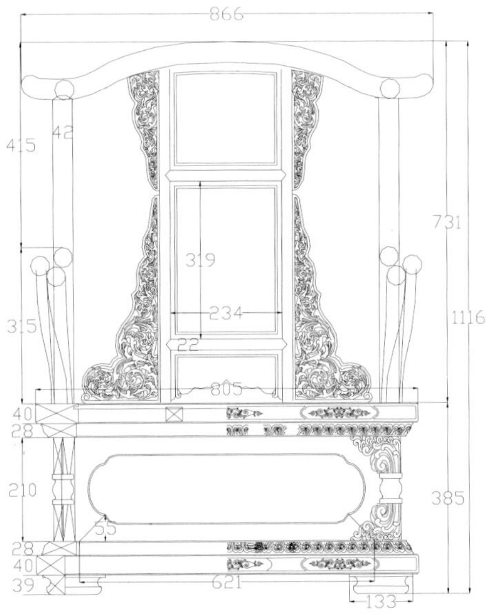

主视图

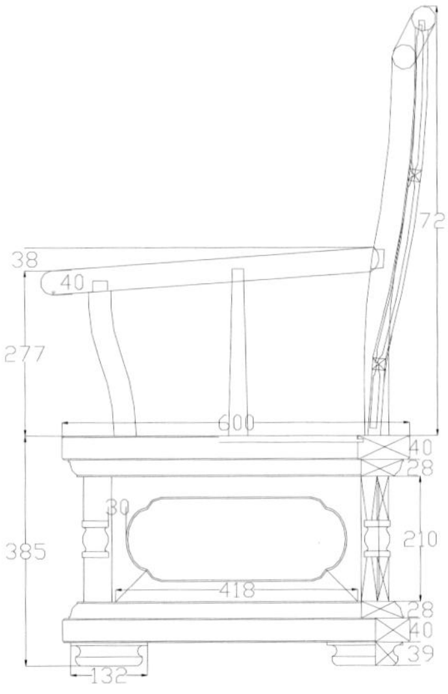

右视图

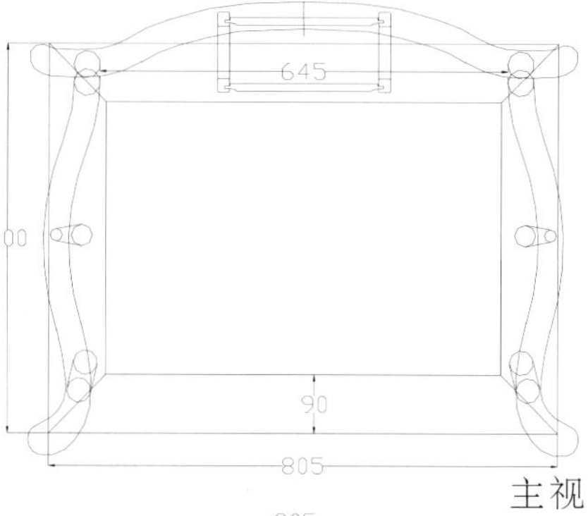

主视图

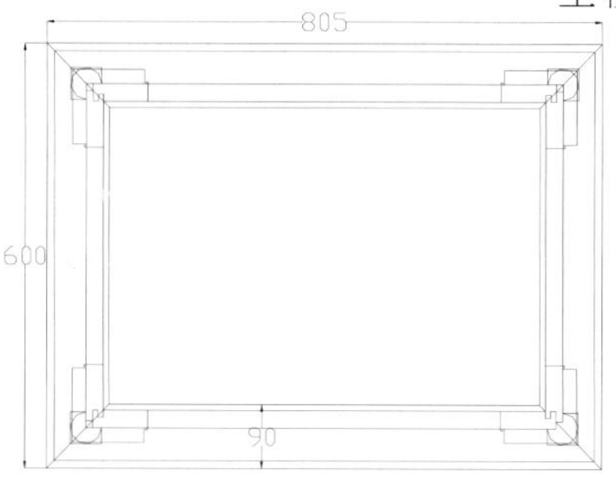

左视图

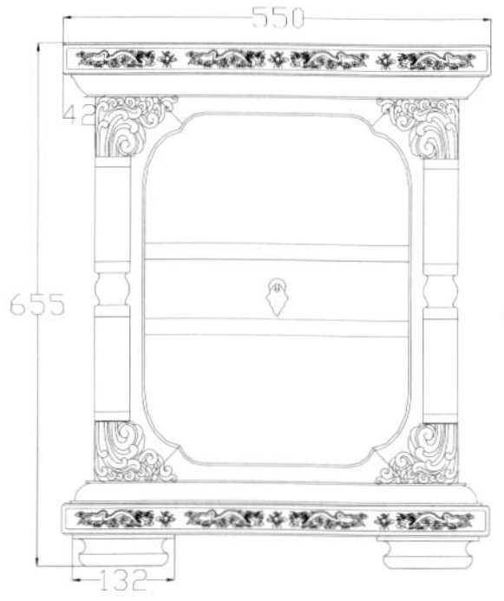

主视图

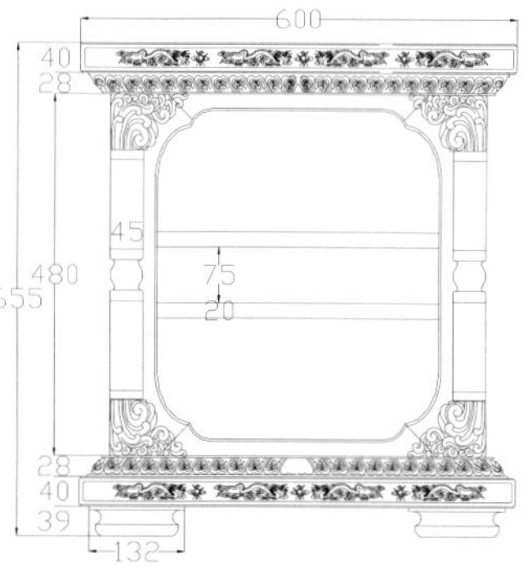

左视图

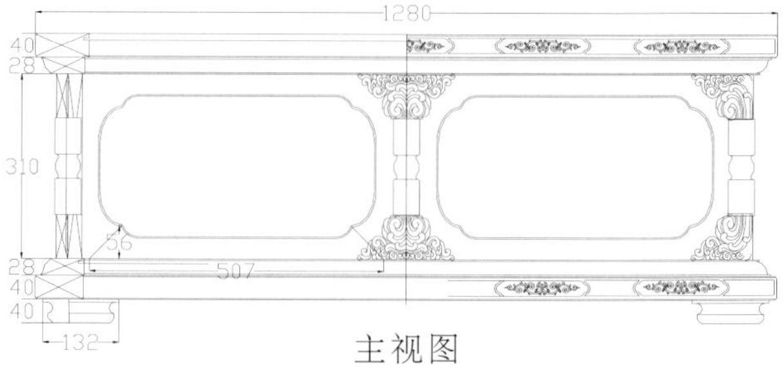

主视图

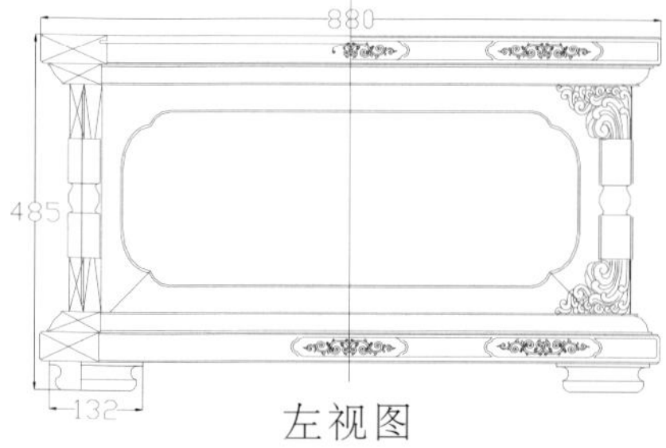

左视图

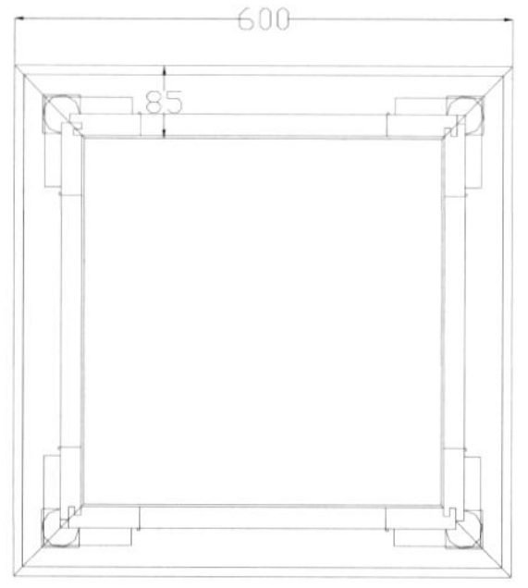

主视图

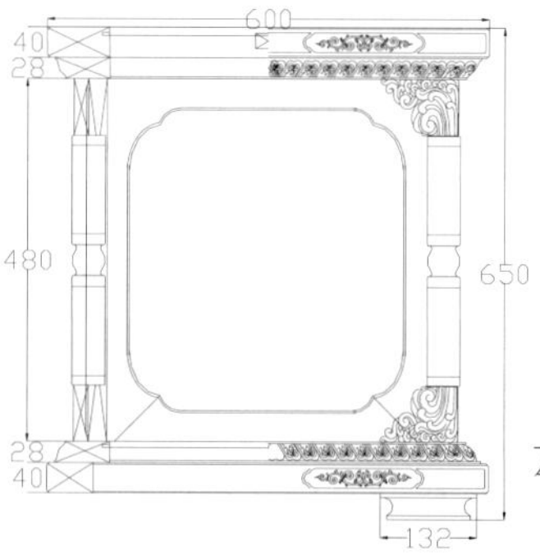

左视图

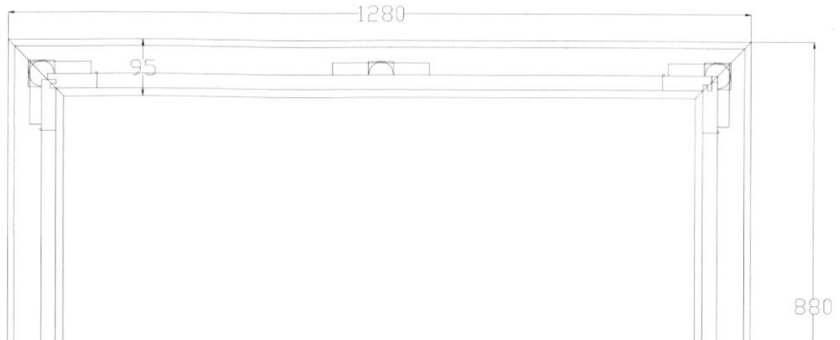

新中式吉祥沙发套件

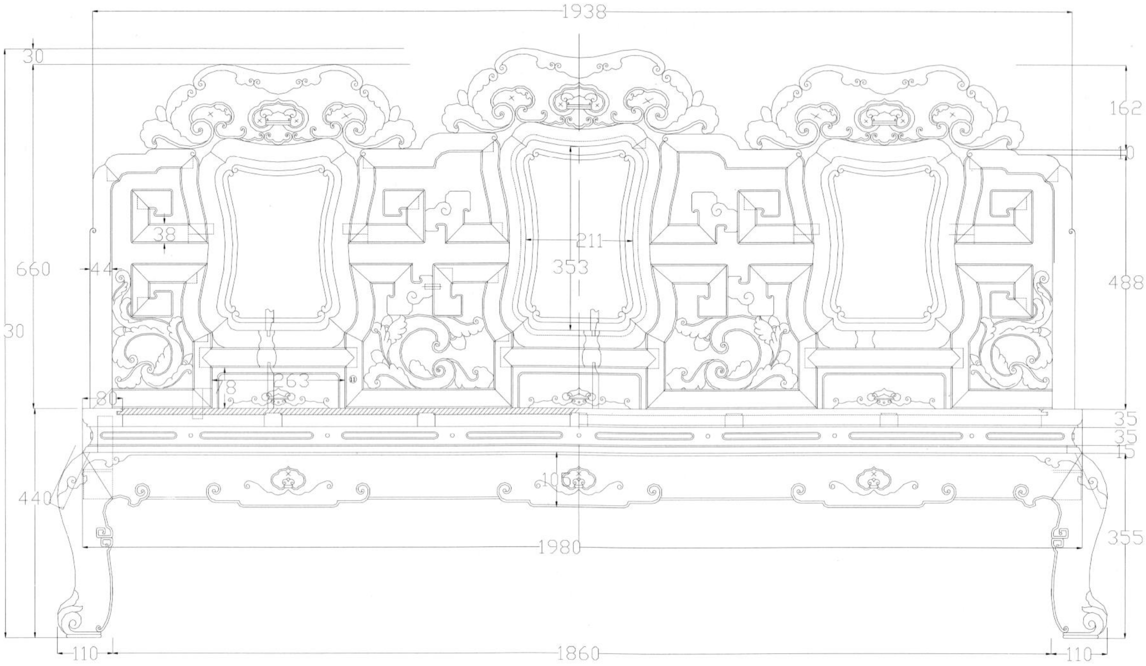

主视图

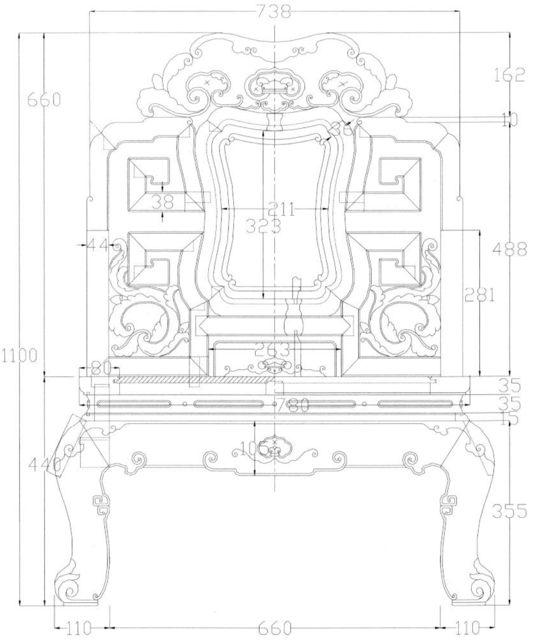

主视图

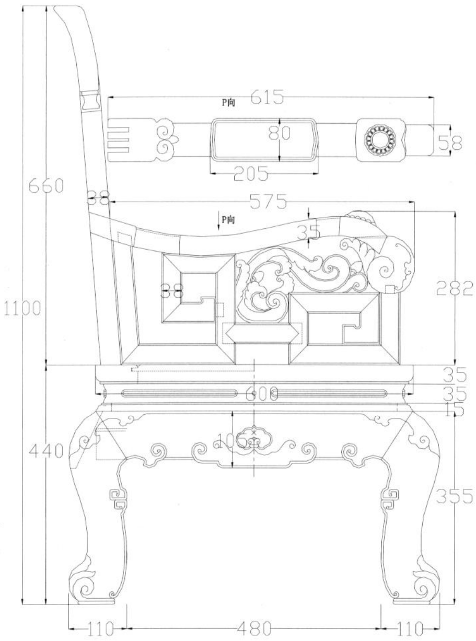

左视图

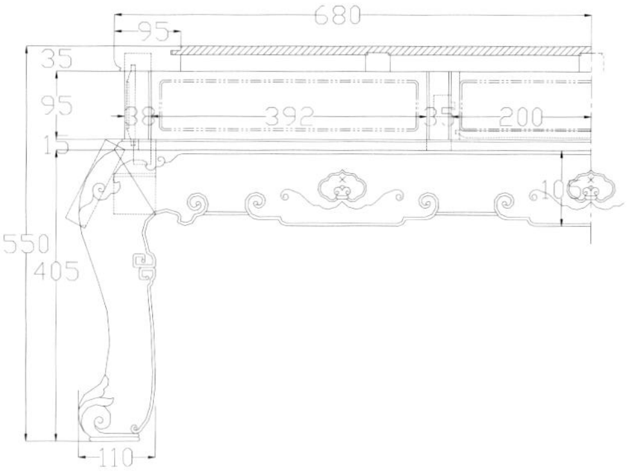

主视图

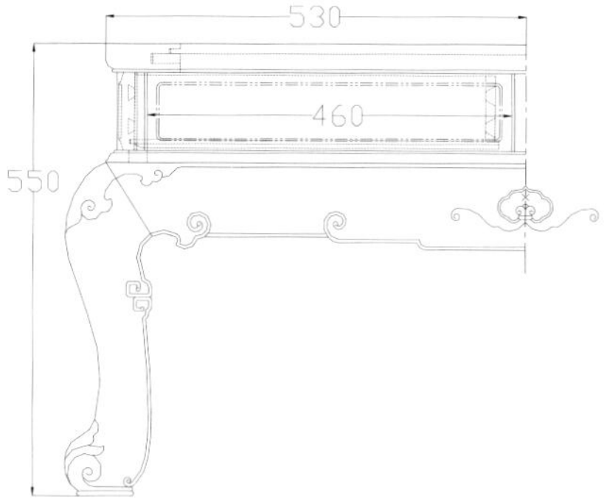

左视图

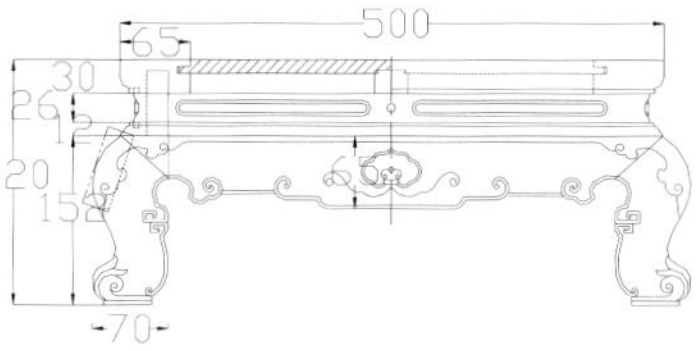

主视图

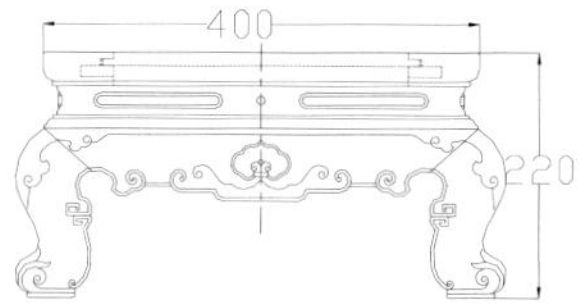

左视图

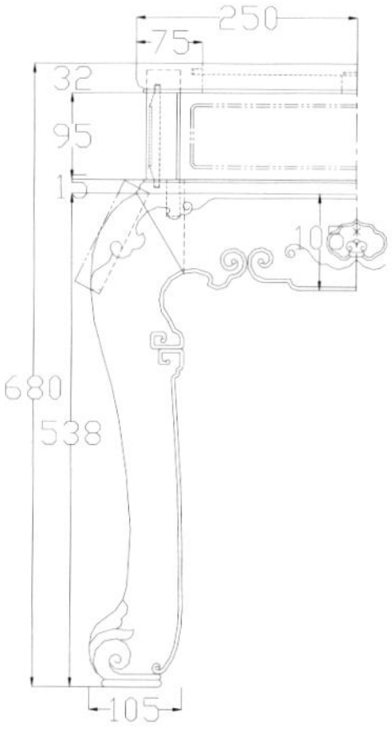

主视图

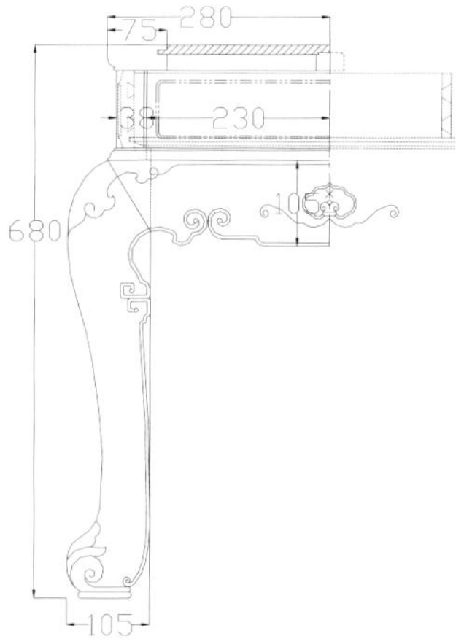

主视图

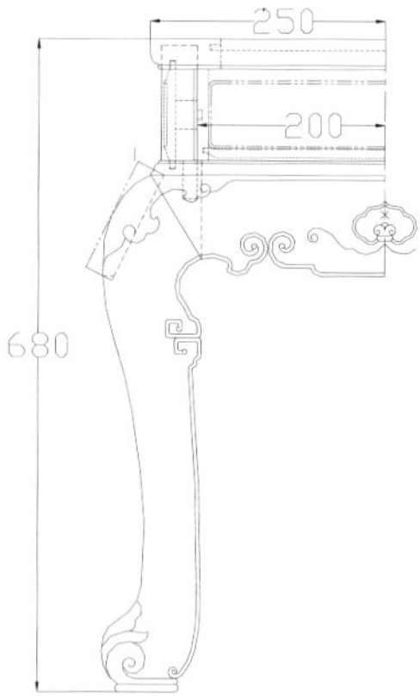

左视图

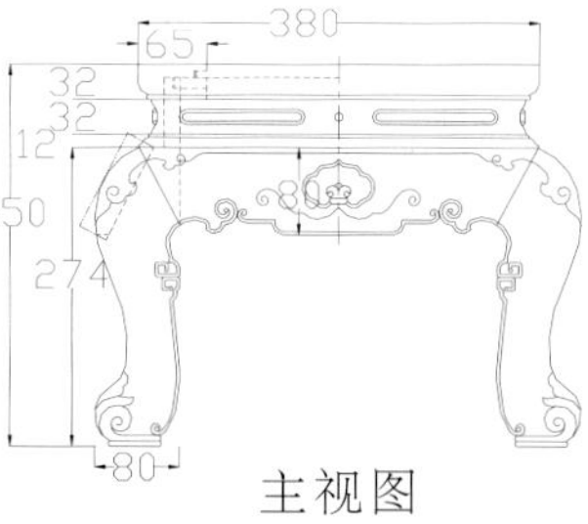

主视图

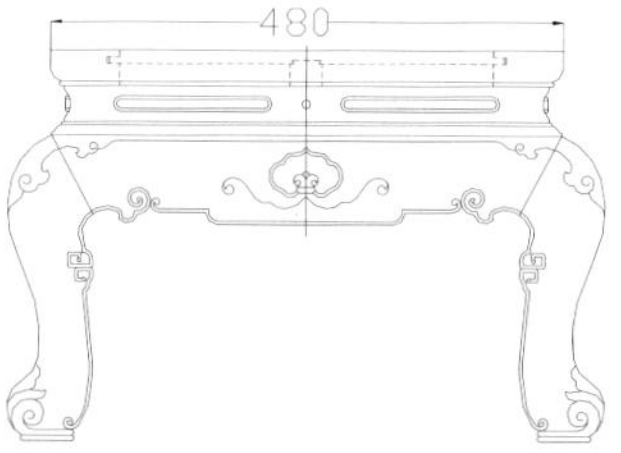

左视图

清式八仙沙发

主视图

主视图

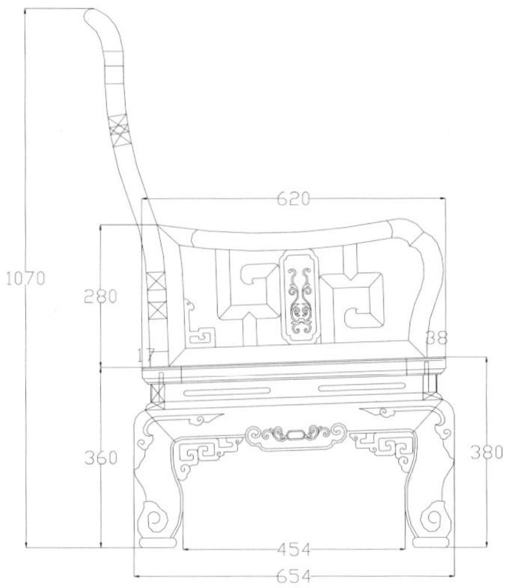

左视图

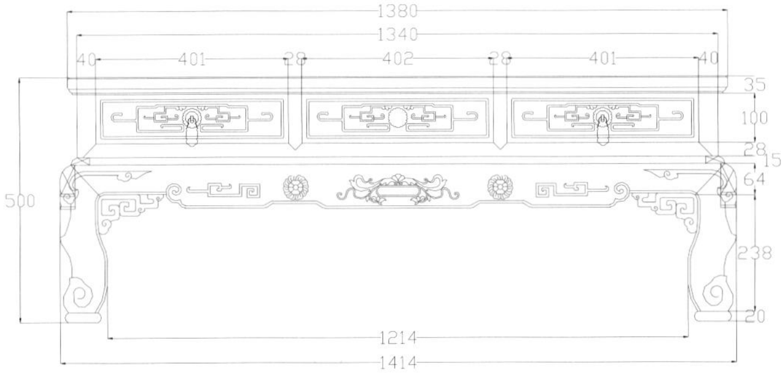

主视图

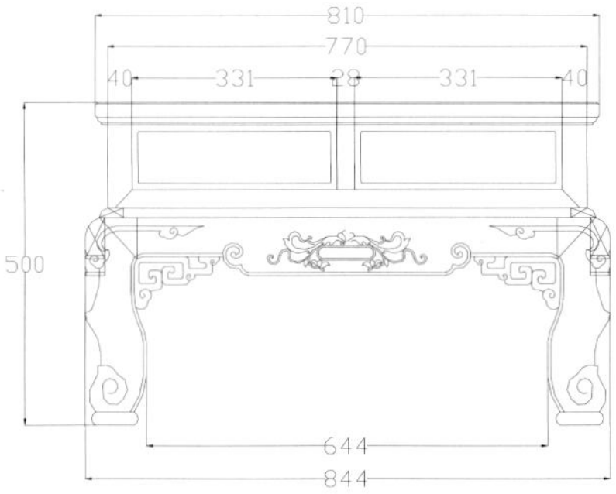

左视图

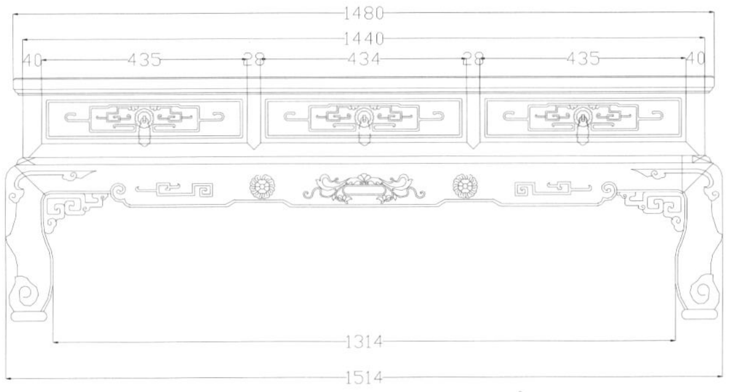

主视图

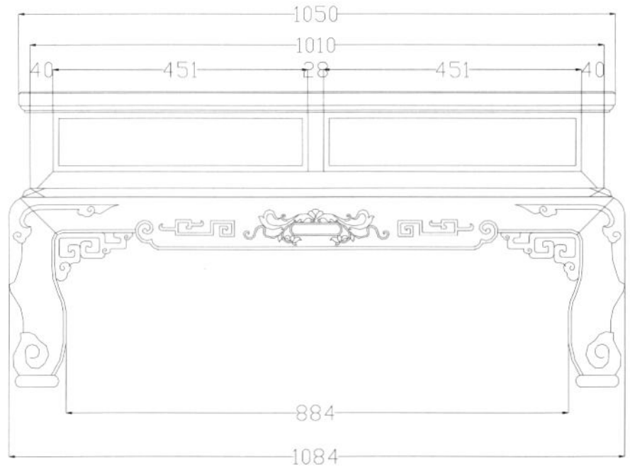

左视图

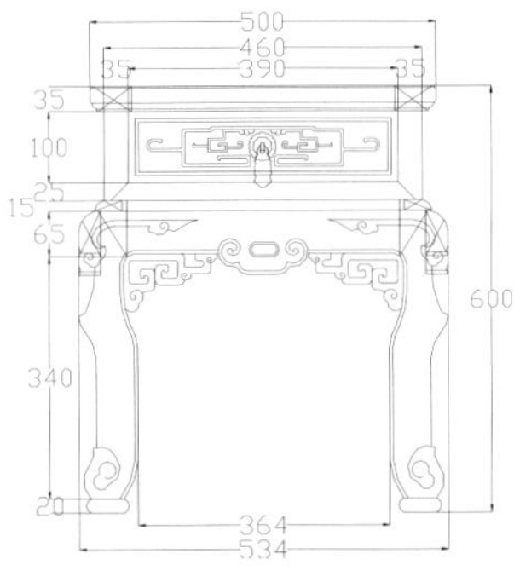

主视图

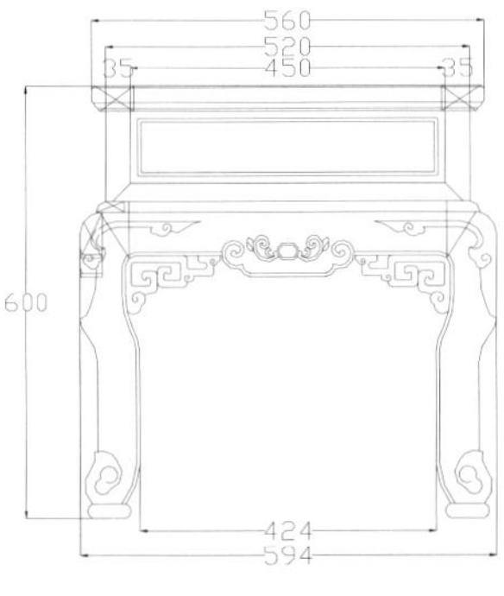

左视图

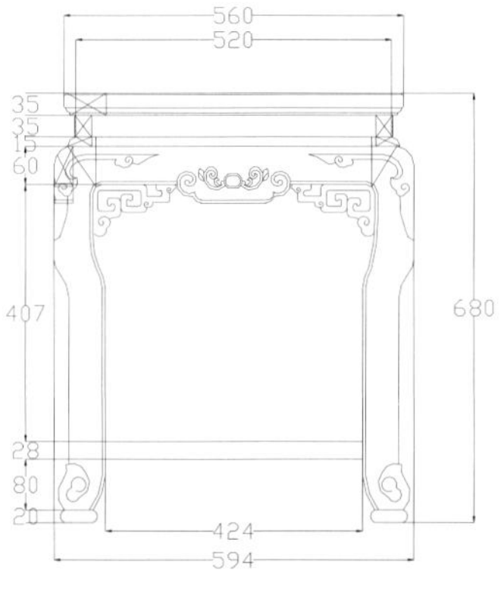

主视图

百狮如意沙发

主视图

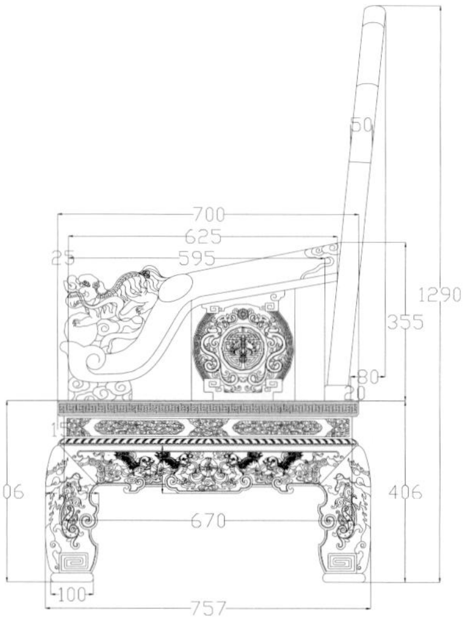

右视图

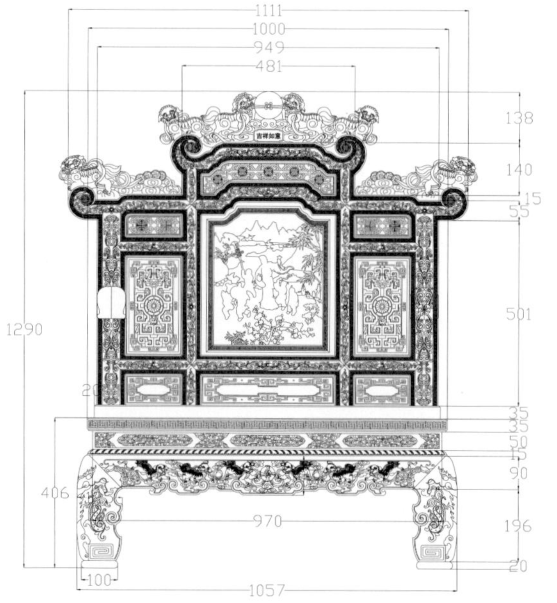

主视图

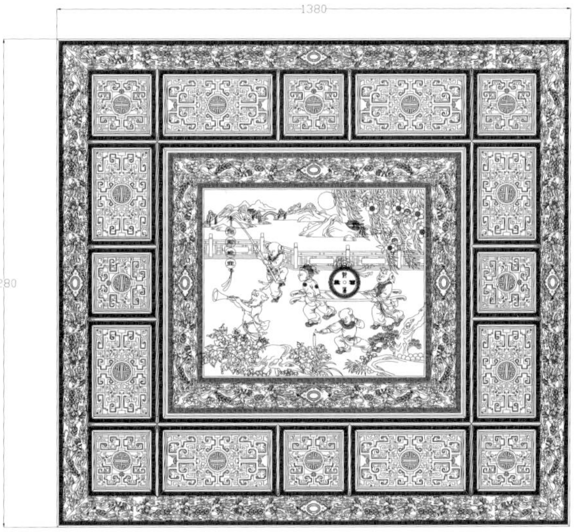

精雕图

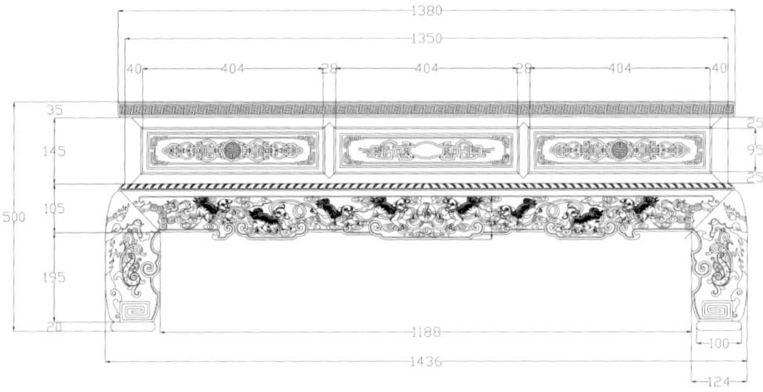

主视图

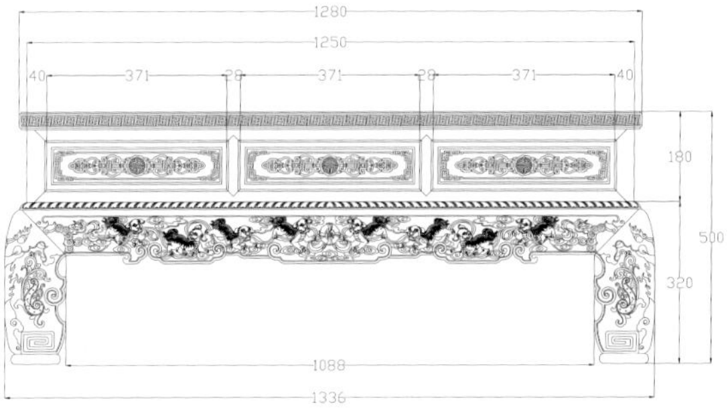

左视图

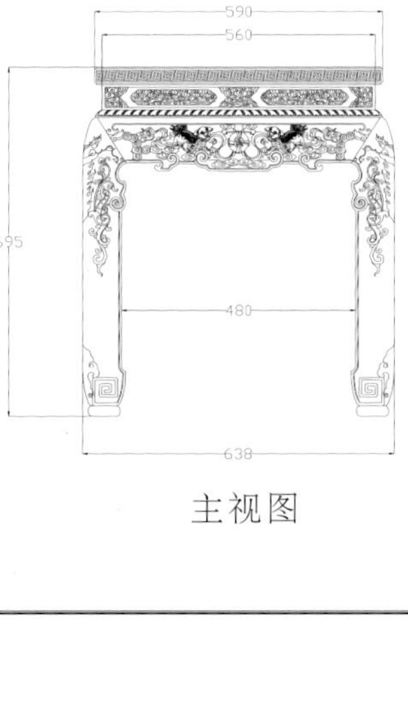

主视图

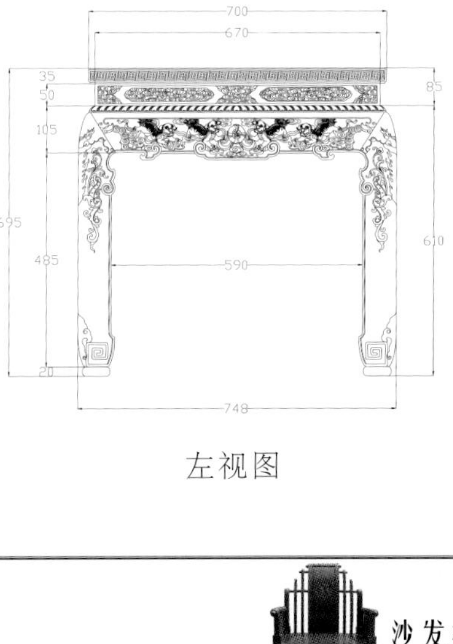

左视图

新中式宝马沙发

主视图

主视图

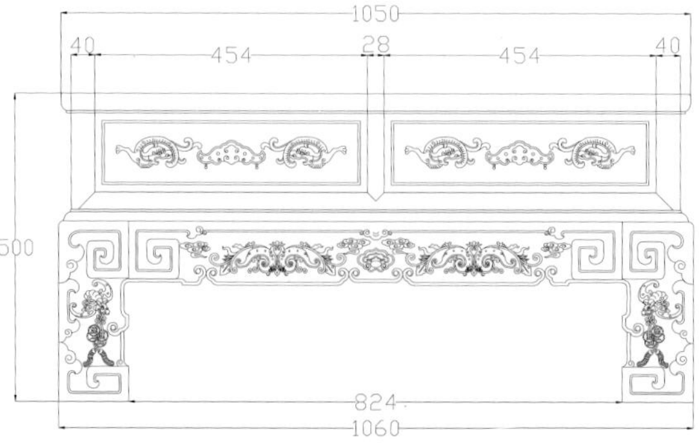

左视图

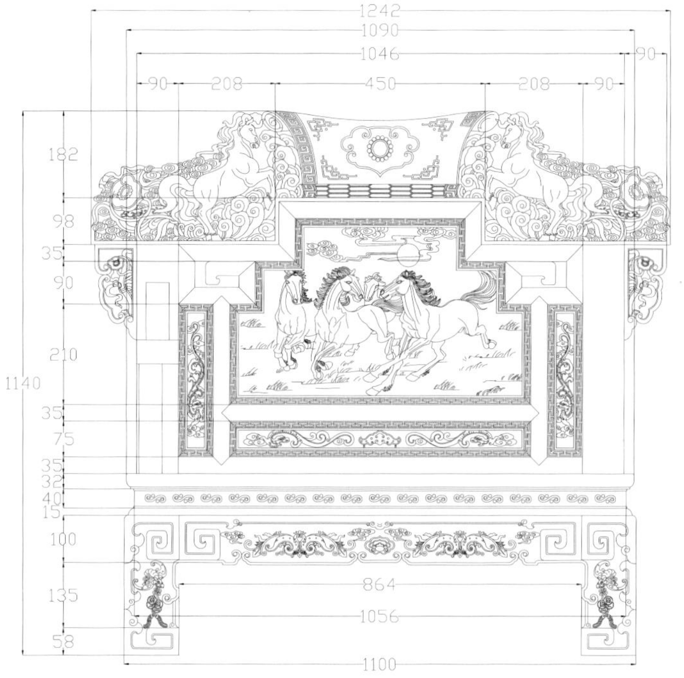

主视图

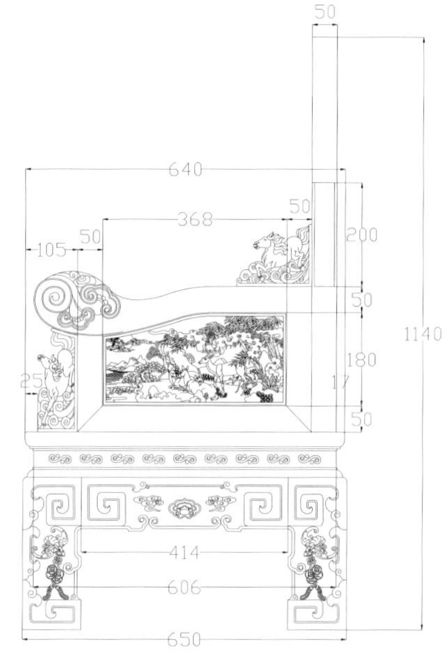

左视图

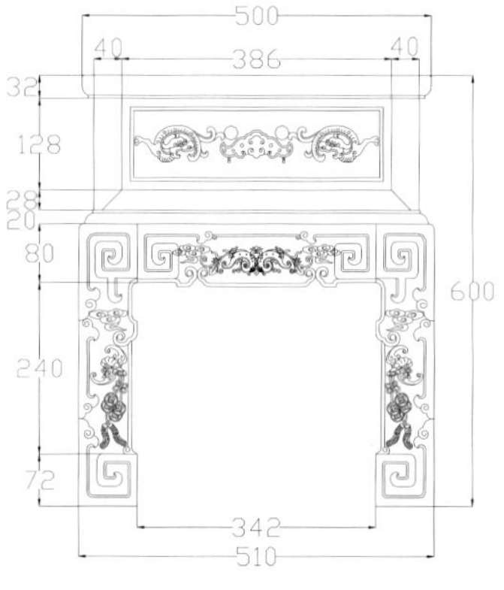

主视图

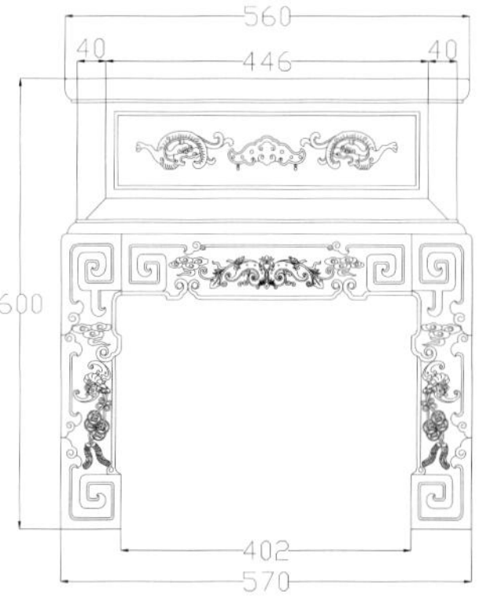

左视图

笔杆沙发

主视图

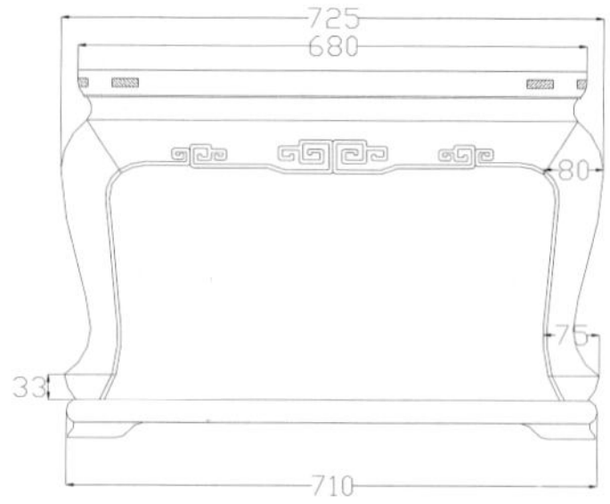

左视图

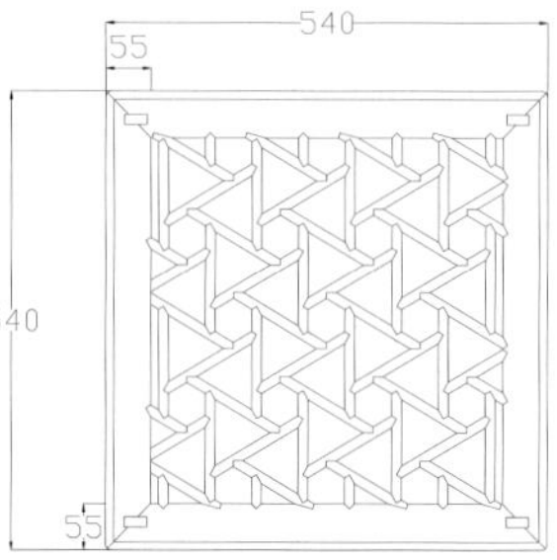

俯视图

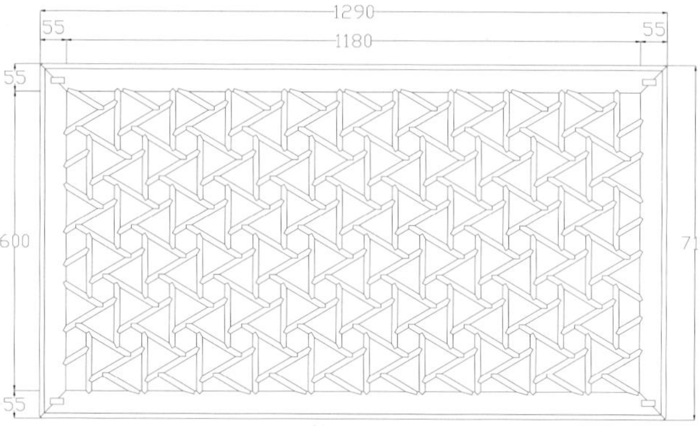

俯视图

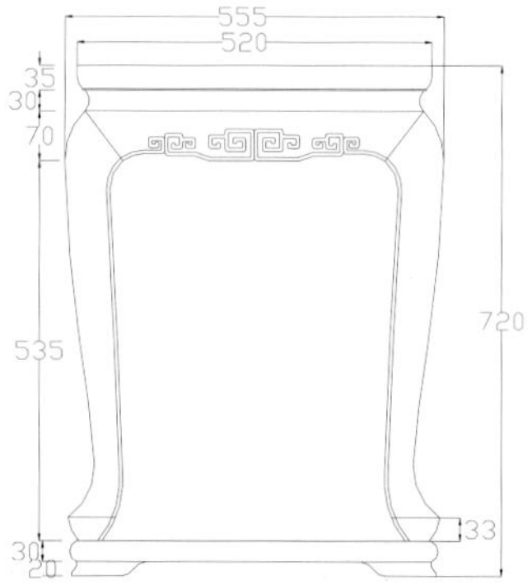

主视图

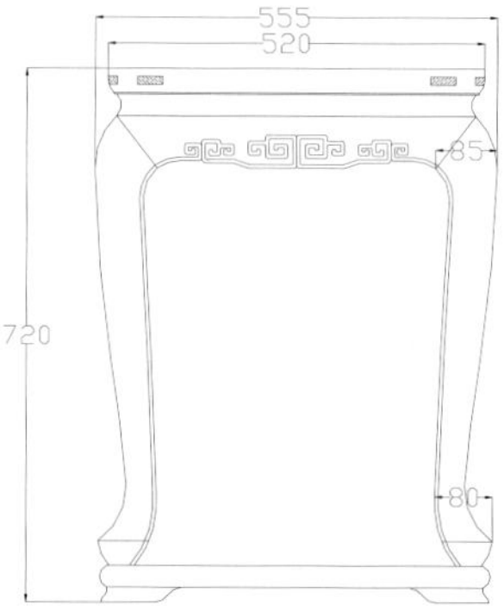

左视图

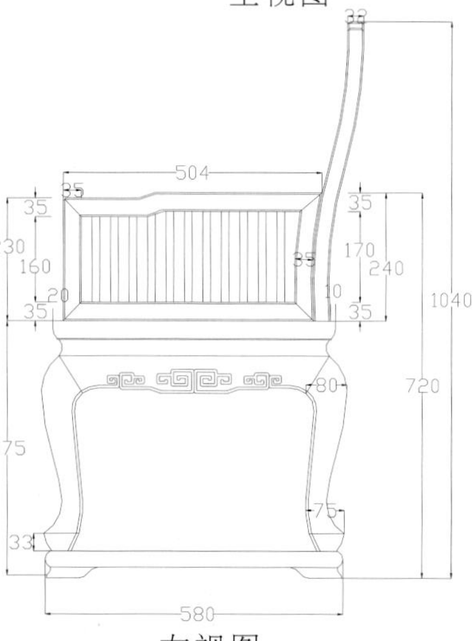

左视图

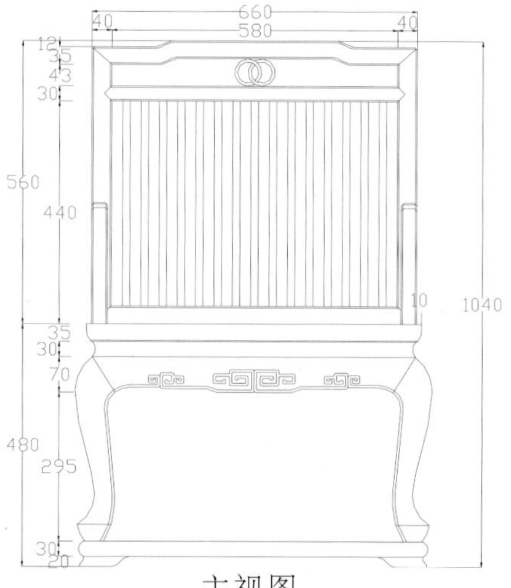

主视图

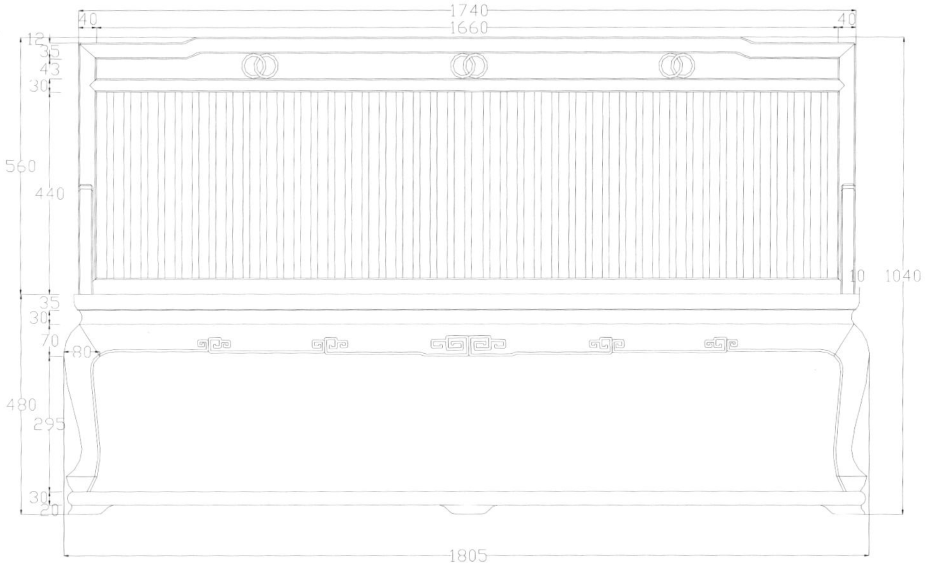

主视图

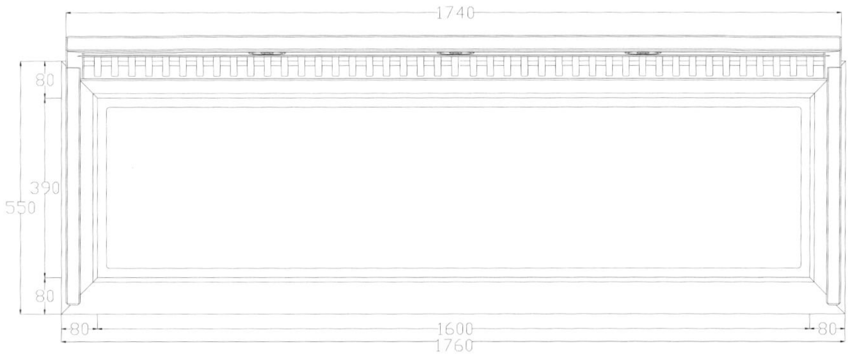

俯视图

俯视图

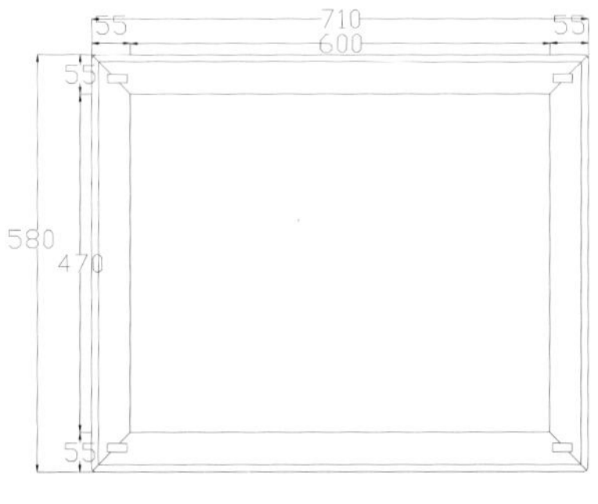

俯视图

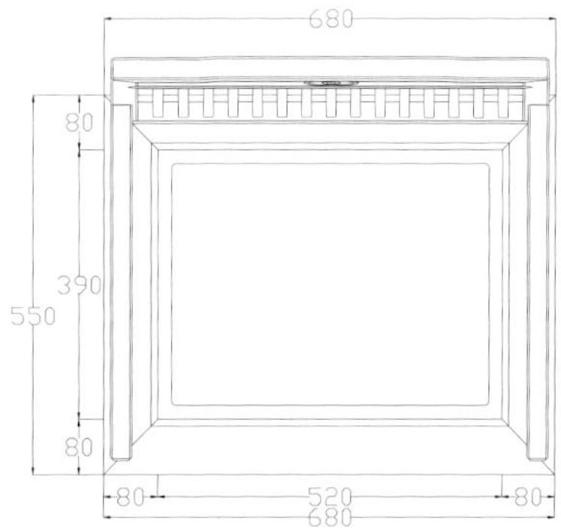

俯视图

清式彪云沙发

主视图

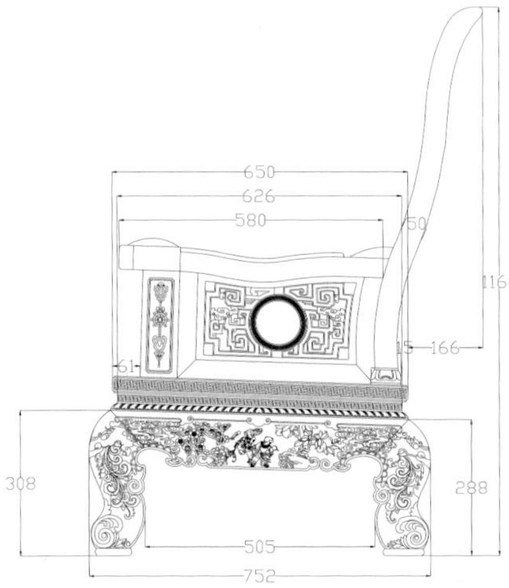

右视图

主视图

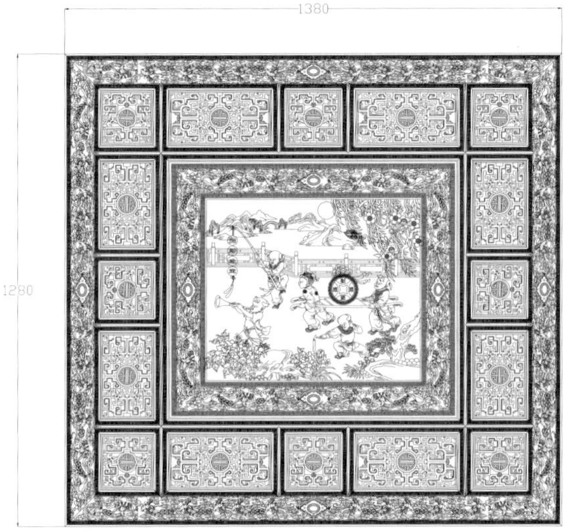

精雕图

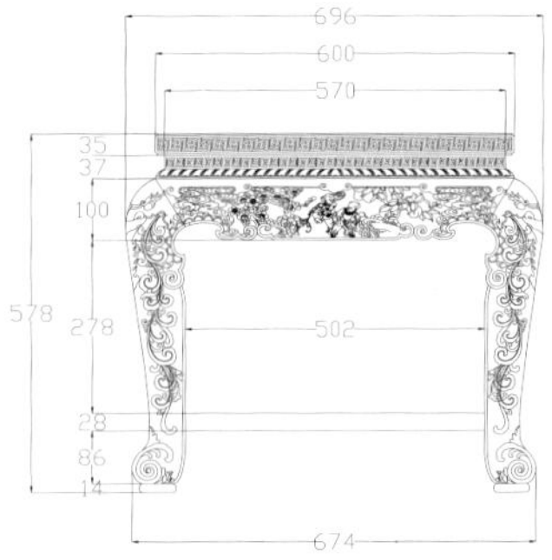

主视图

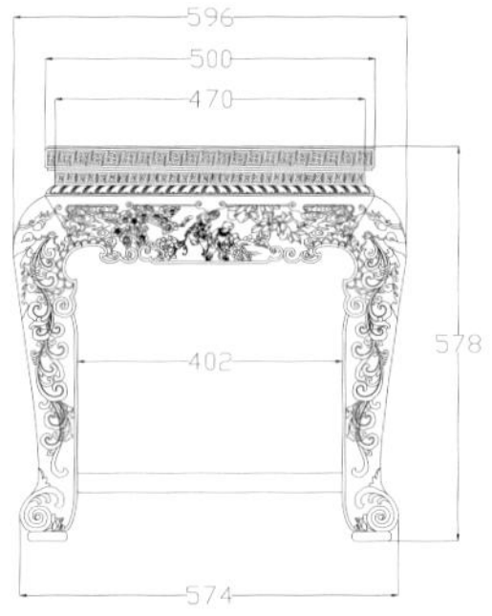

左视图

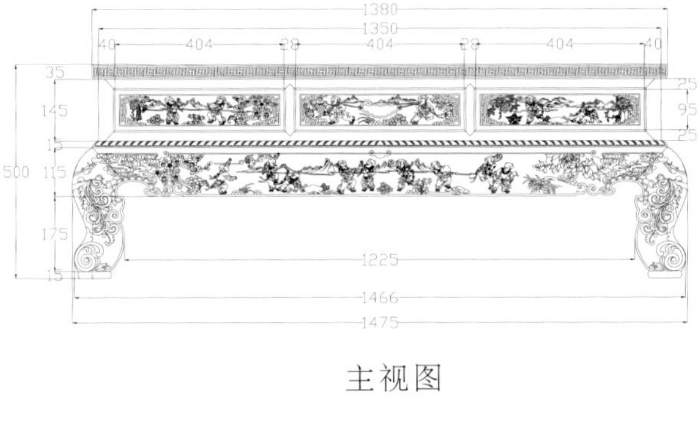

主视图

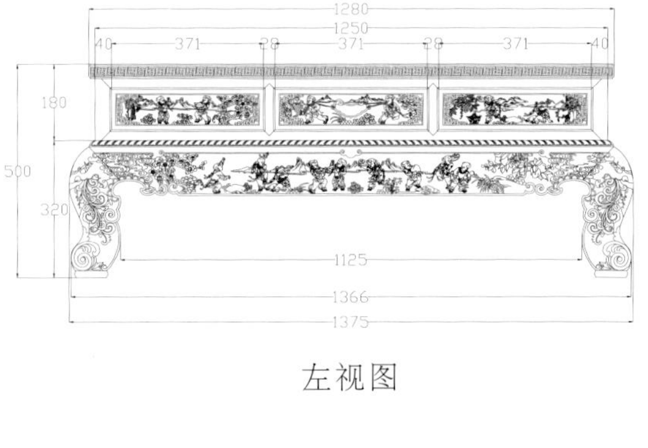

左视图

博古如意沙发

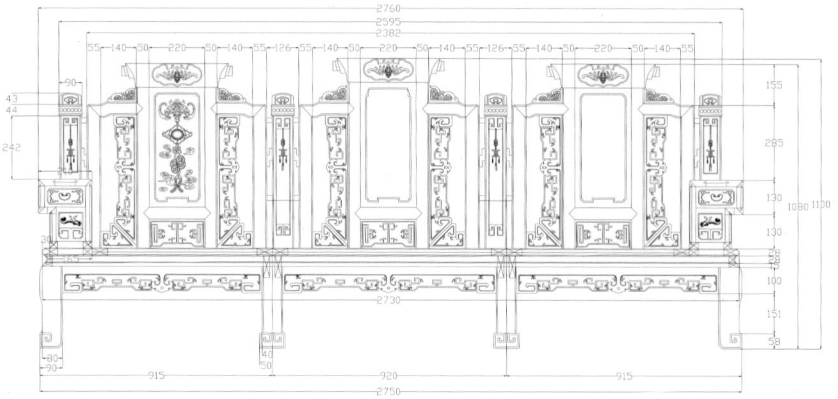

主视图

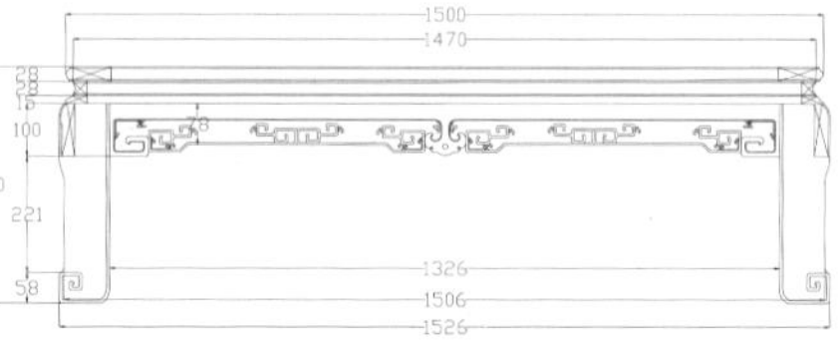

主视图

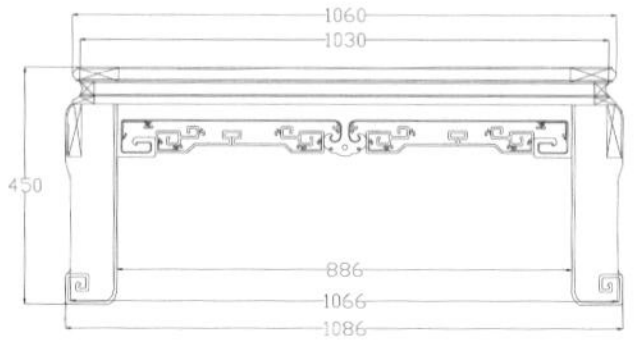

左视图

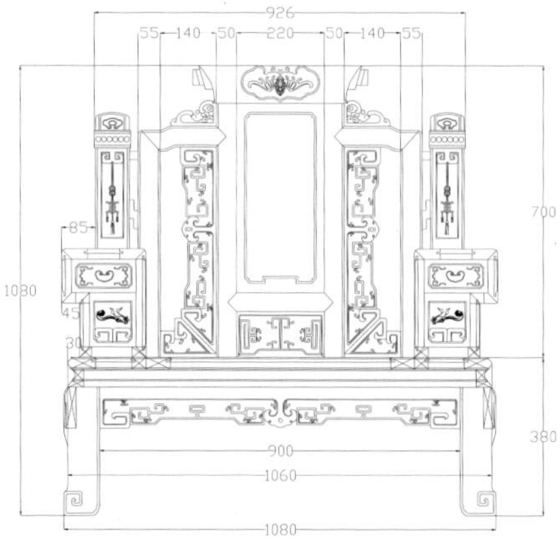

主视图

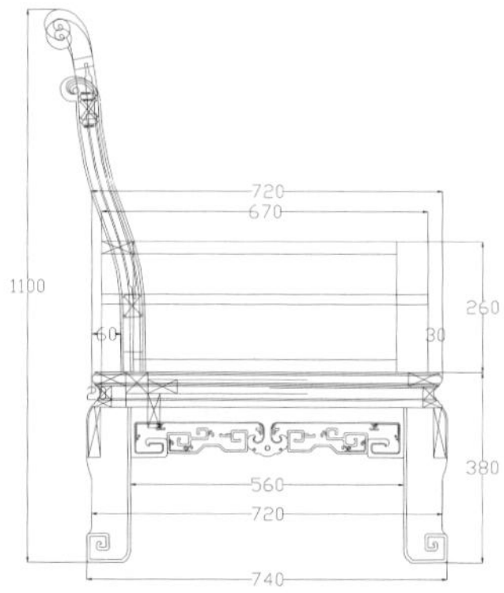

左视图

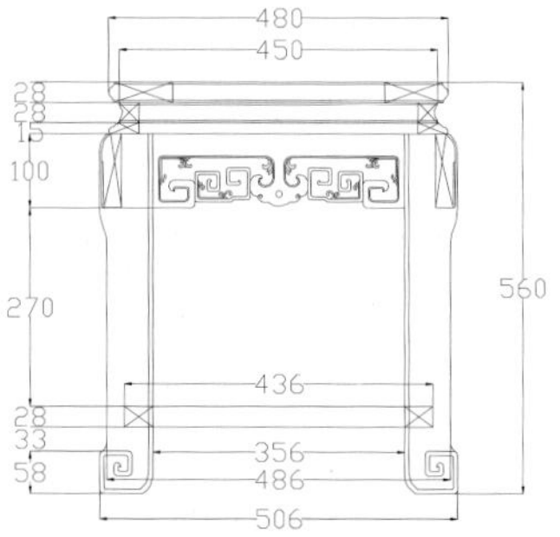

主视图

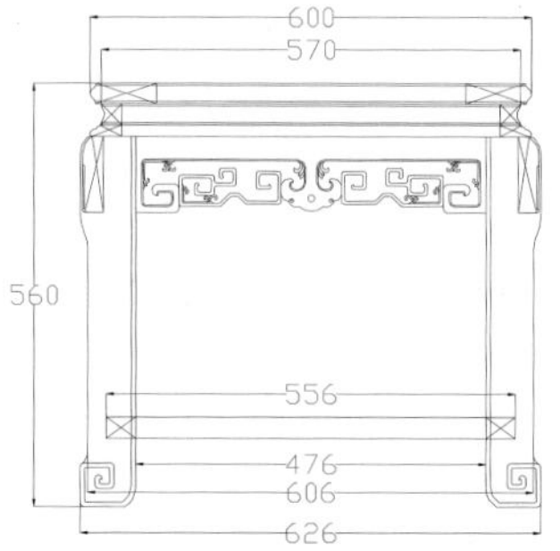

左视图

清式草龙沙发套件

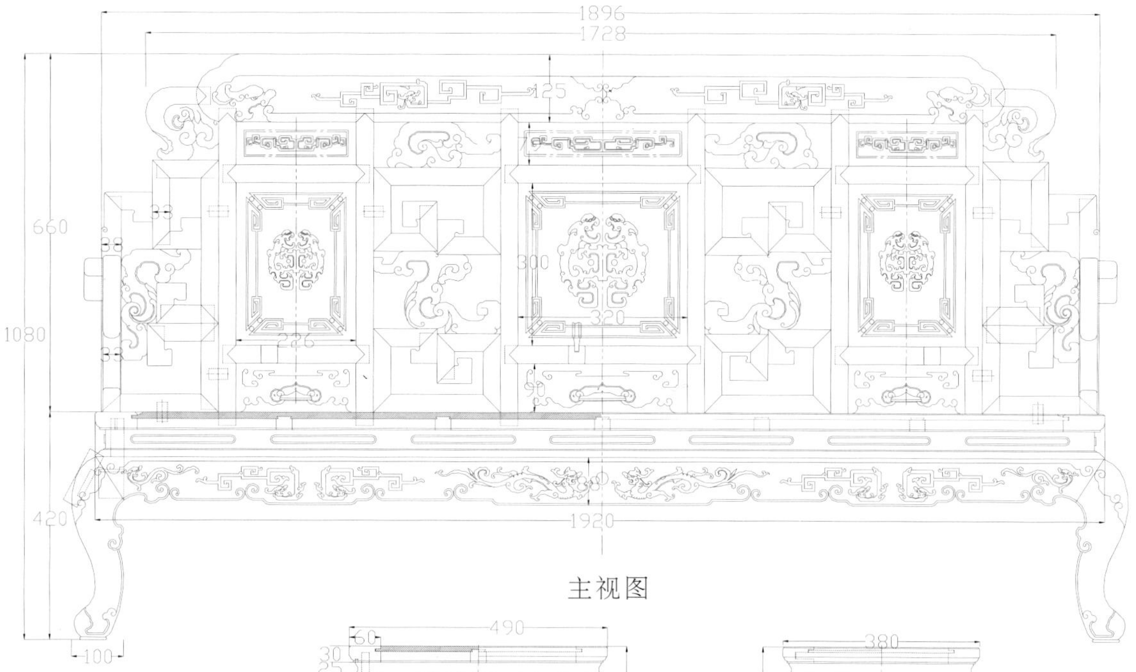

主视图

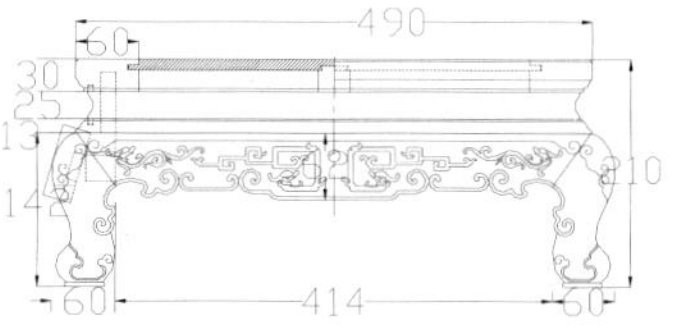

主视图

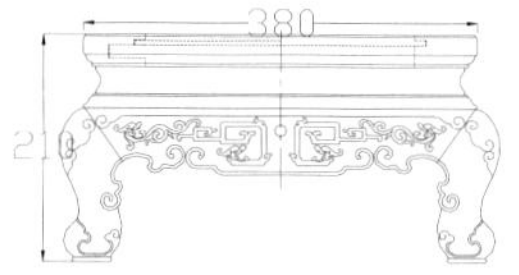

左视图

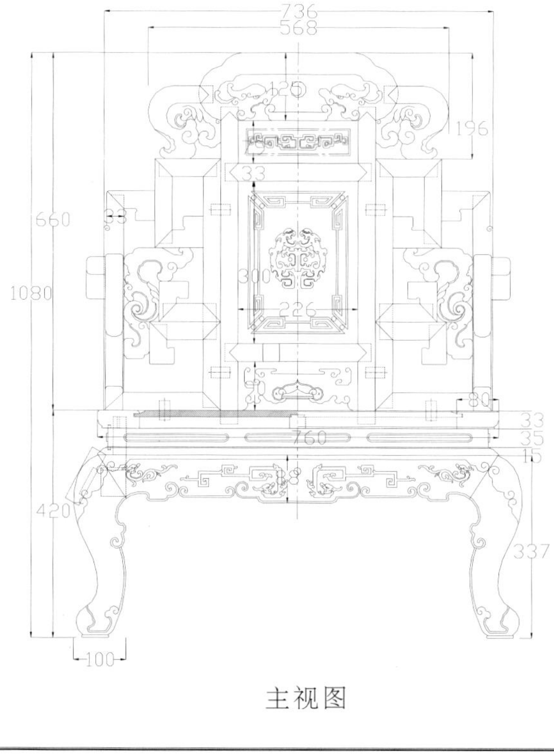

主视图

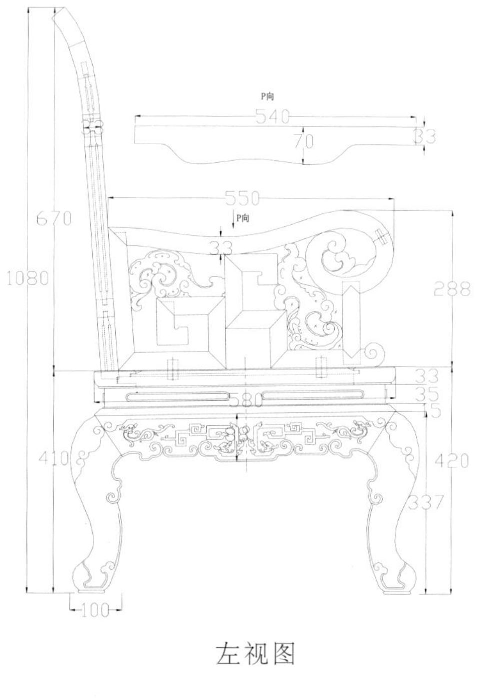

左视图

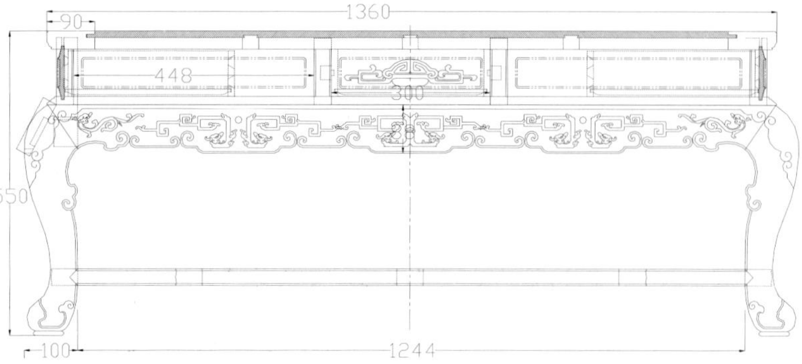

主视图

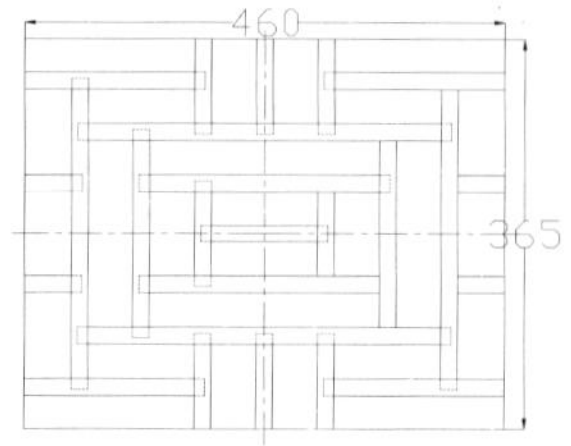

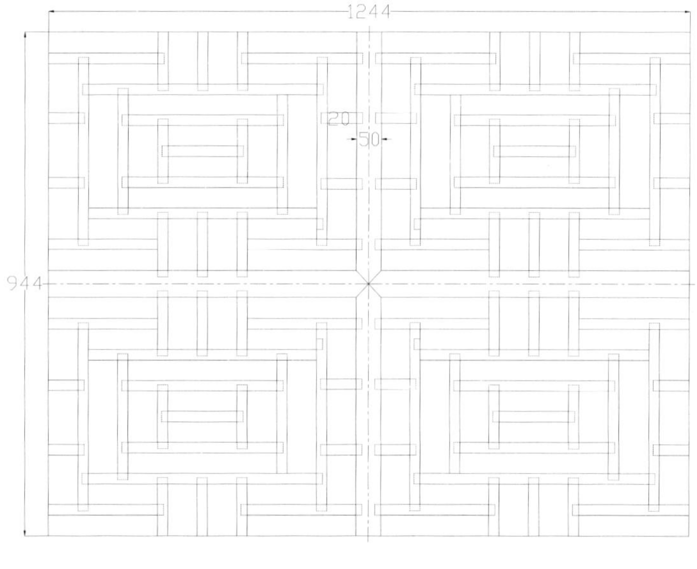

俯视图

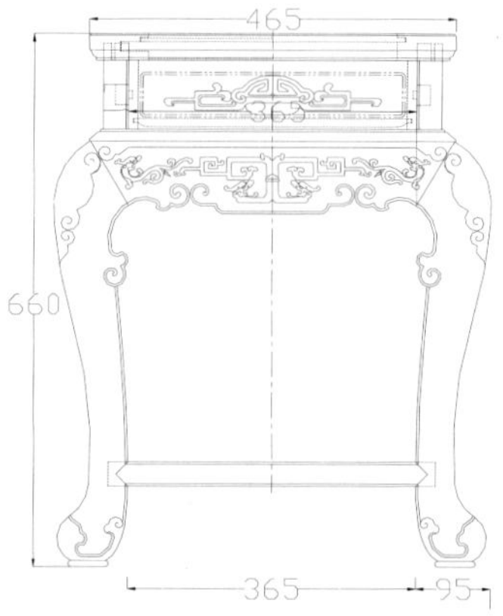

左视图

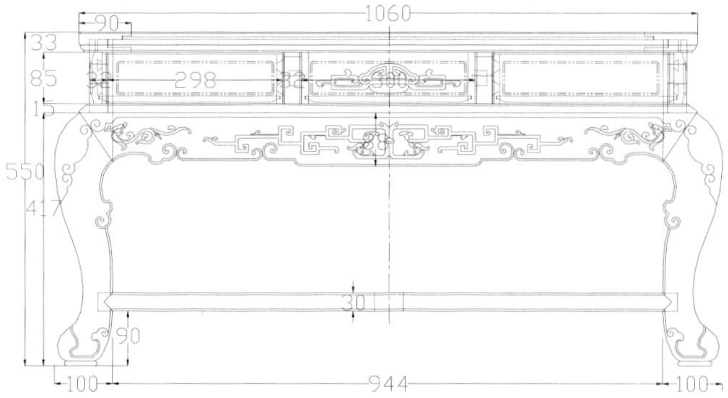

主视图

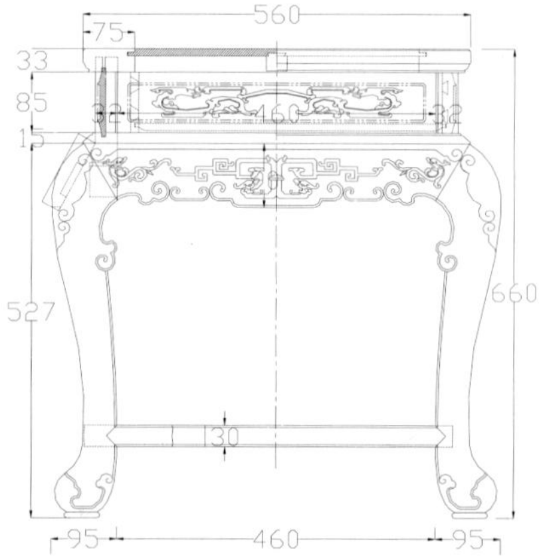

左视图

传奇如意沙发

主视图

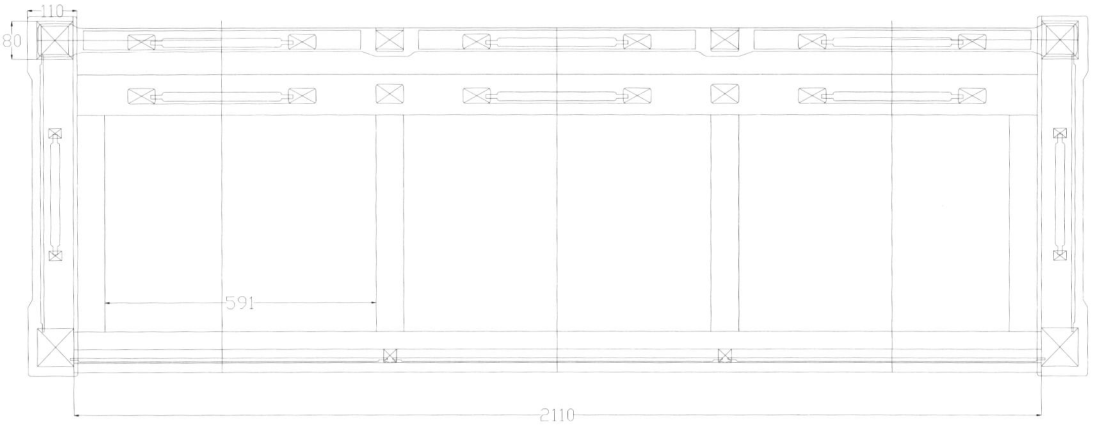

俯视图

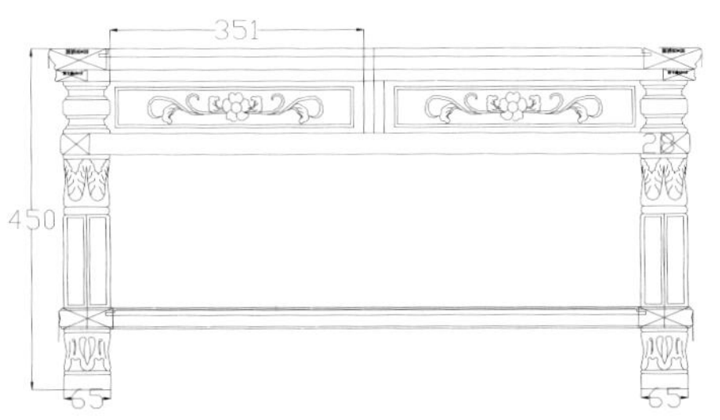

左视图

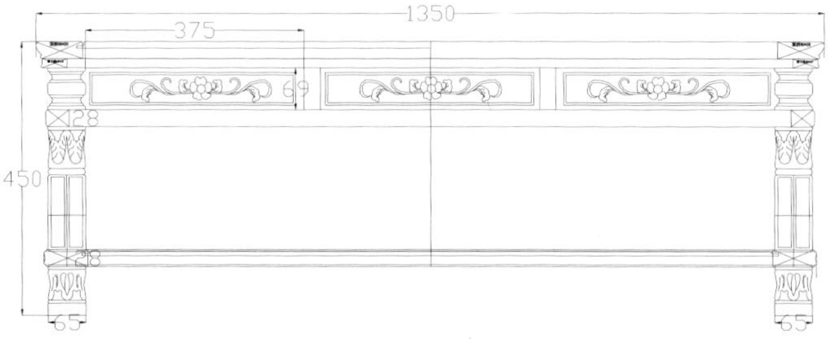

主视图

主视图

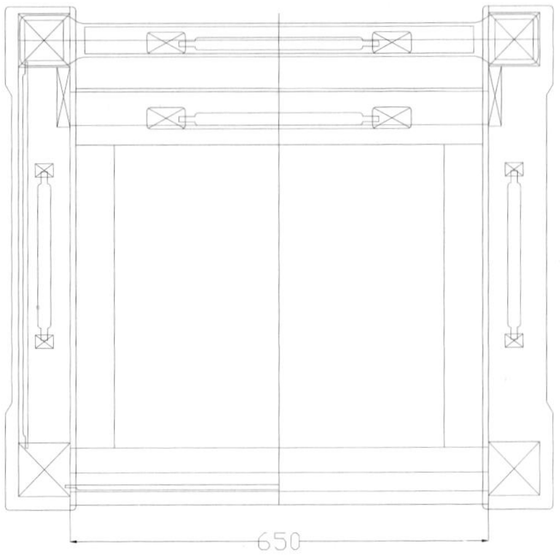

俯视图

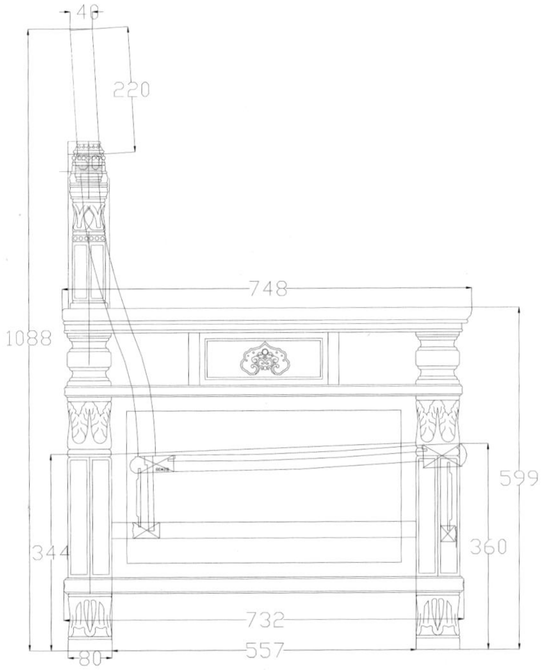

左视图

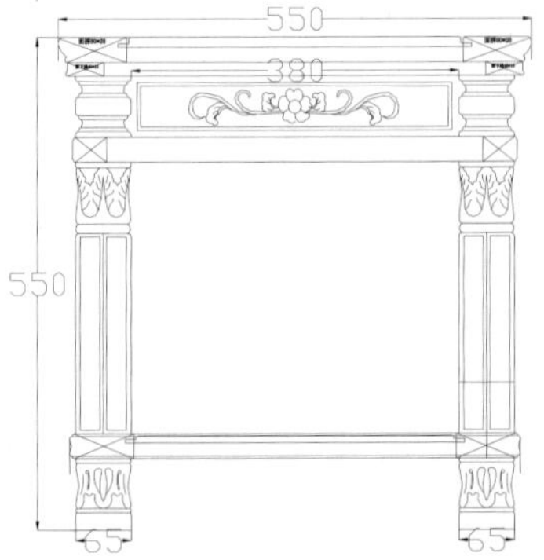

左视图

斗勾沙发套件

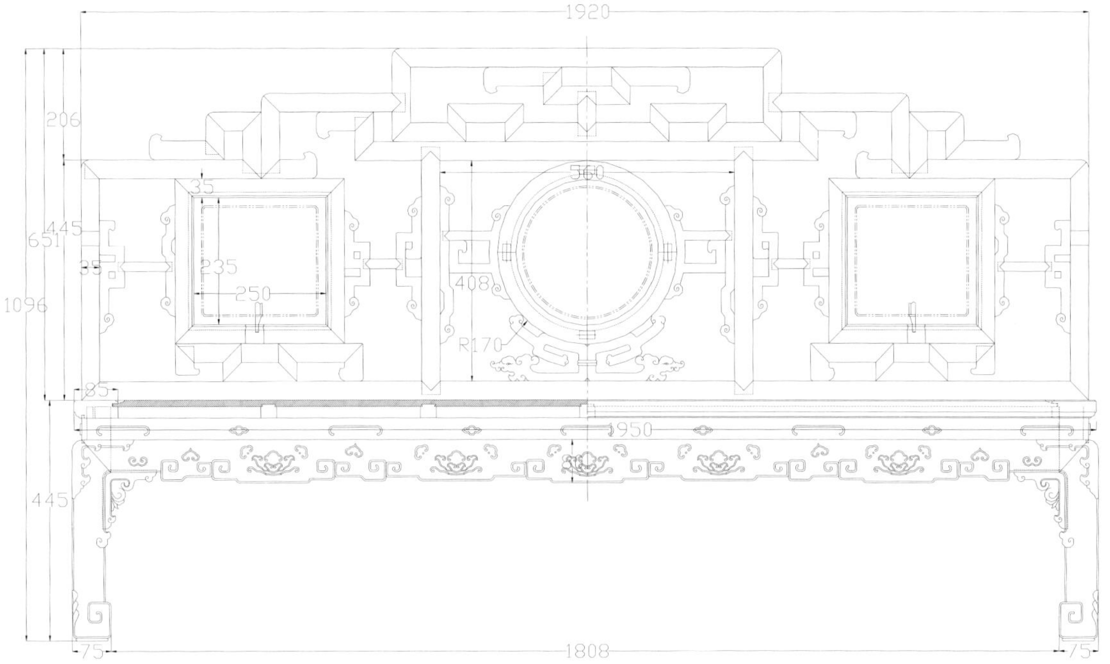

主视图

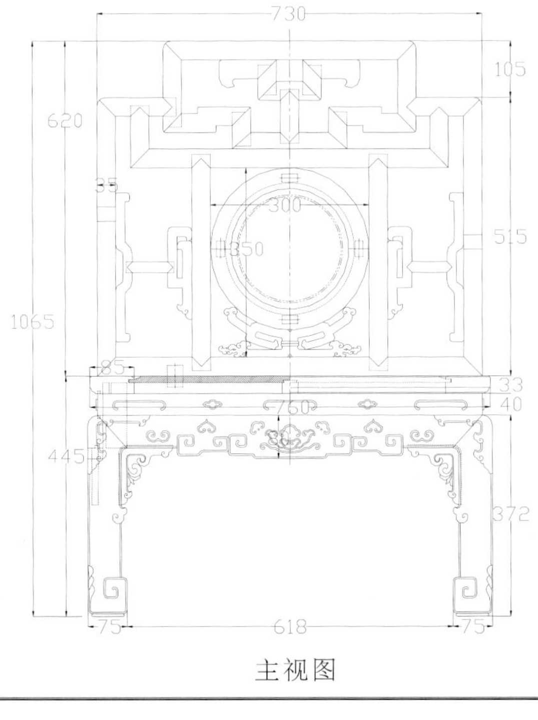

主视图

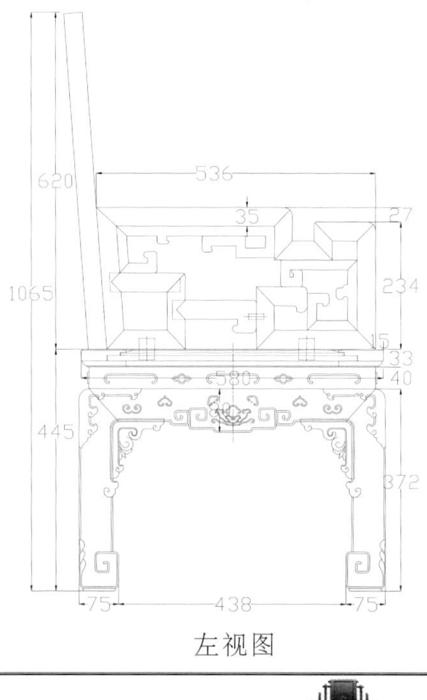

左视图

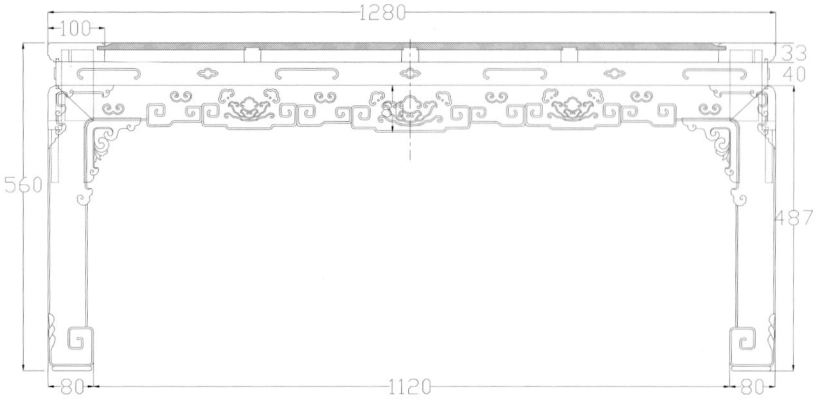

主视图

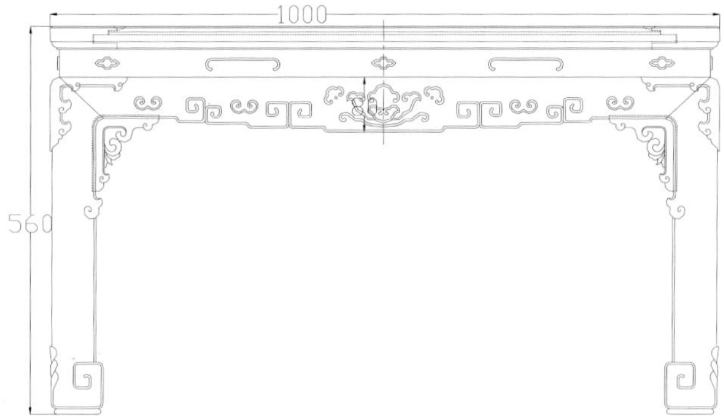

左视图

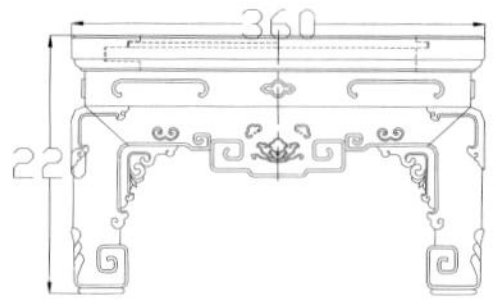

左视图

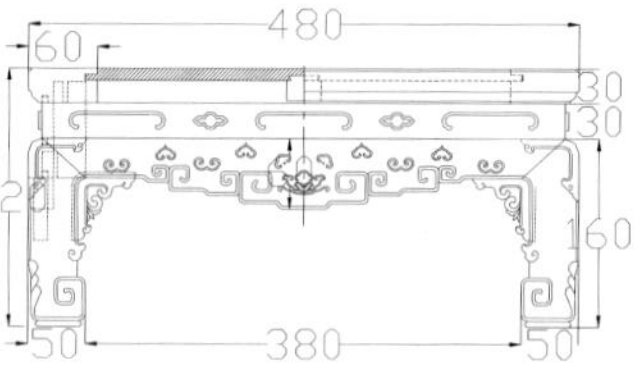

主视图

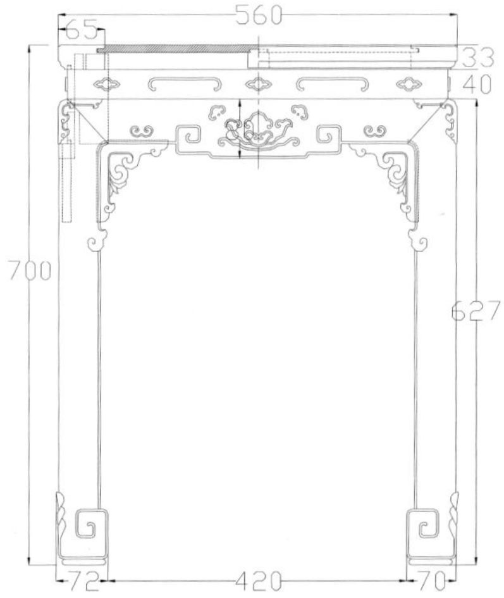

主视图

左视图

风和日丽沙发

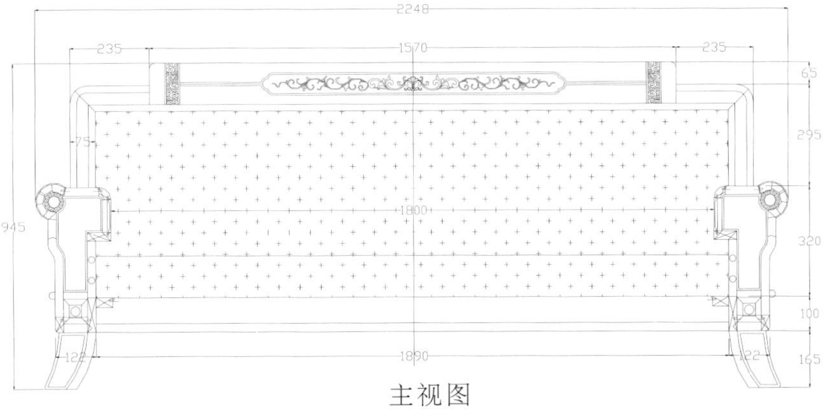

主视图

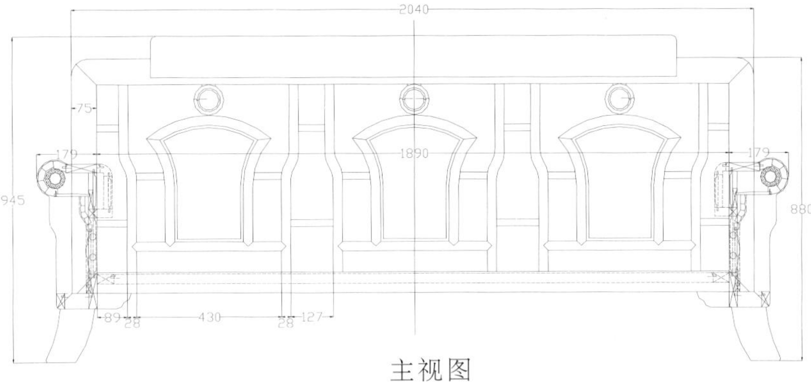

主视图

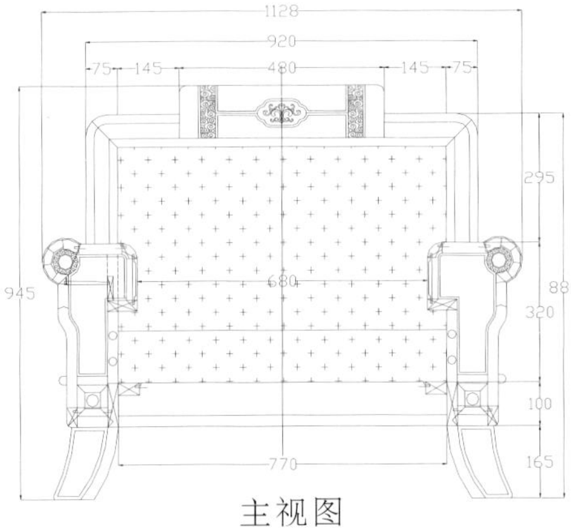

主视图

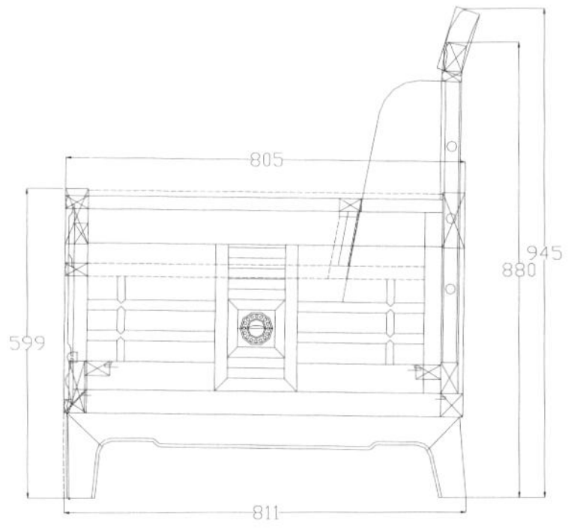

左视图

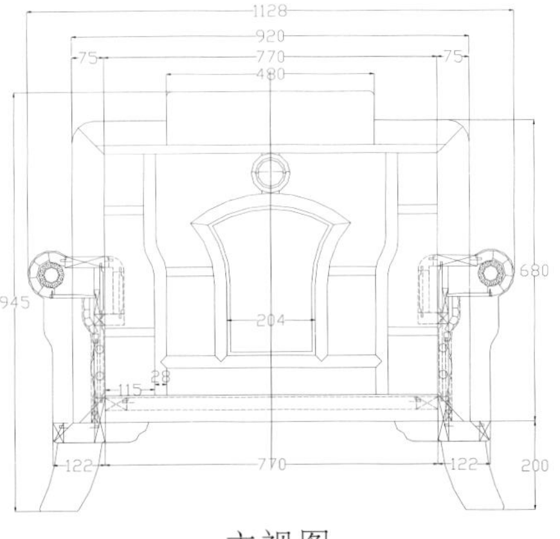

主视图

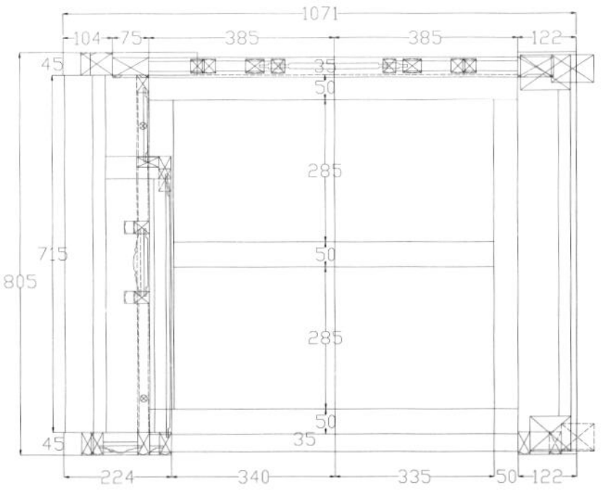

剖视图

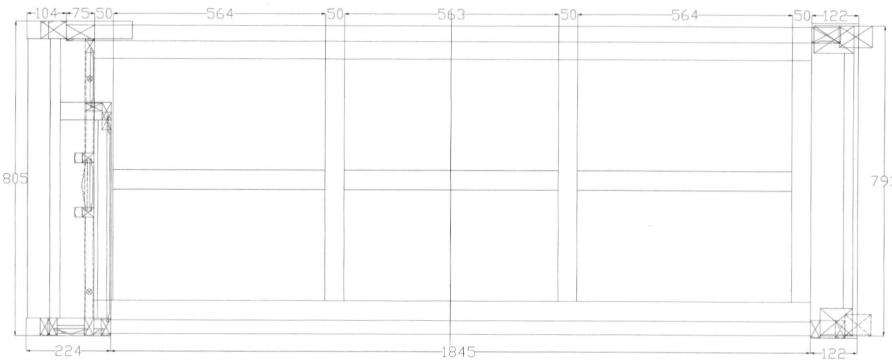

剖视图

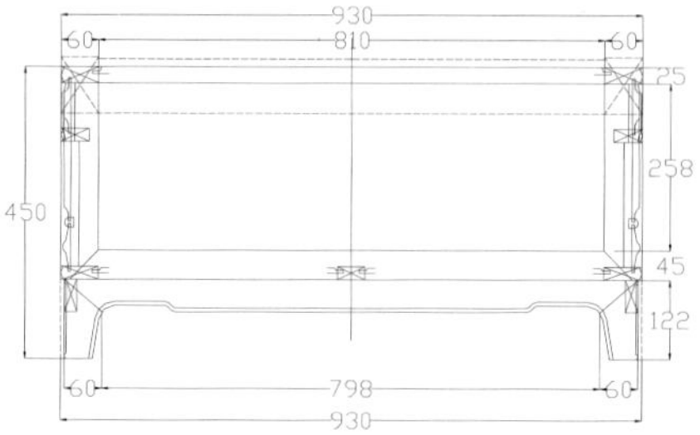

主视图

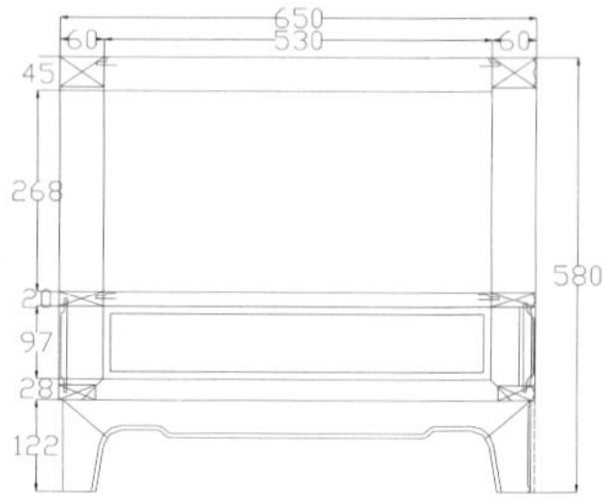

左视图

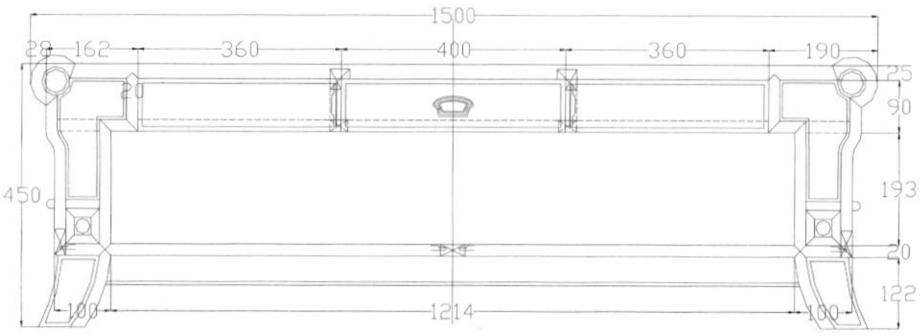

主视图

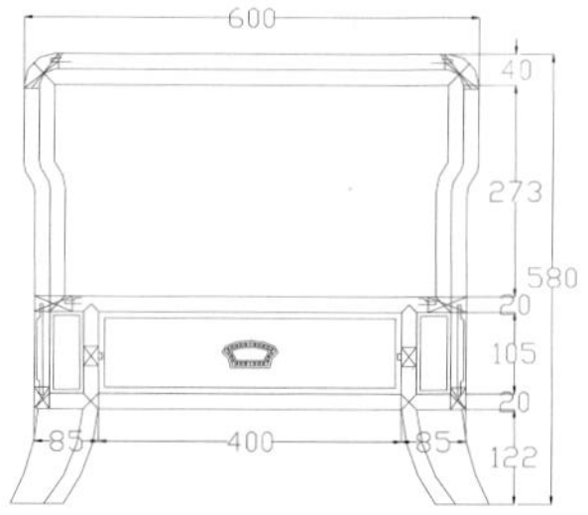

左视图

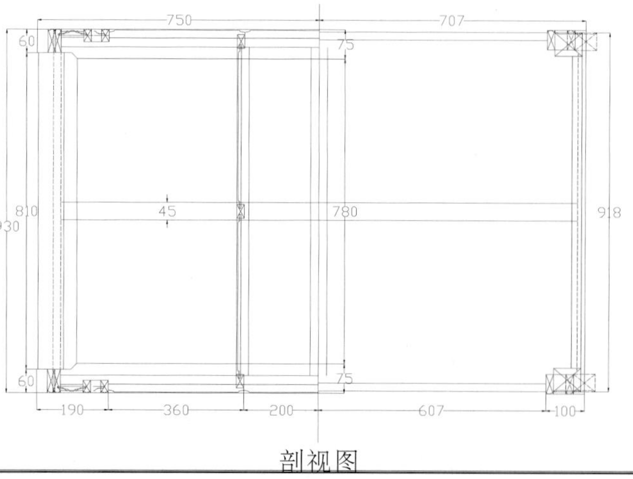

剖视图

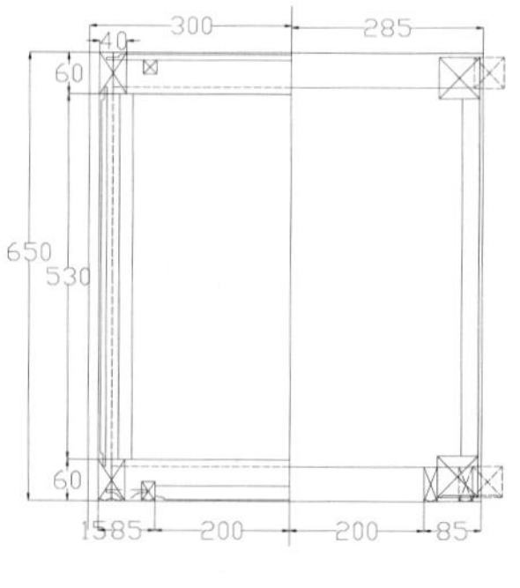

剖视图

福贵卷云沙发

主视图

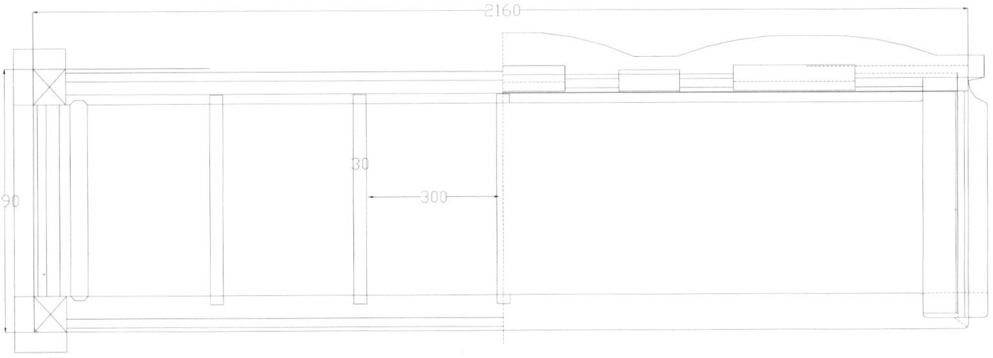

剖视图

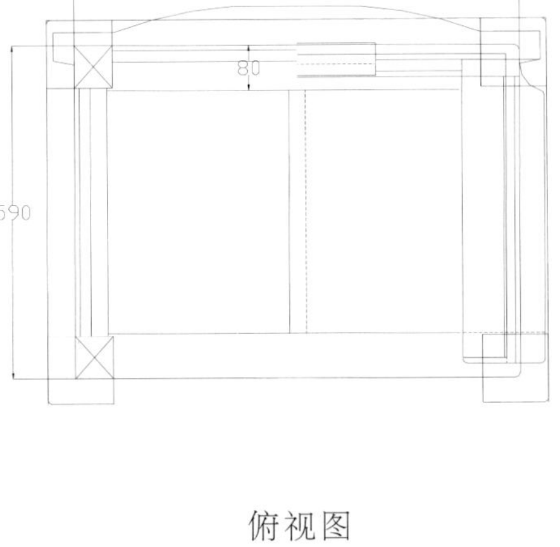

俯视图

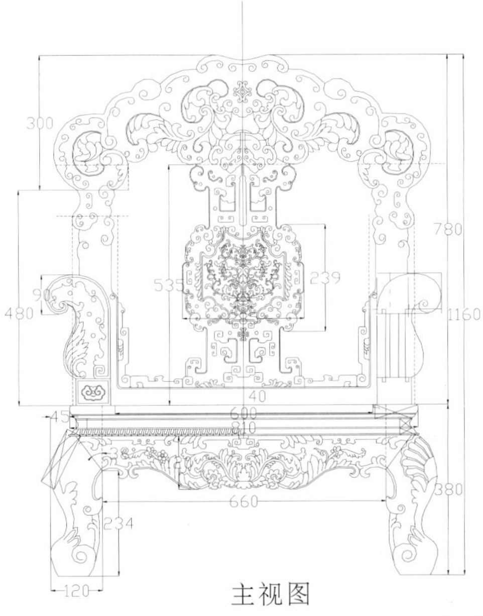

主视图

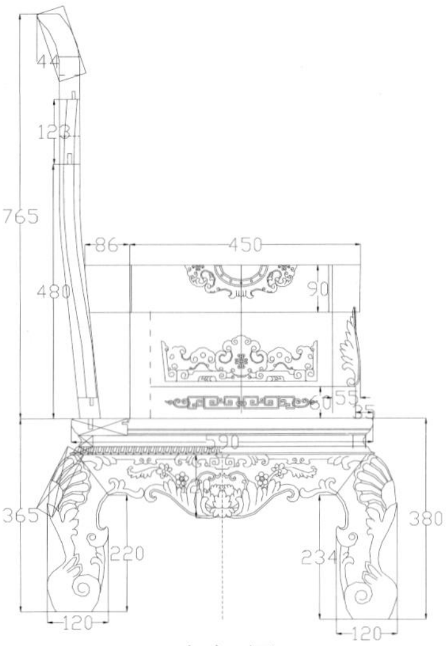

左视图

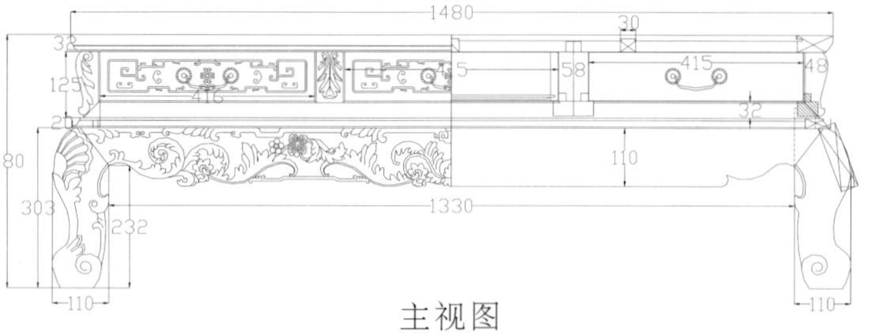

主视图

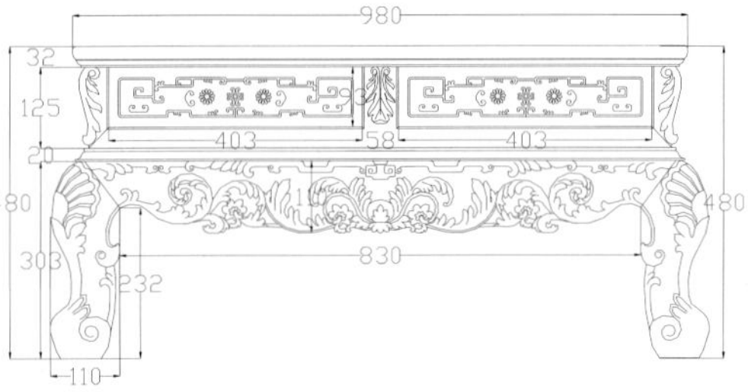

主视图

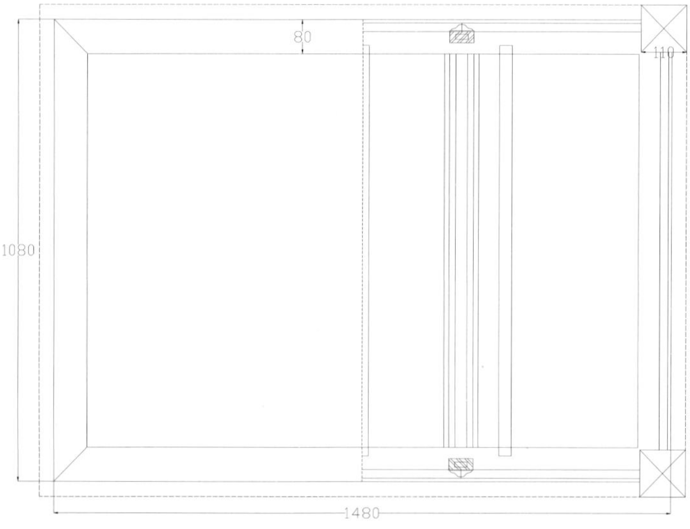

剖视图

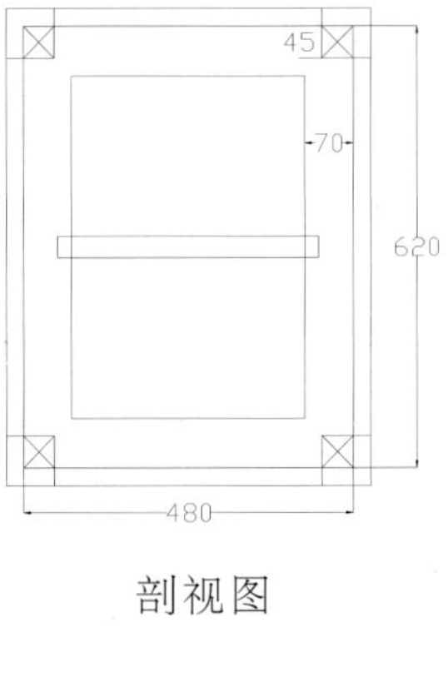

剖视图

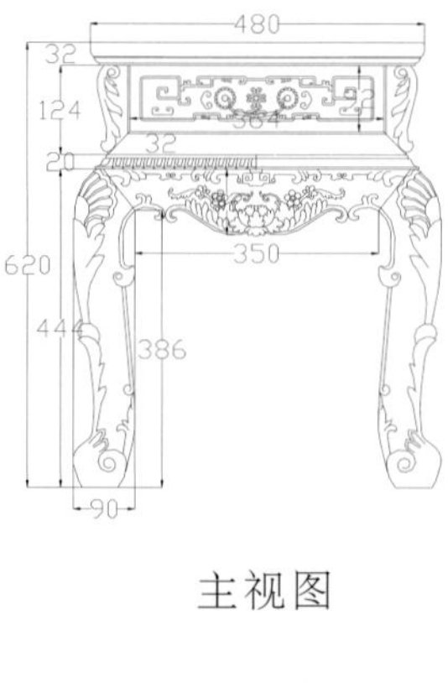

主视图

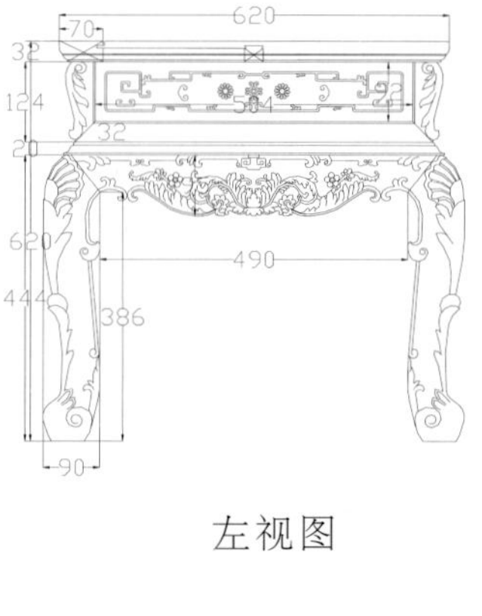

左视图

清式福寿纹沙发

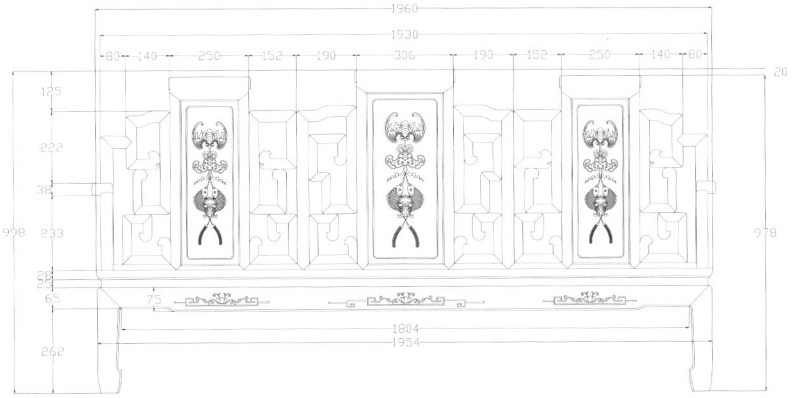

主视图

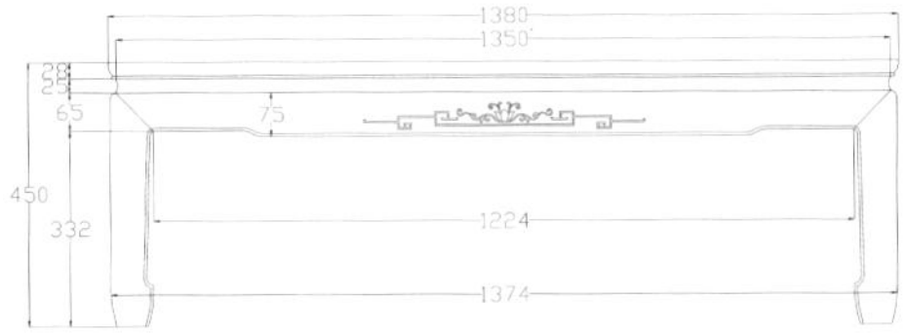

主视图

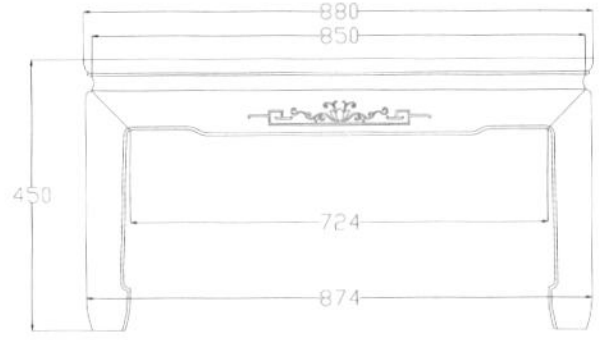

左视图

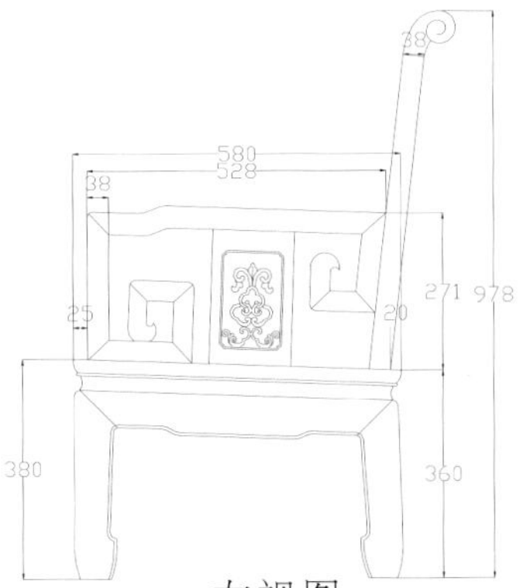

左视图

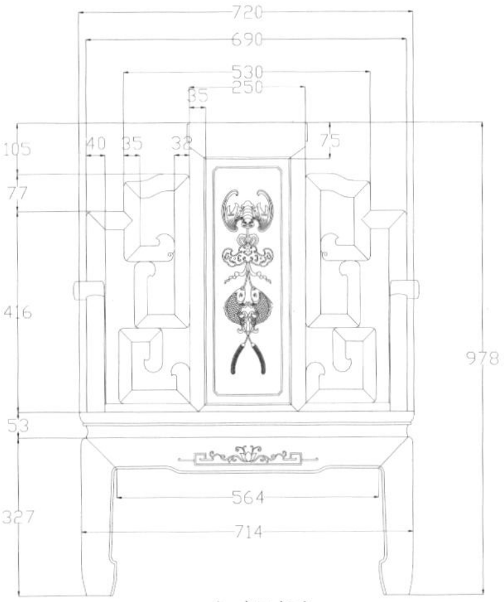

主视图

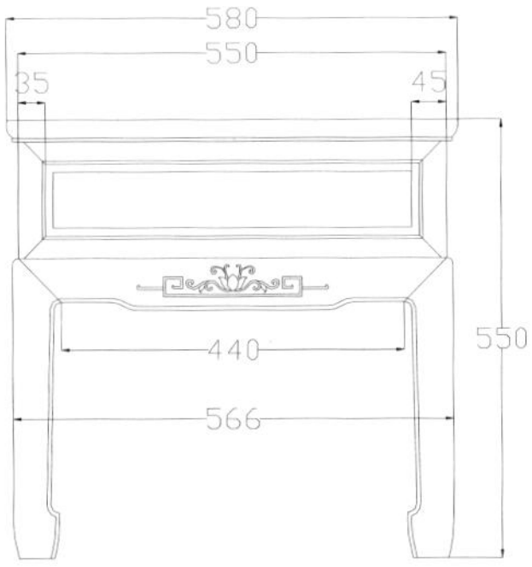

左视图

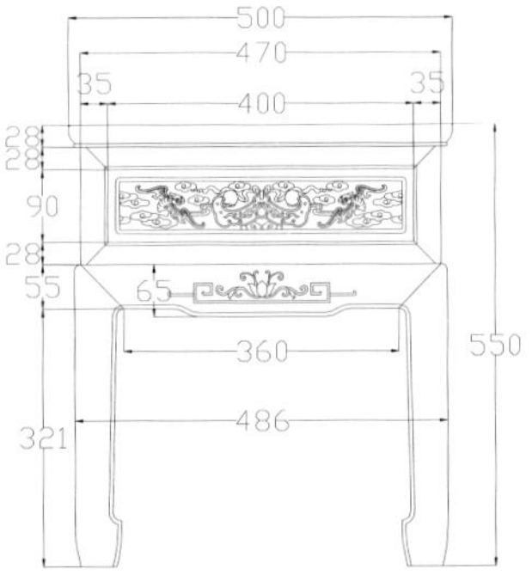

主视图

蝠螭纹沙发

主视图

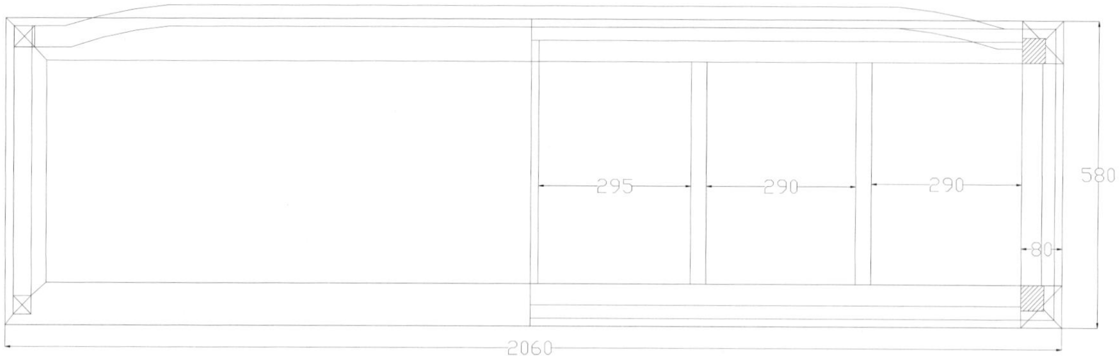

俯视图

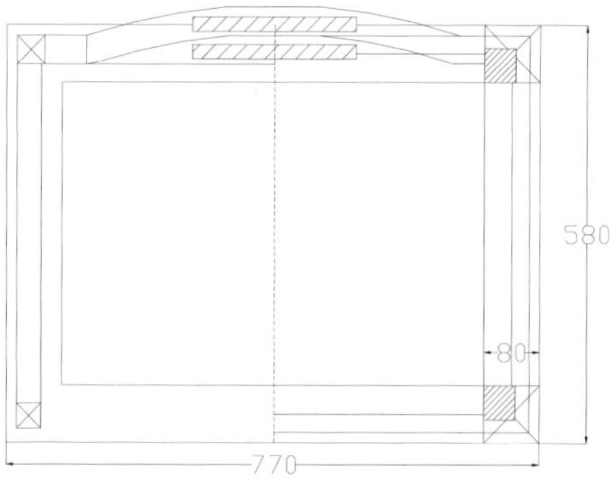

俯视图

主视图

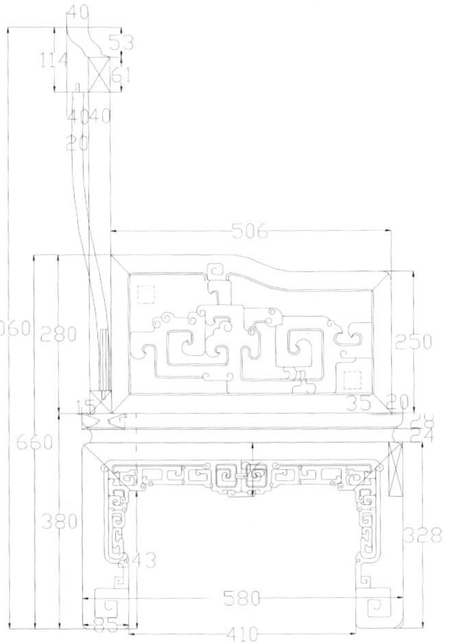

左视图

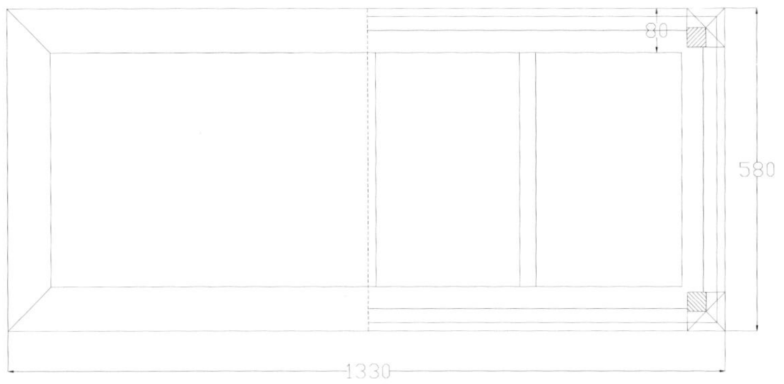

俯视图

主视图

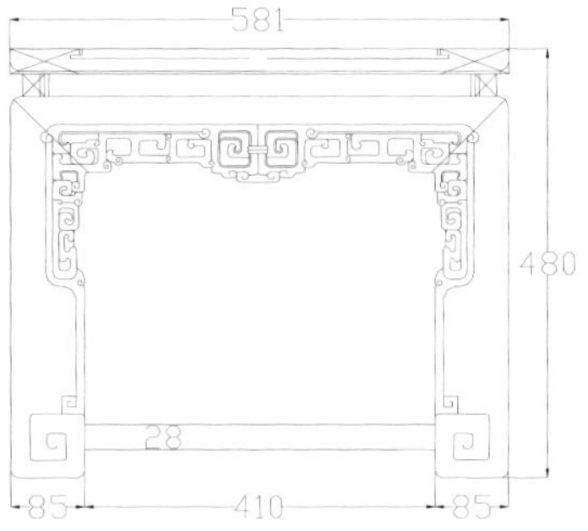

左视图

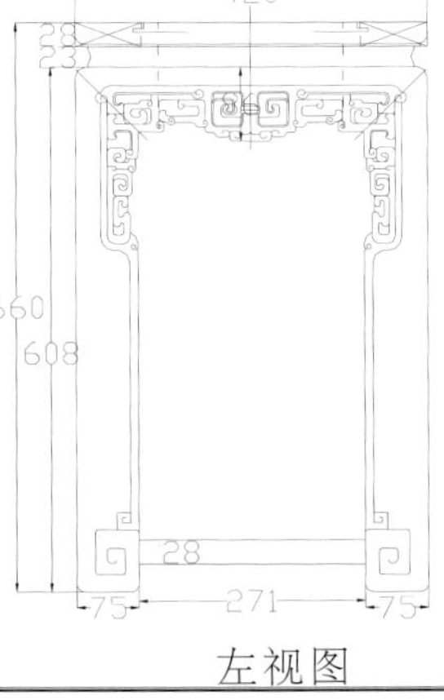

左视图

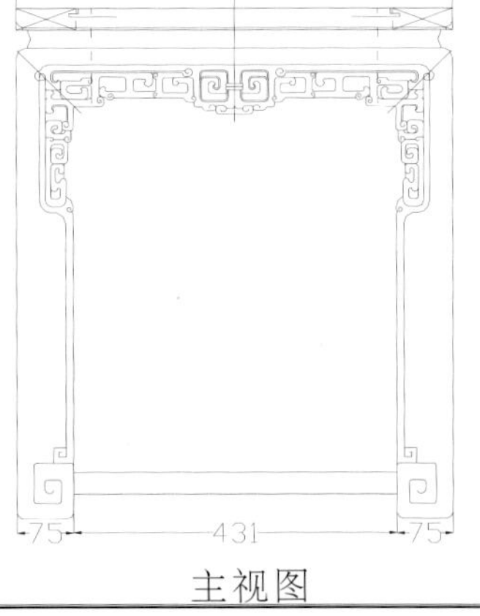

主视图

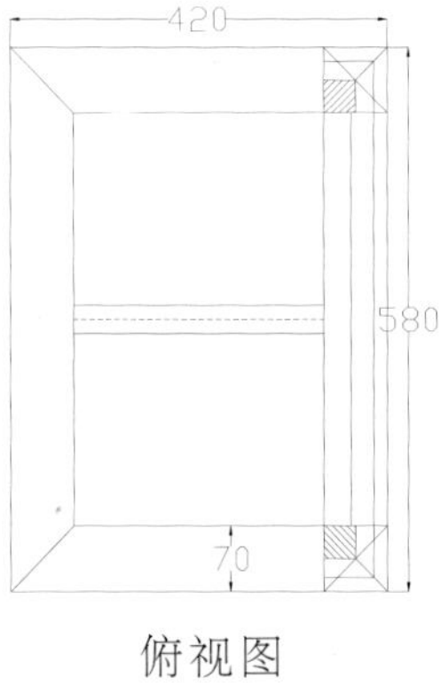

俯视图

清式富贵沙发套件

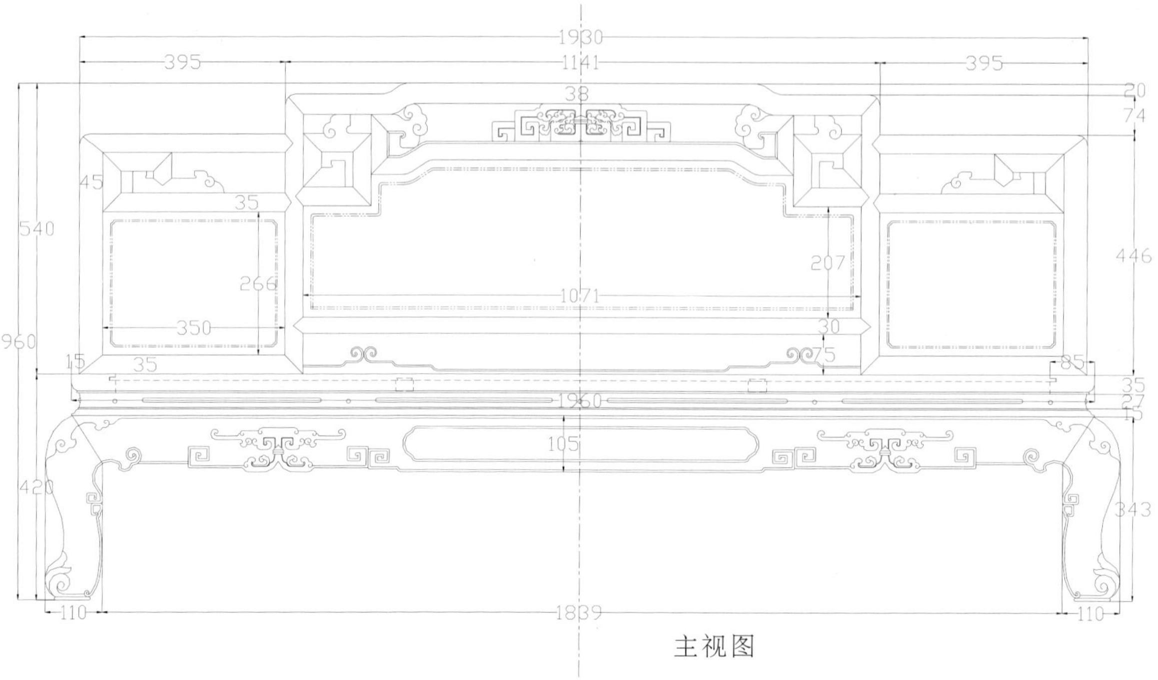

主视图

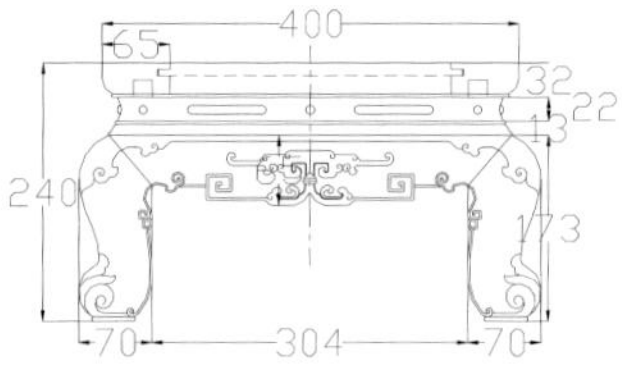

右视图

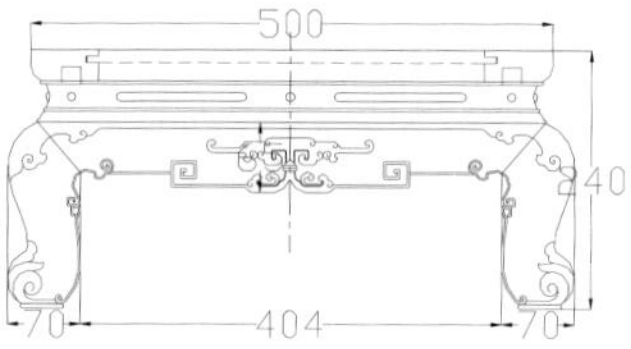

主视图

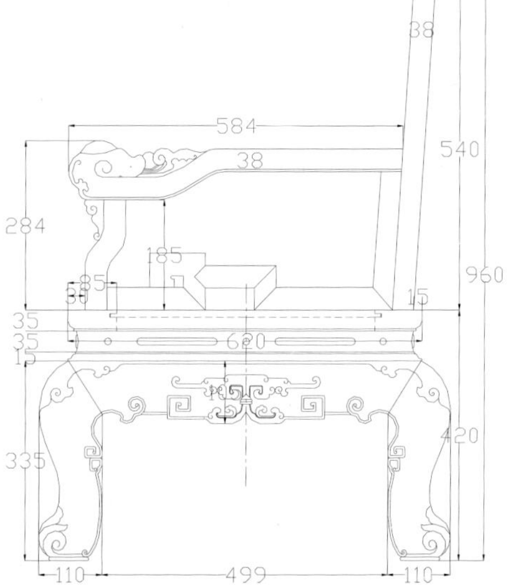

右视图

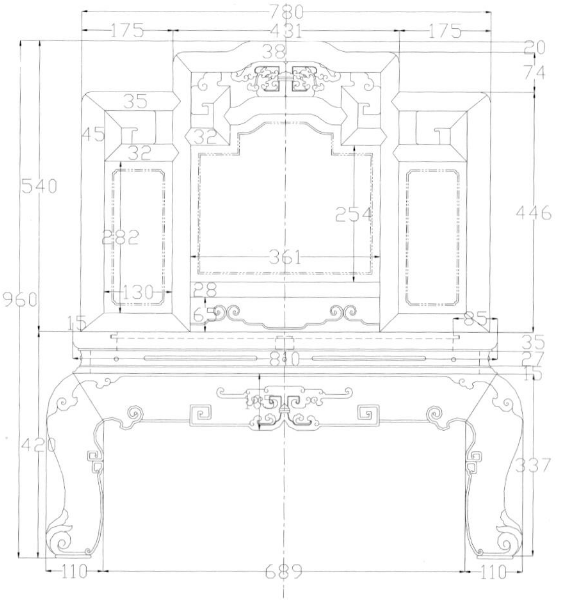

主视图

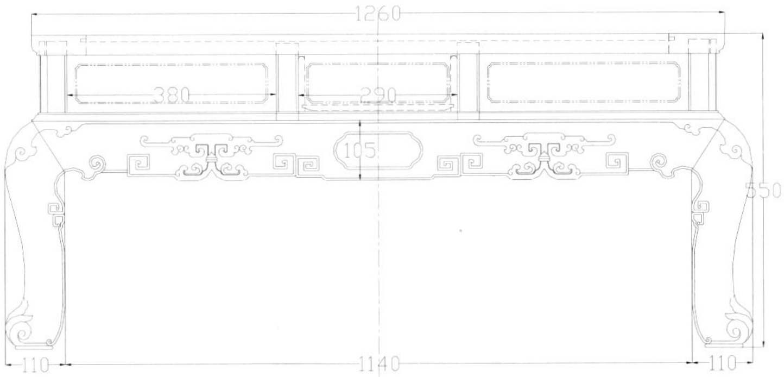

主视图

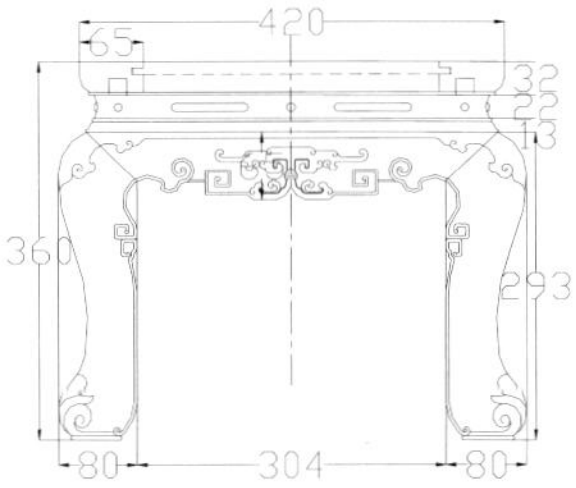

主视图

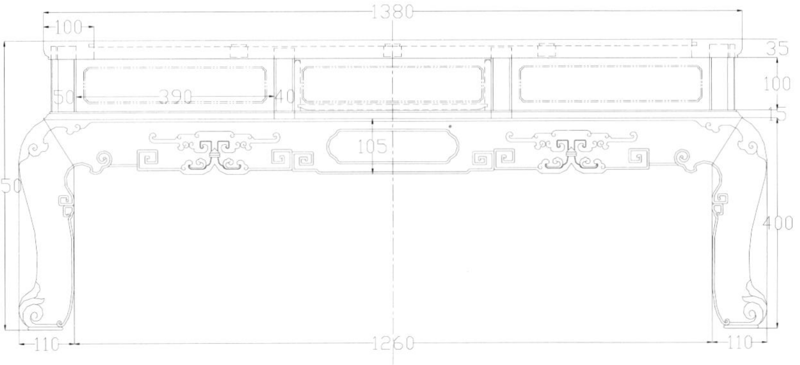

主视图

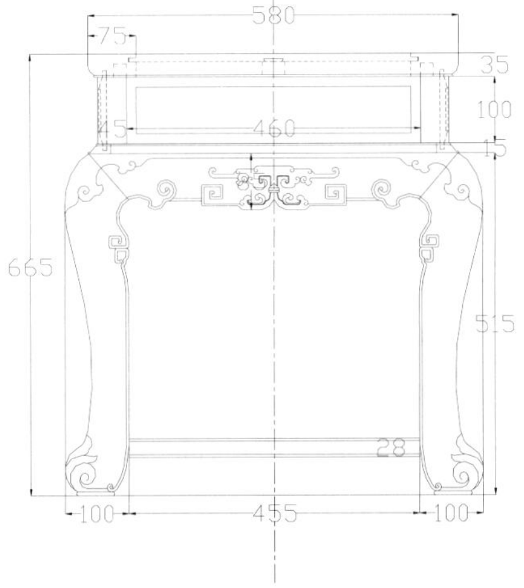

主视图

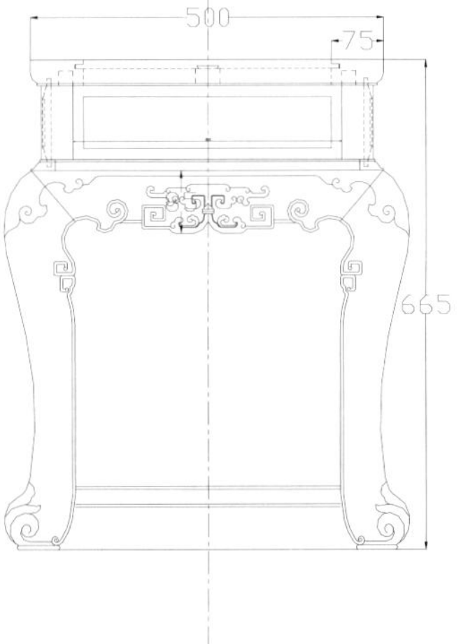

左视图

清式富贵祥和沙发

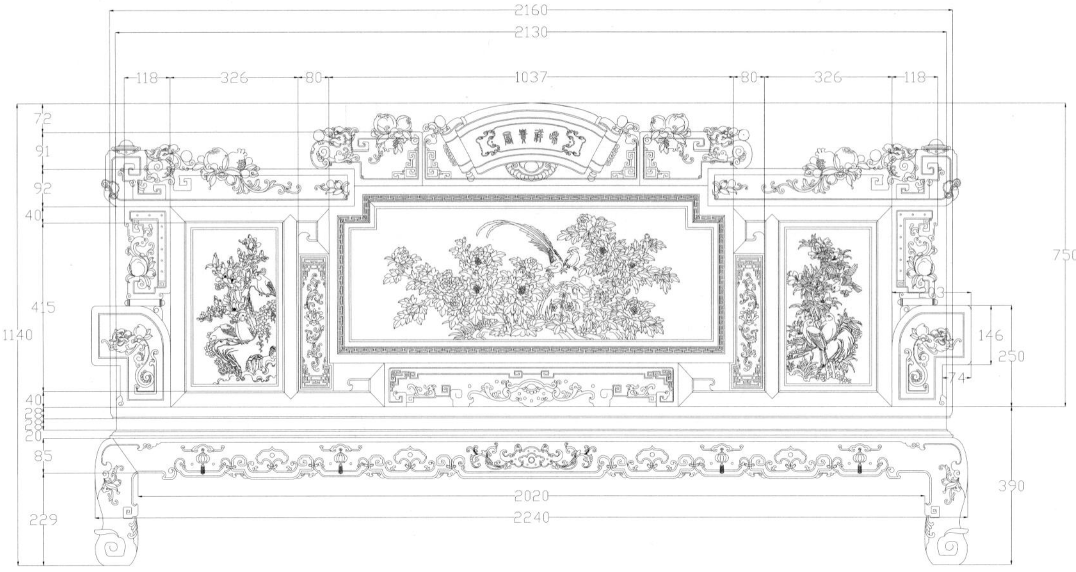

主视图

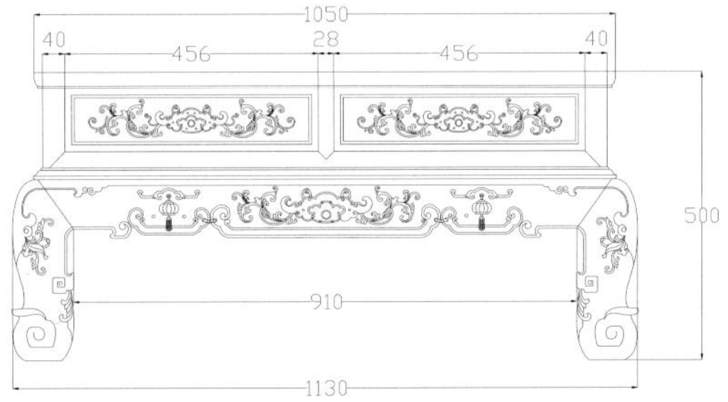

左视图

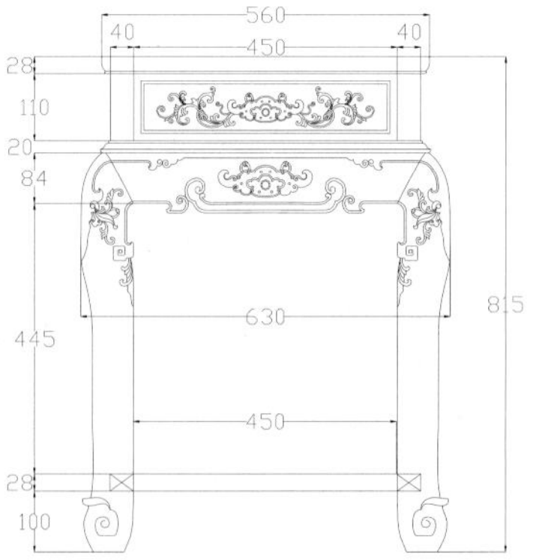

主视图

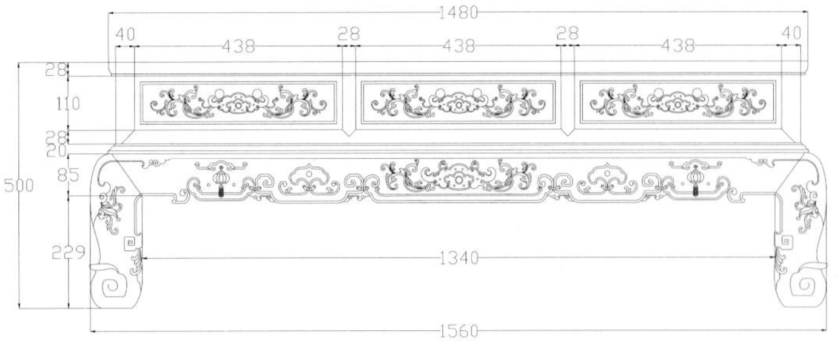

主视图

主视图

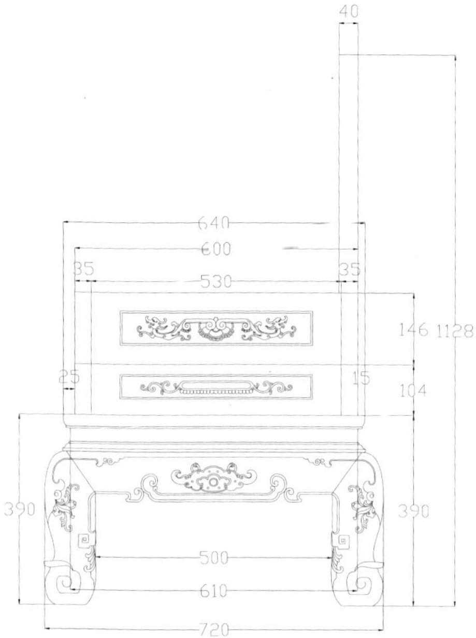

左视图

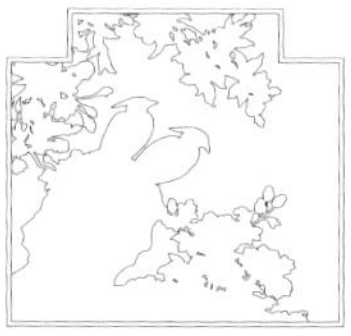

左边椅子

右边椅子

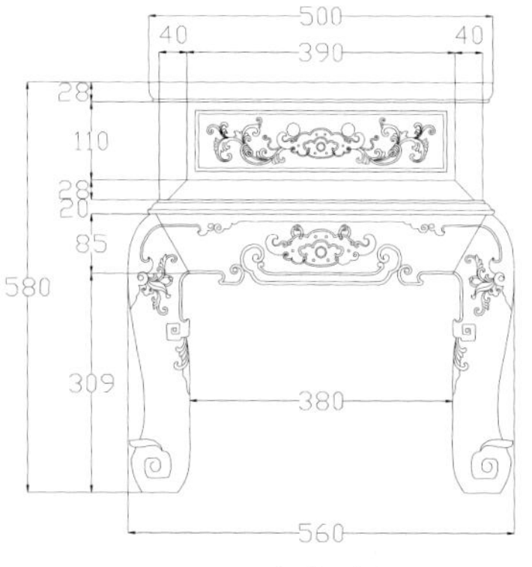

主视图

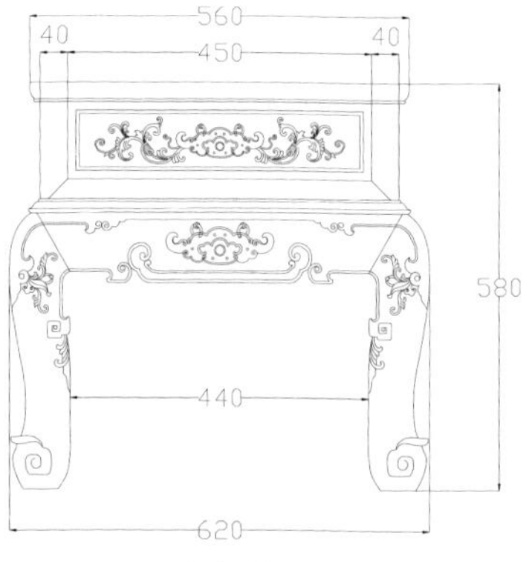

左视图

明式高背博古沙发

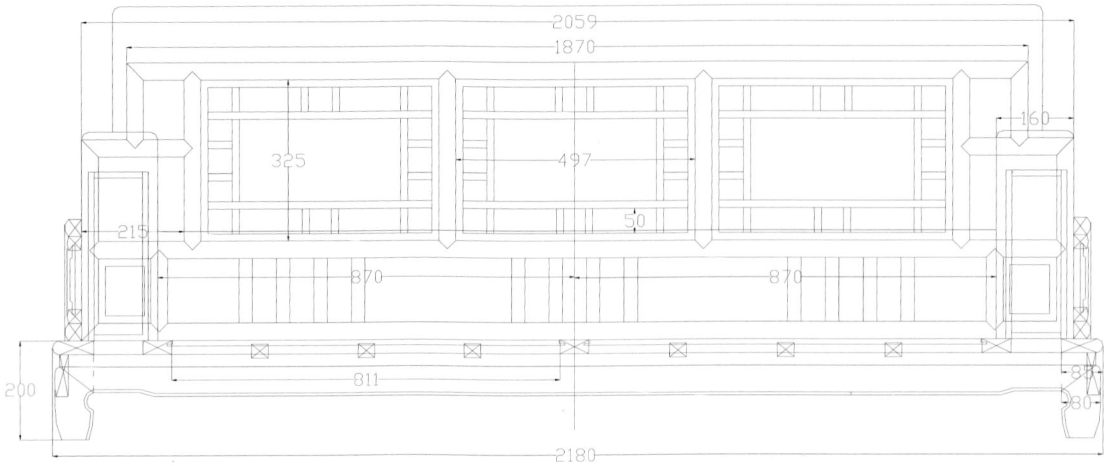

主视图

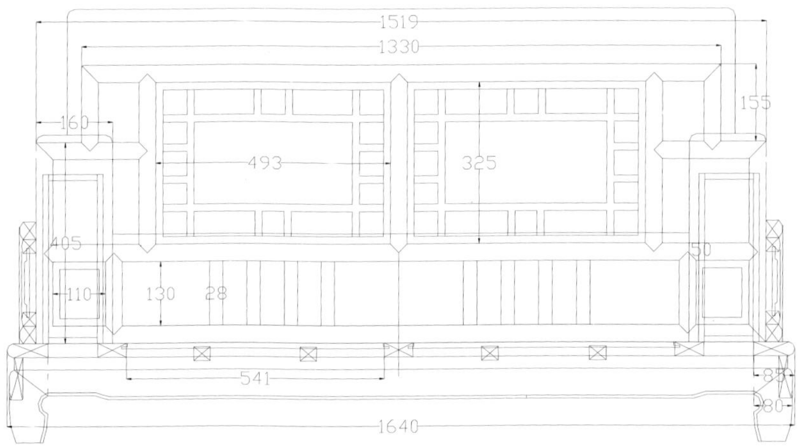

主视图

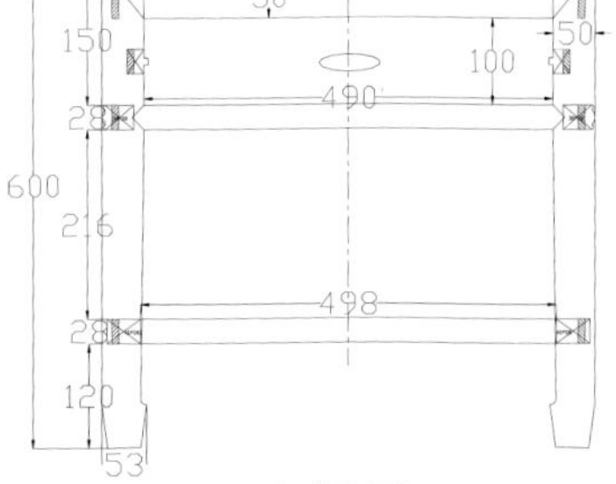

主视图

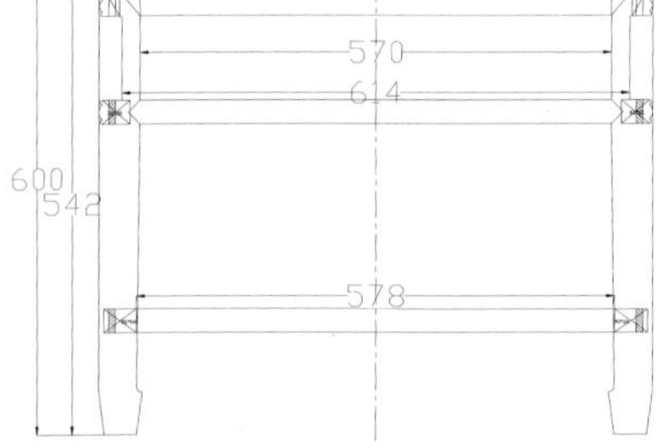

左视图

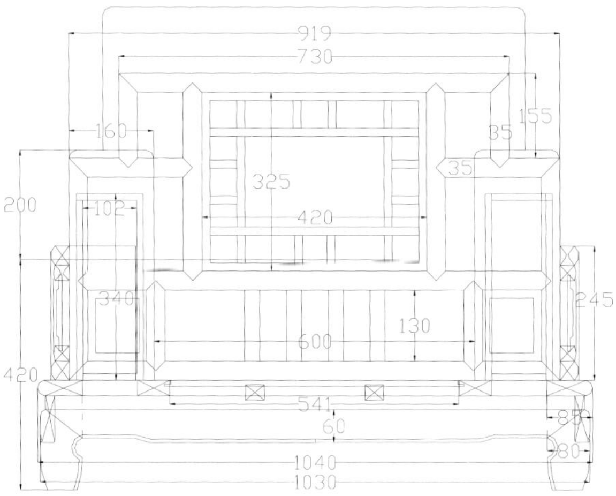

主视图

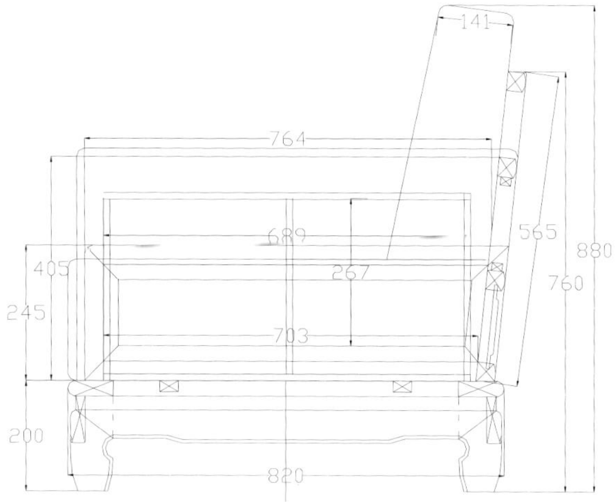

左视图

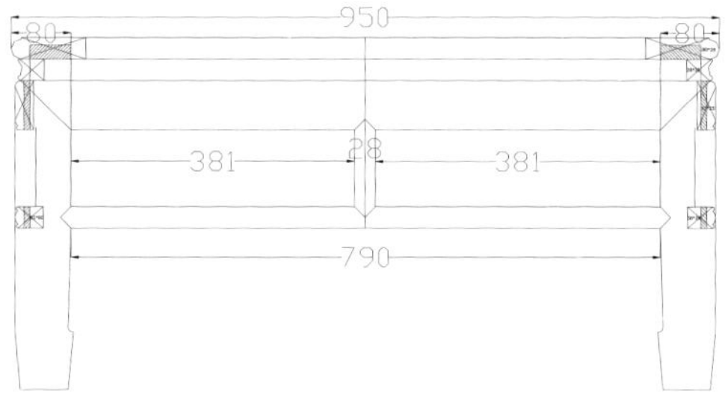

左视图

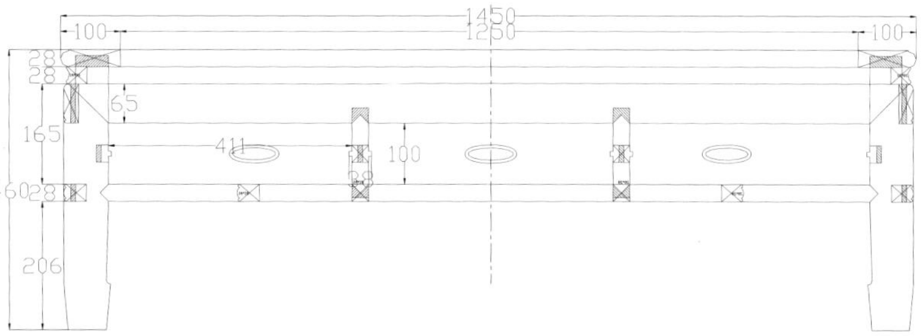

主视图

清式拐子纹宝座

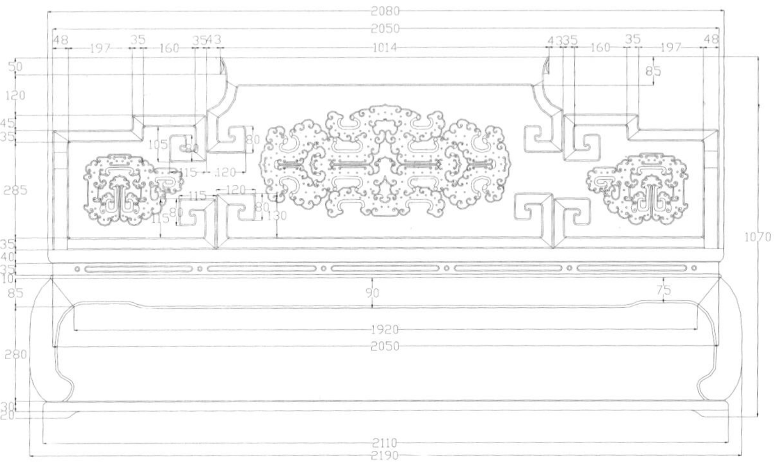

主视图

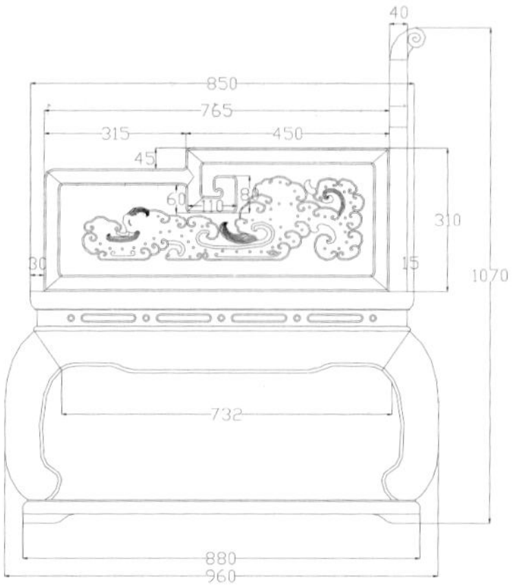

左视图

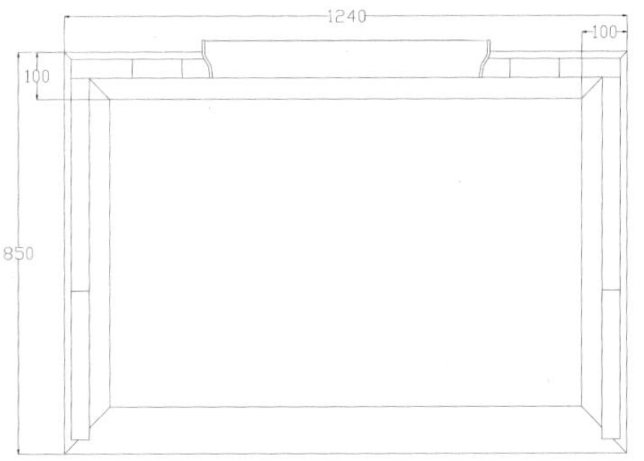

左视图

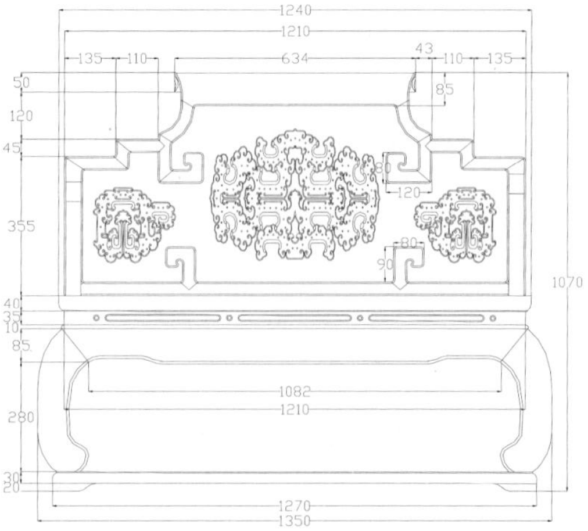

主视图

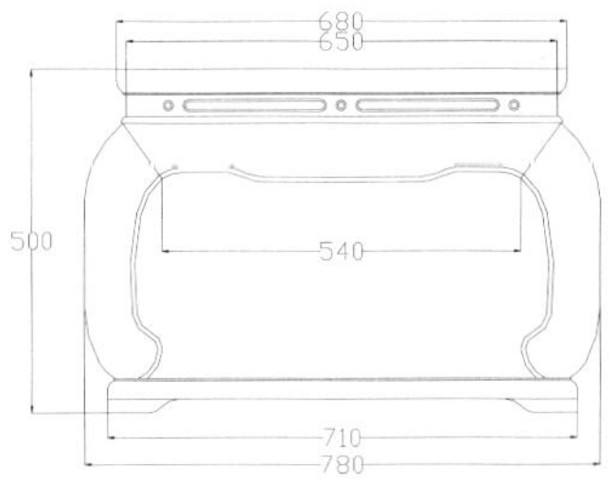

主视图

俯视图

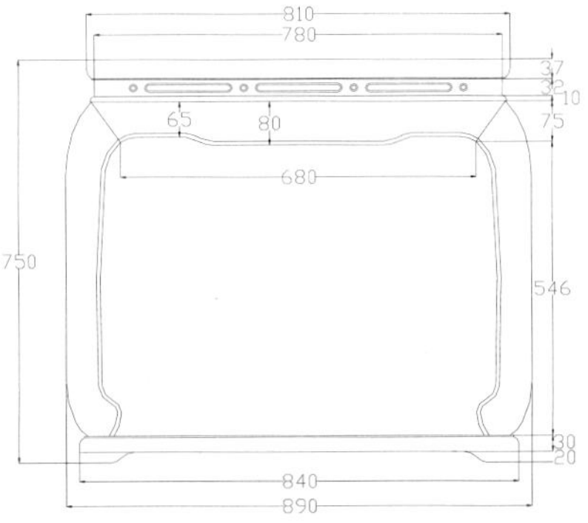

主视图

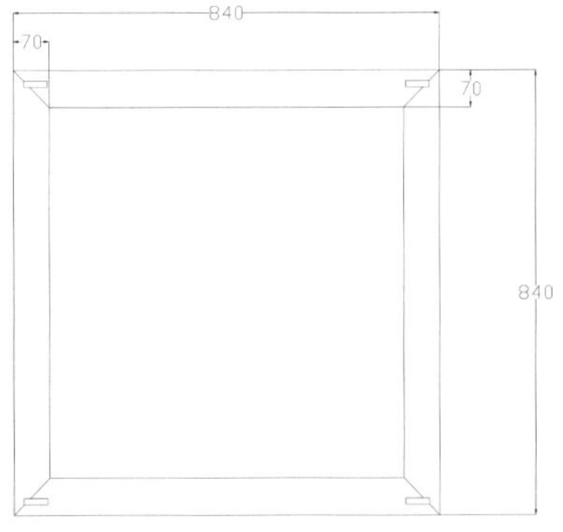

俯视图

新中式和泰沙发

主视图

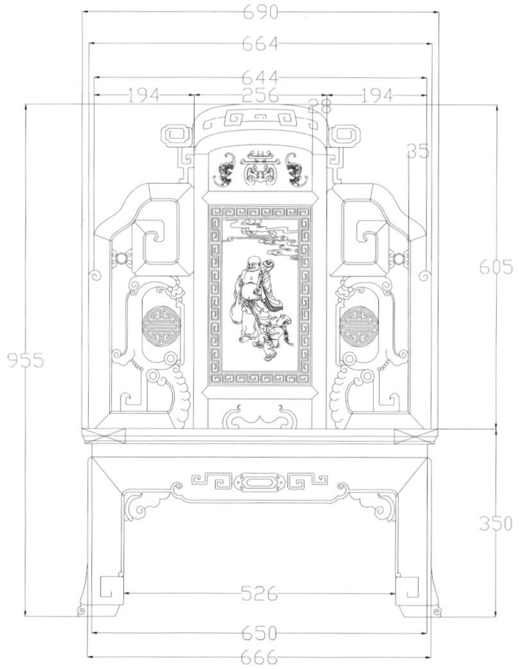

主视图

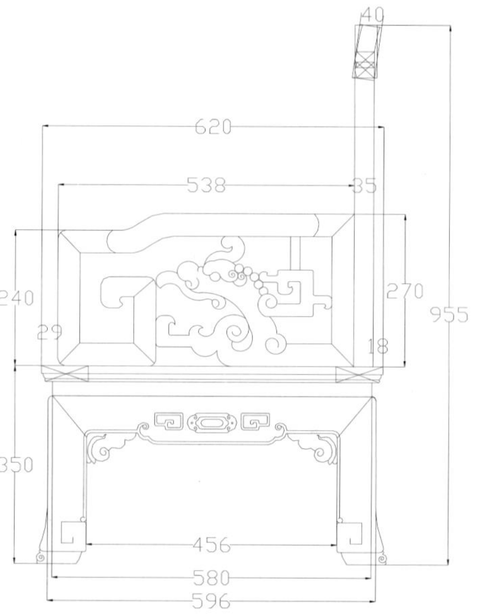

左视图

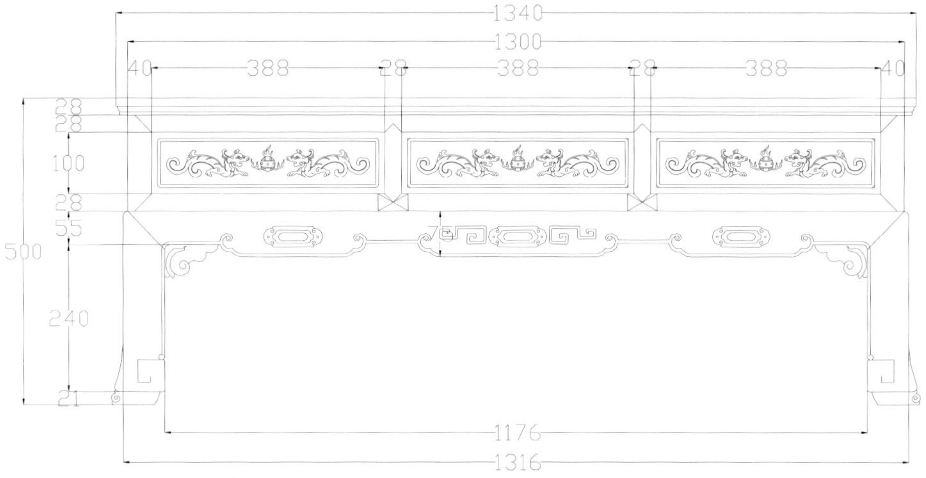

主视图

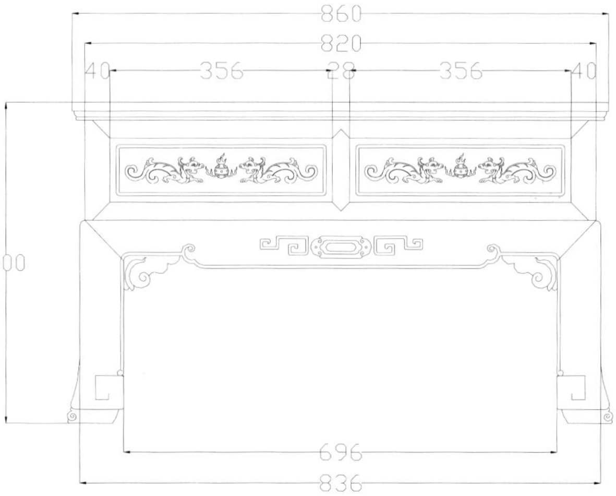

左视图

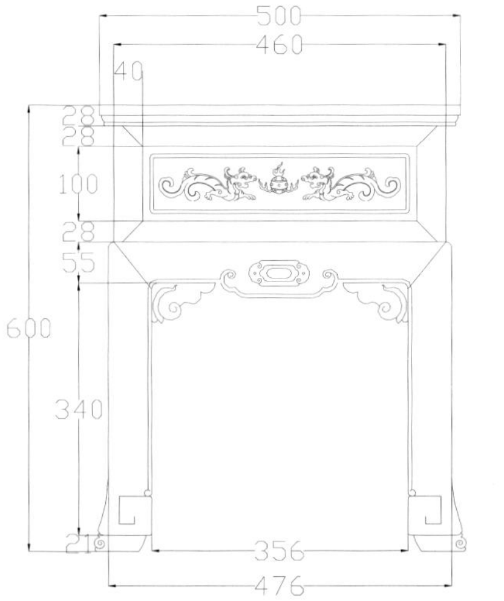

主视图

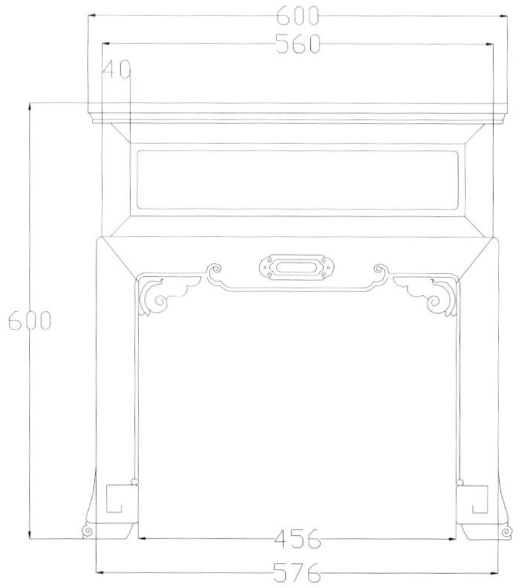

左视图

新中式和谐之春沙发

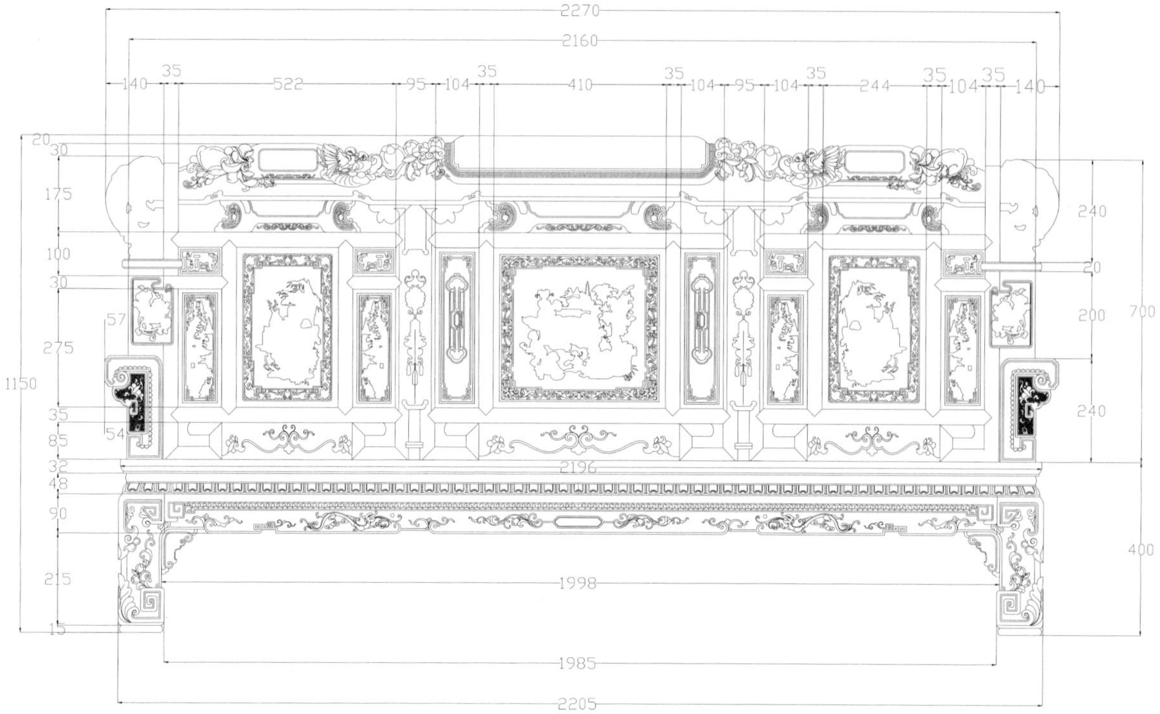

主视图

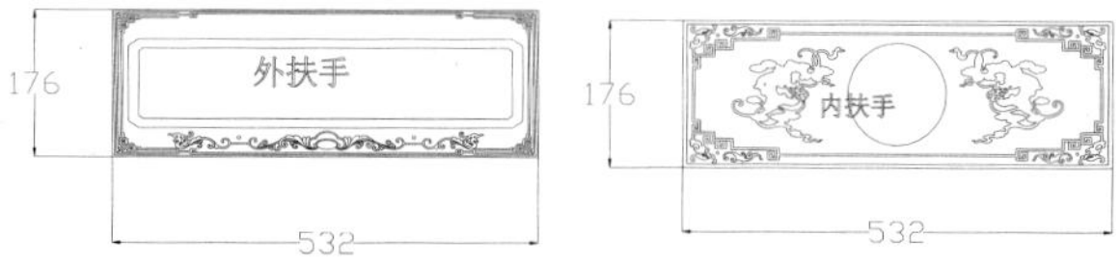

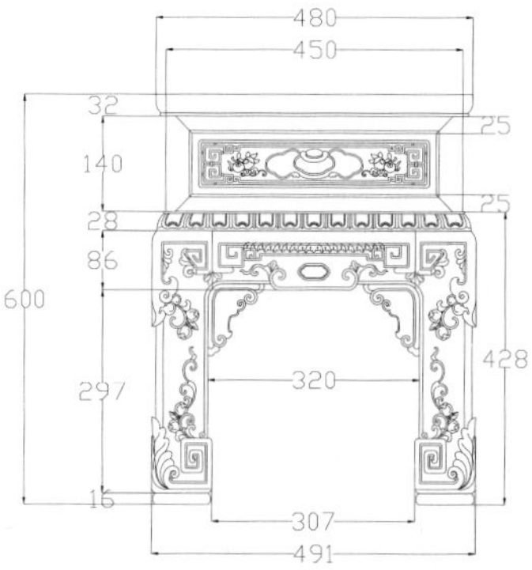

主视图

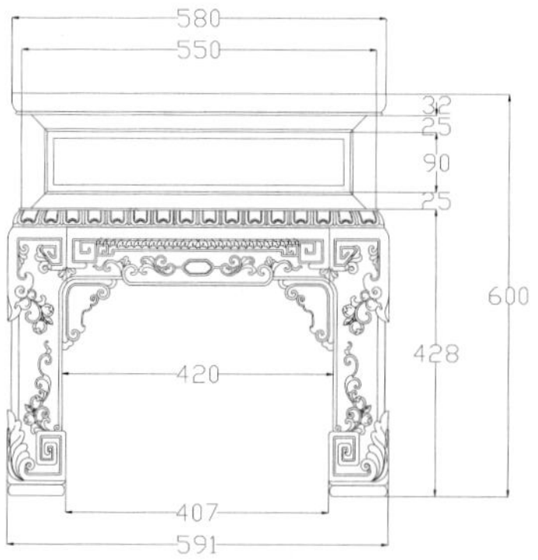

左视图

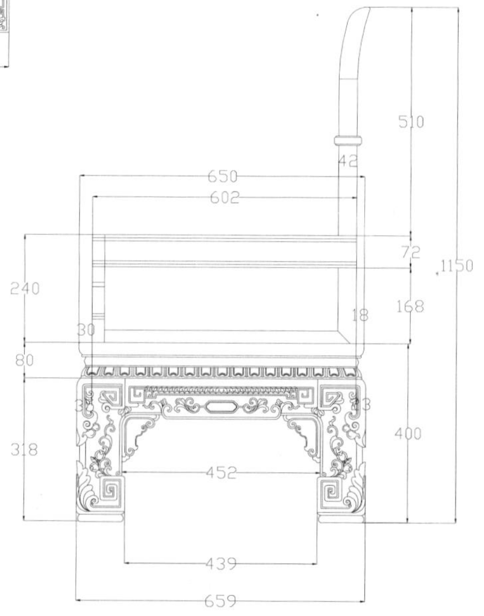

左视图

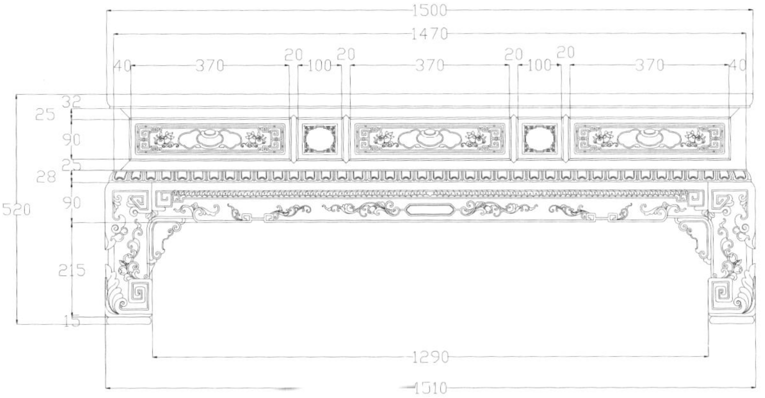

主视图

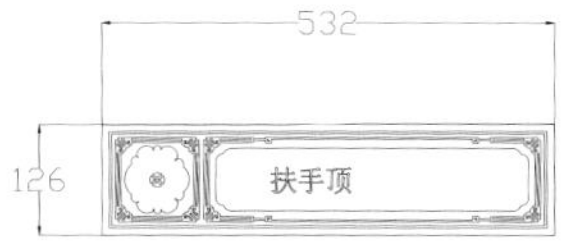

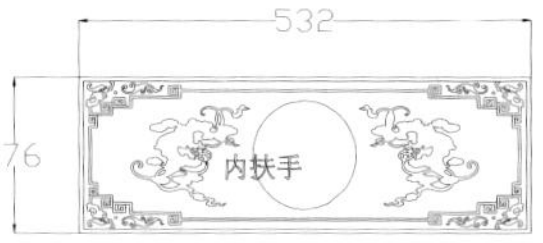

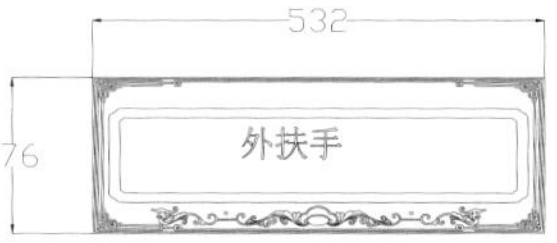

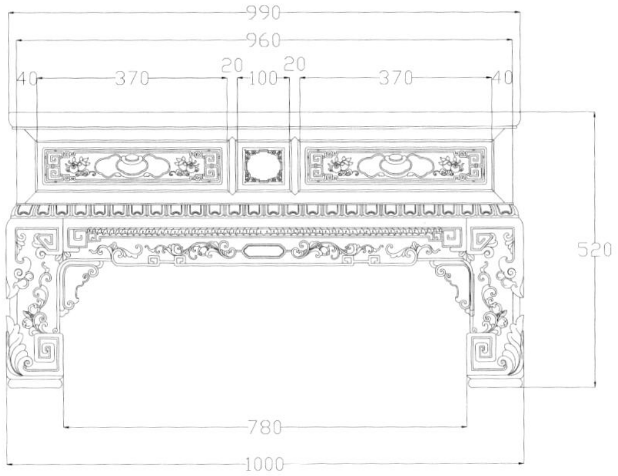

左视图

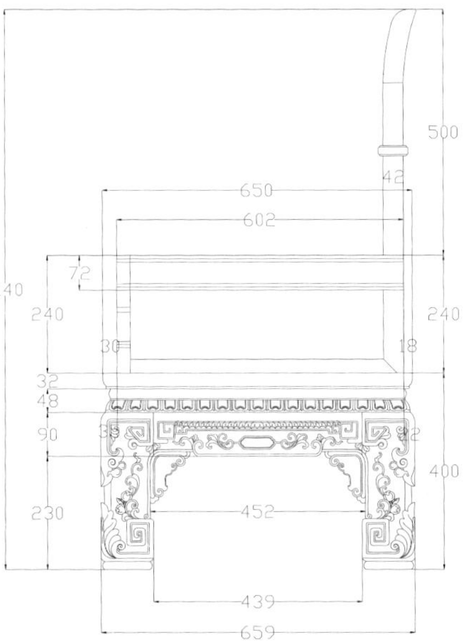

右视图

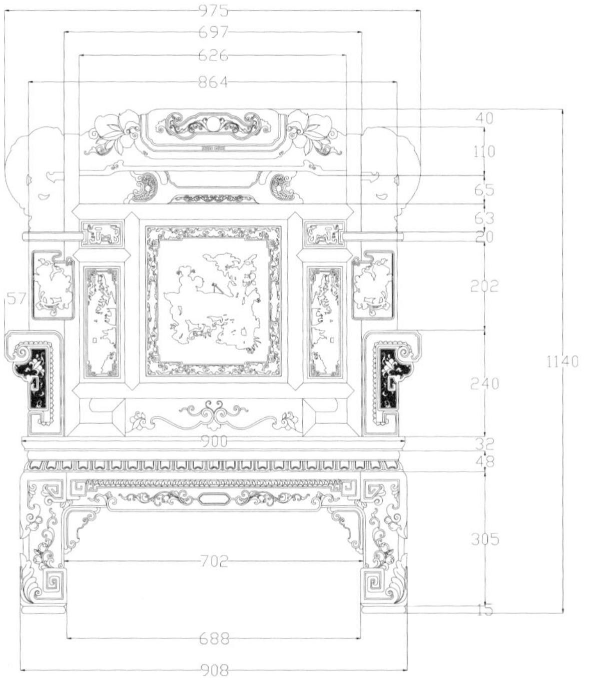

主视图

新中式荷花宝座沙发

主视图

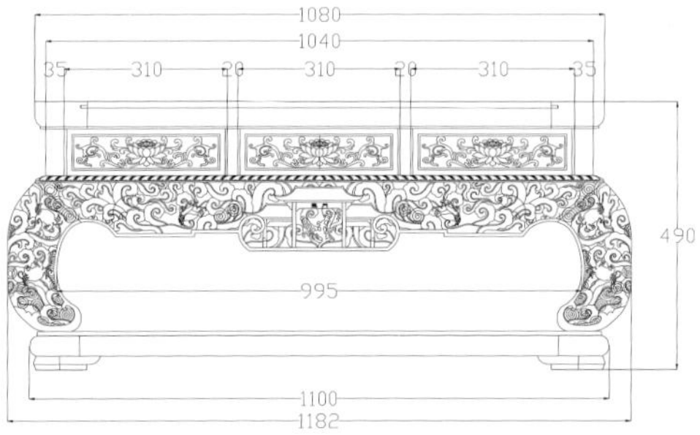

左视图

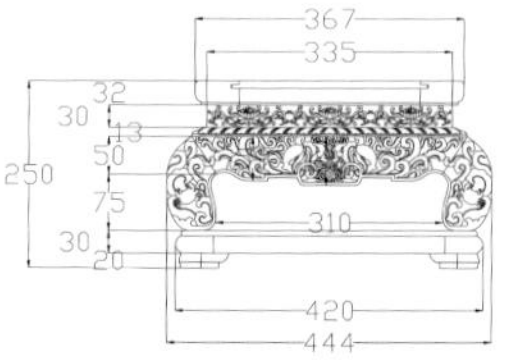

左视图

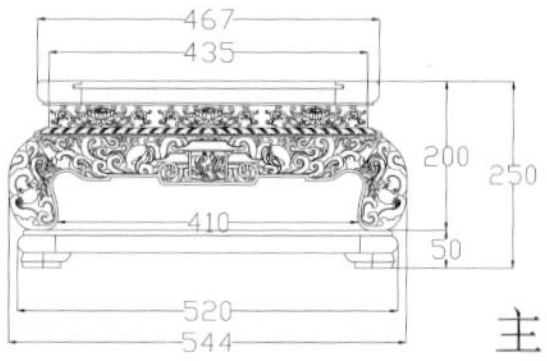

主视图

主视图

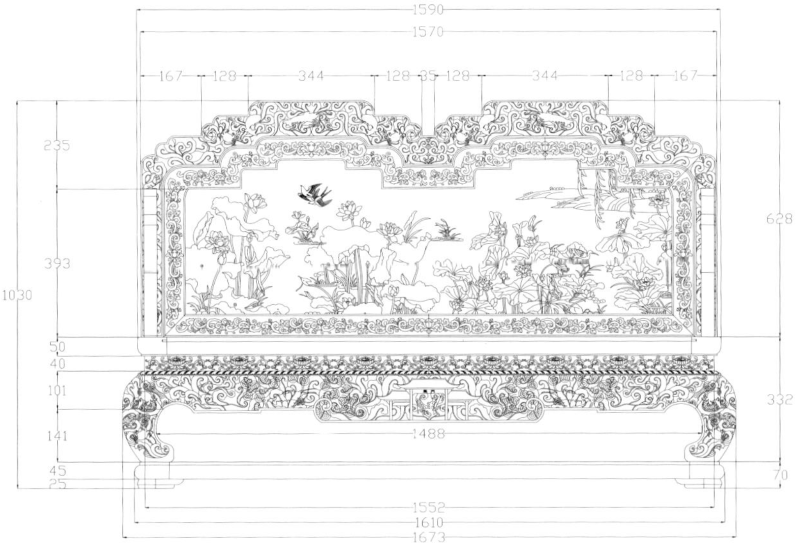

主视图

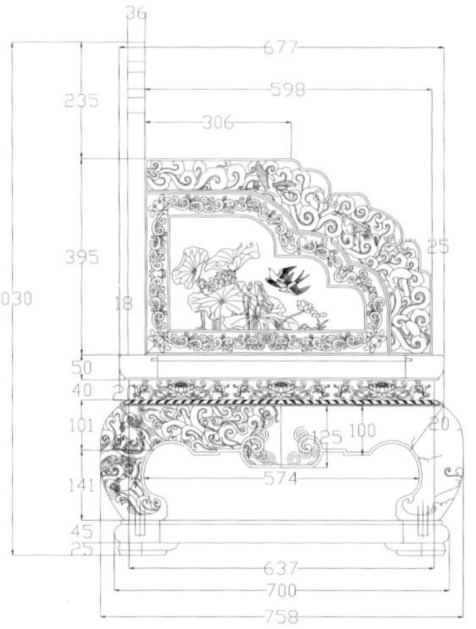

左视图

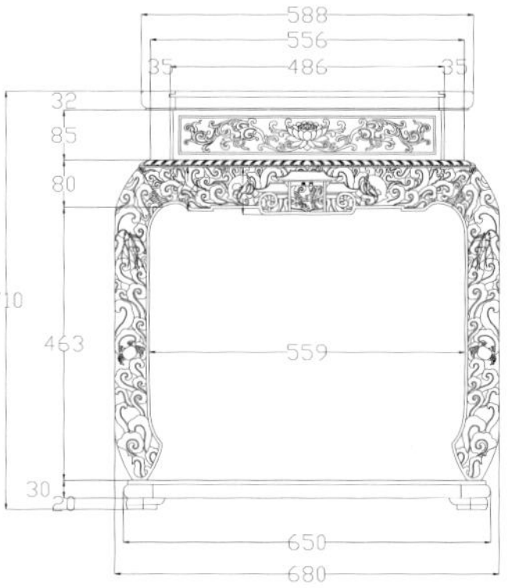

主视图

主视图

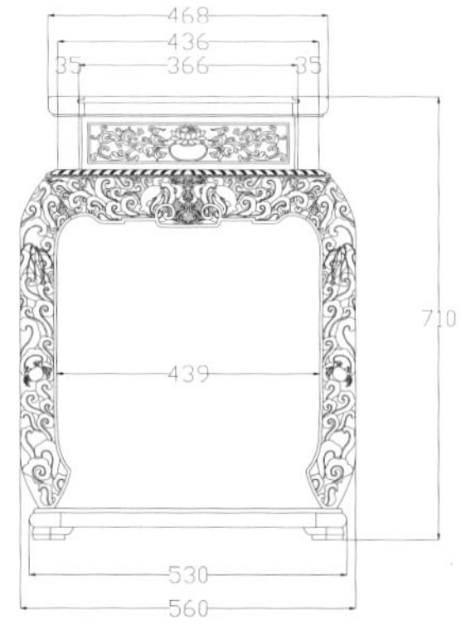

左视图

新中式吉庆有余沙发

主视图

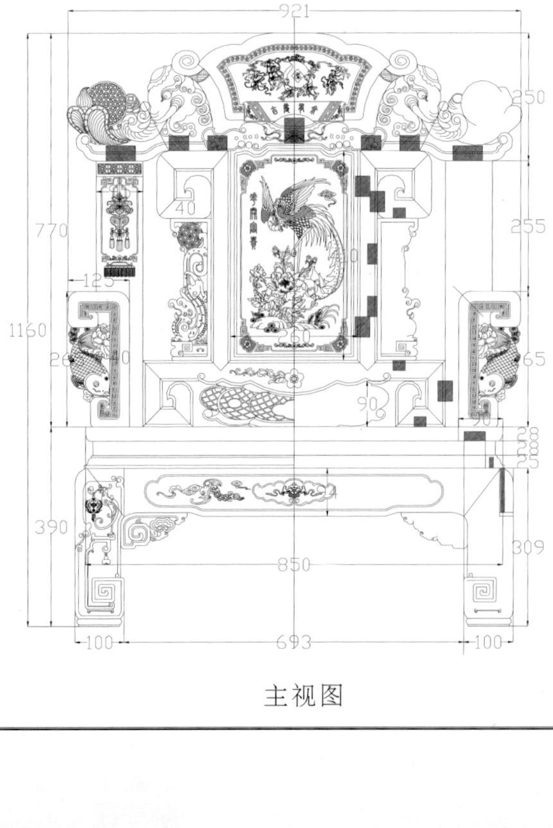

主视图

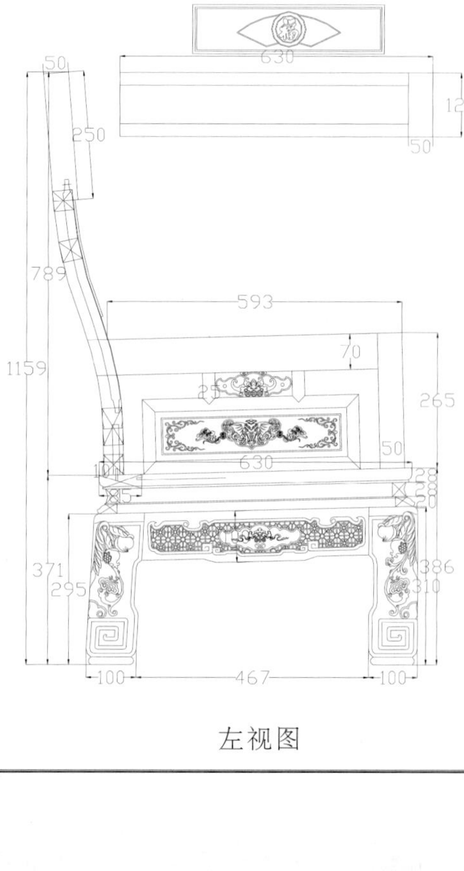

左视图

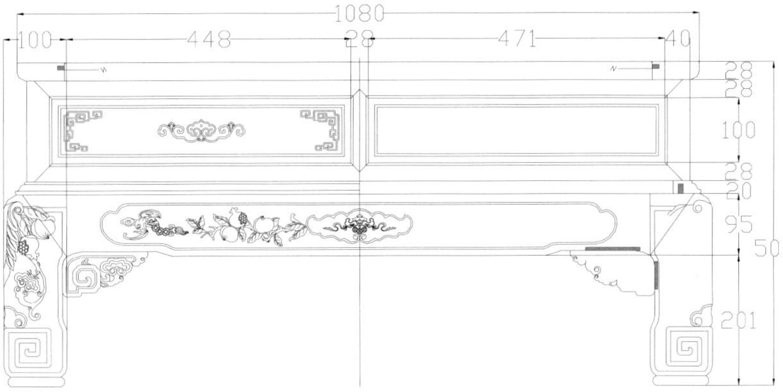

左视图

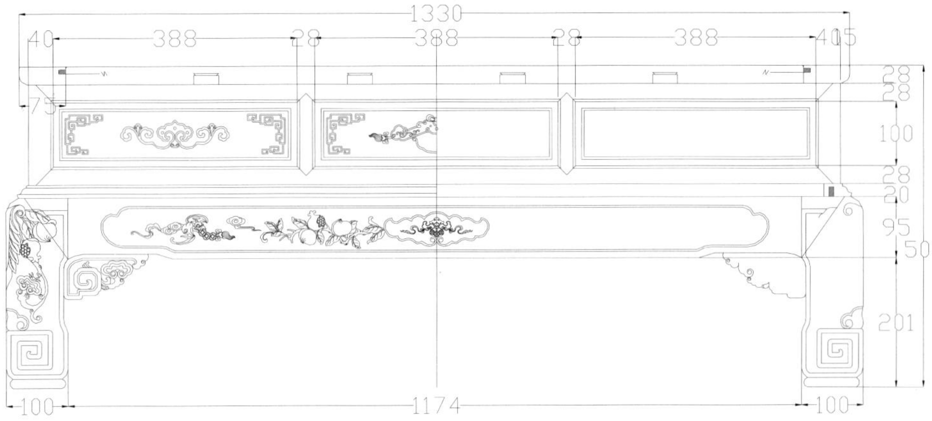

主视图

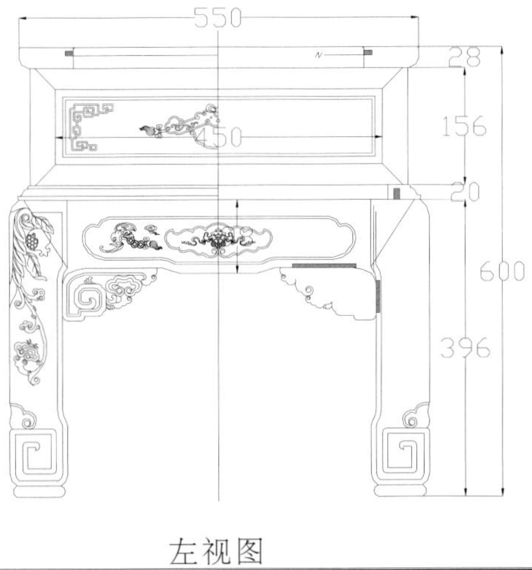

左视图

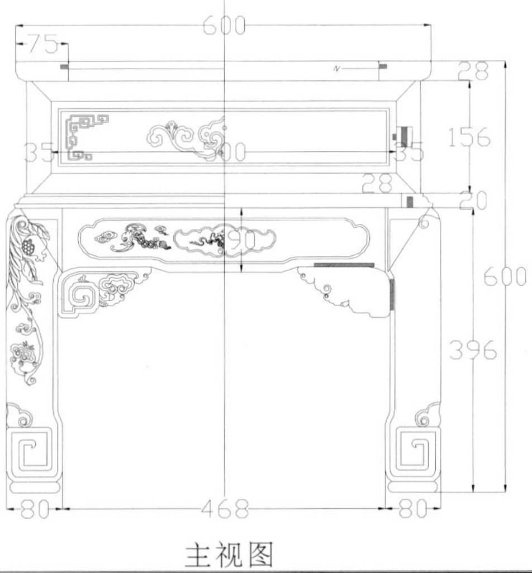

主视图

新中式吉庆有余回纹沙发

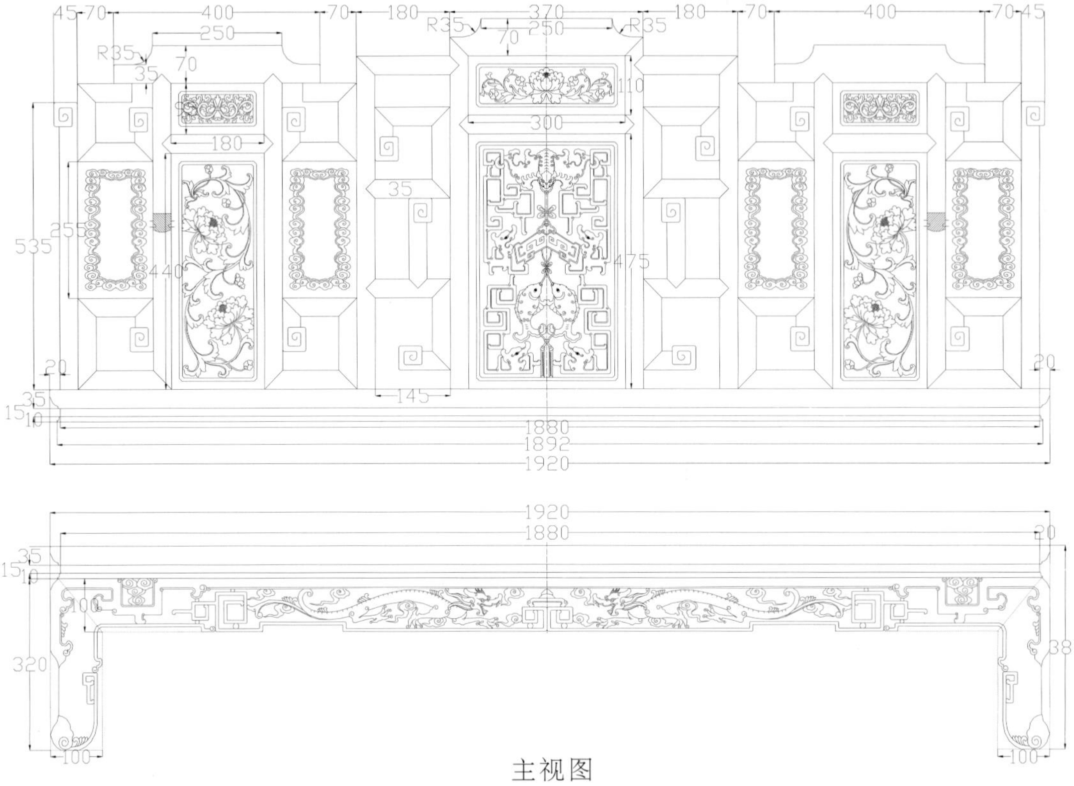

主视图

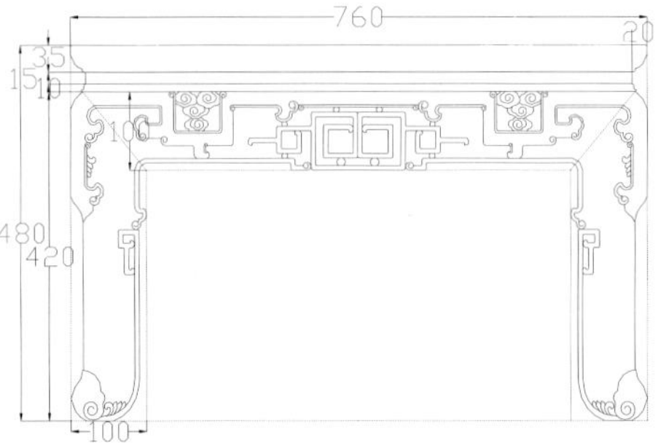

左视图

主视图

主视图

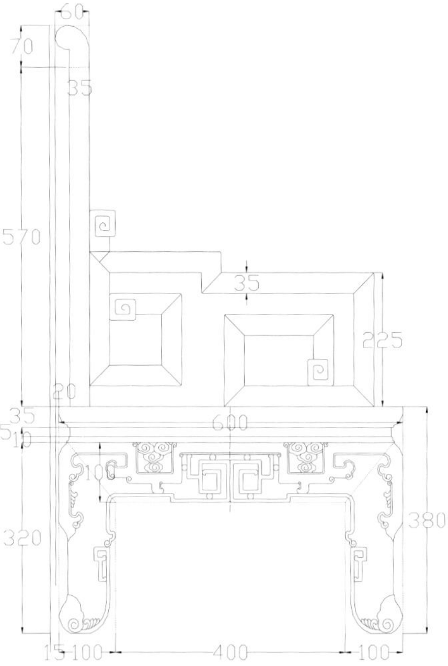

左视图

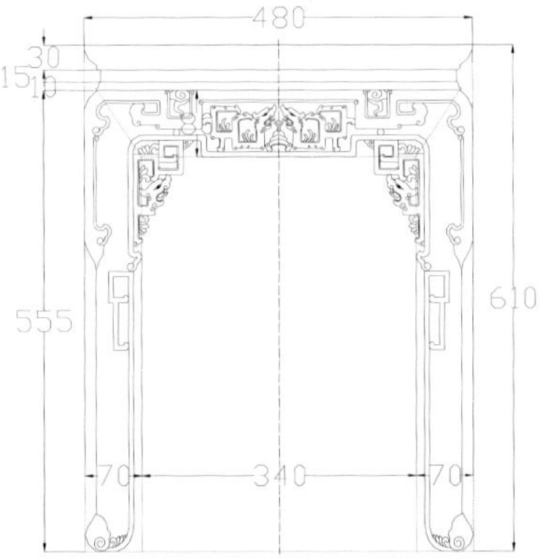

主视图

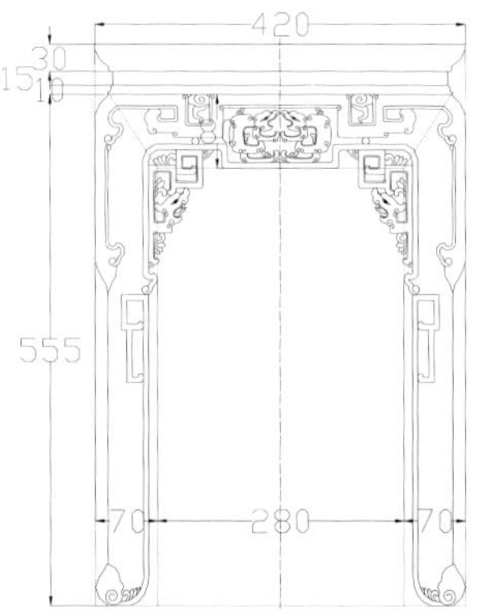

左视图

清式吉祥如意沙发

主视图

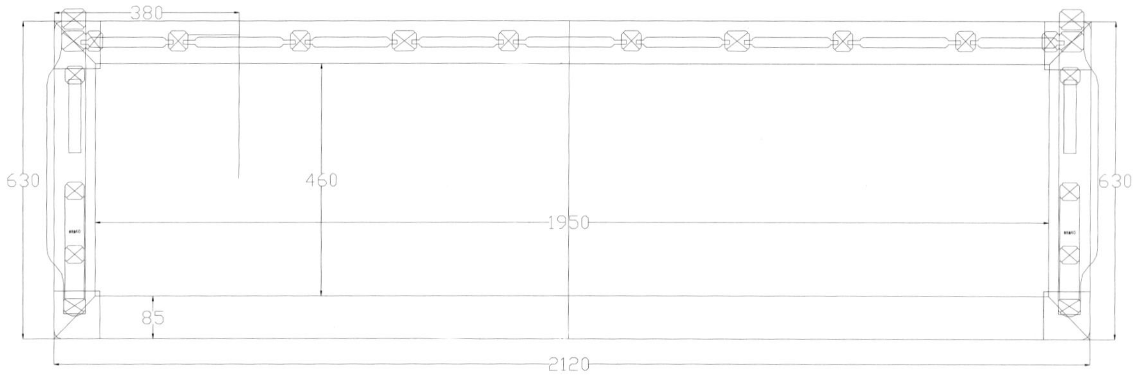

俯视图

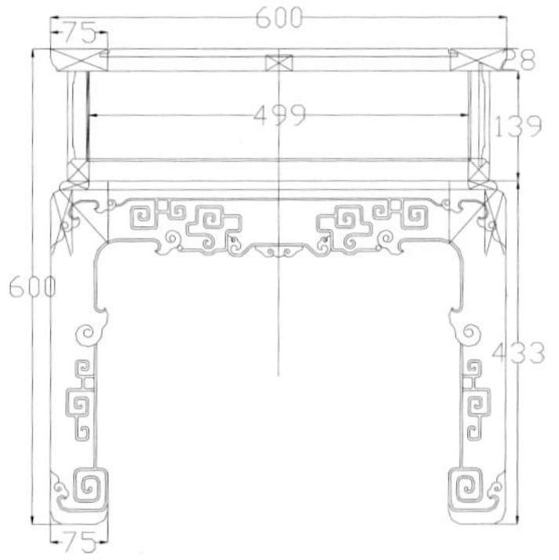

主视图

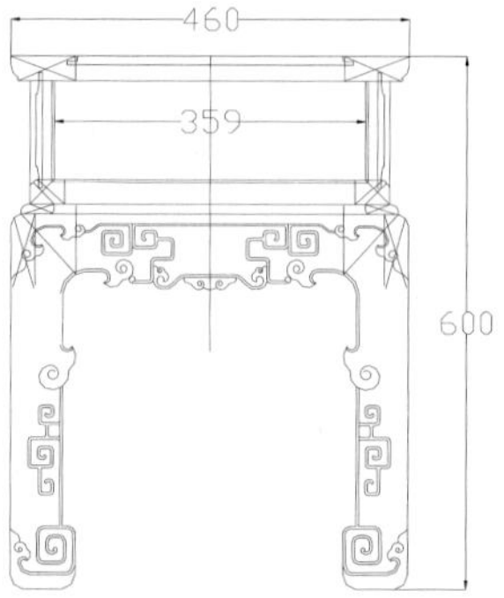

左视图

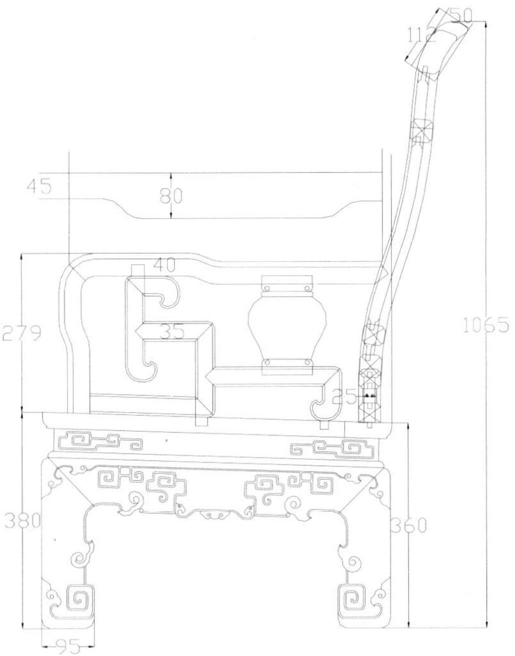

左视图

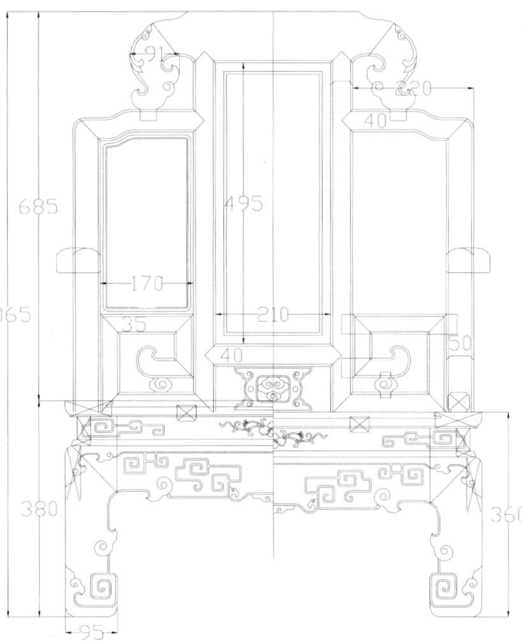

主视图

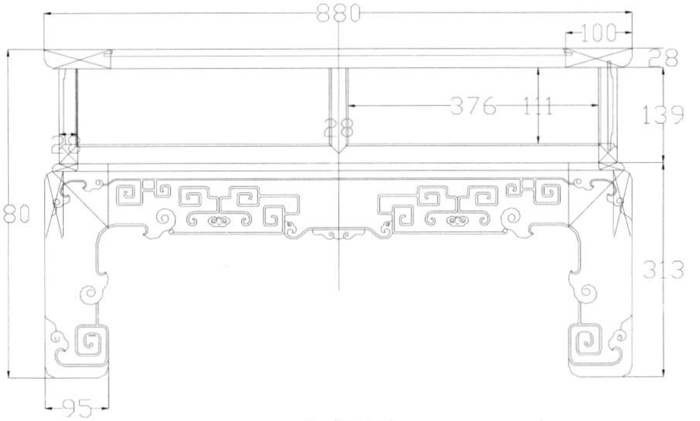

左视图

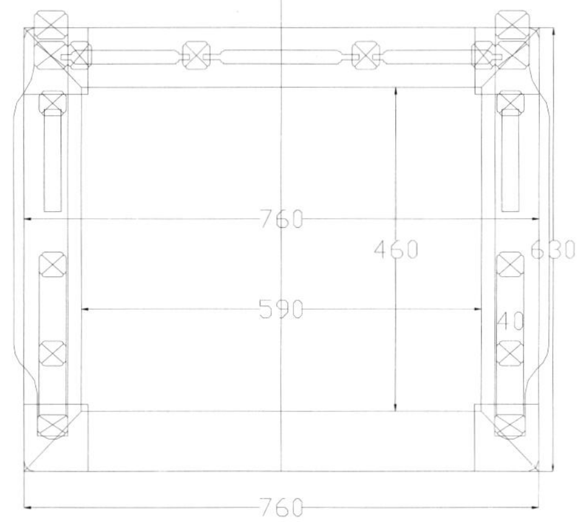

剖视图

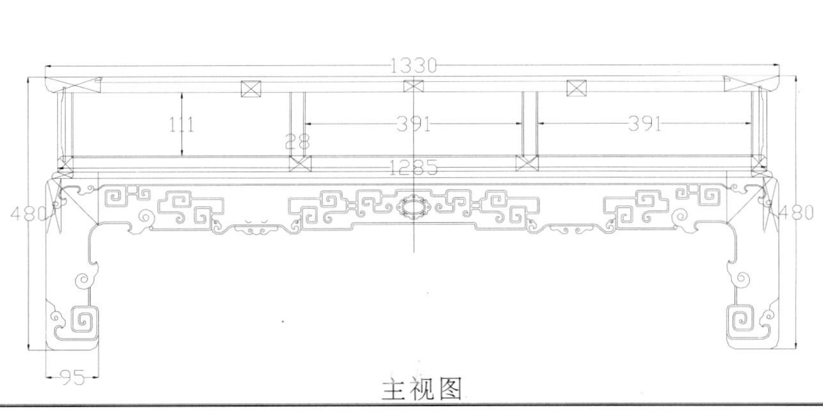

主视图

新中式吉祥如意沙发

主视图

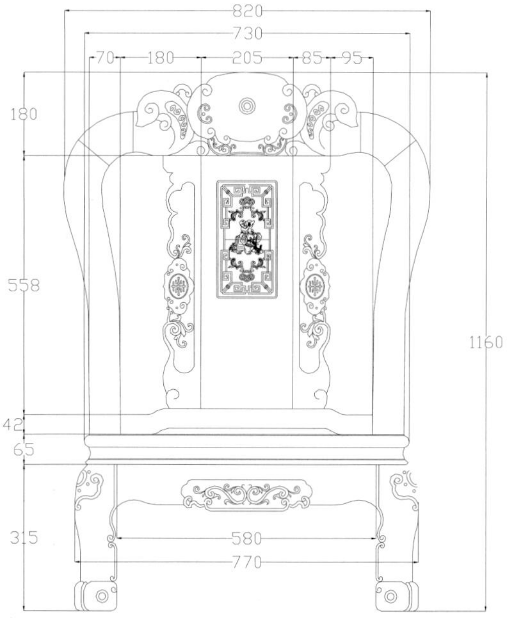

主视图

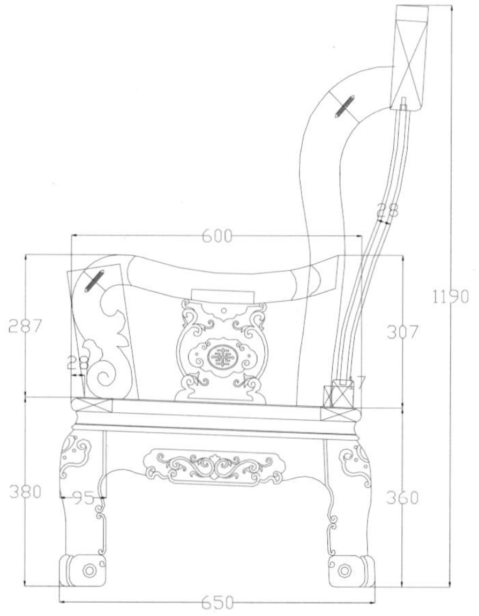

左视图

主视图

左视图

主视图

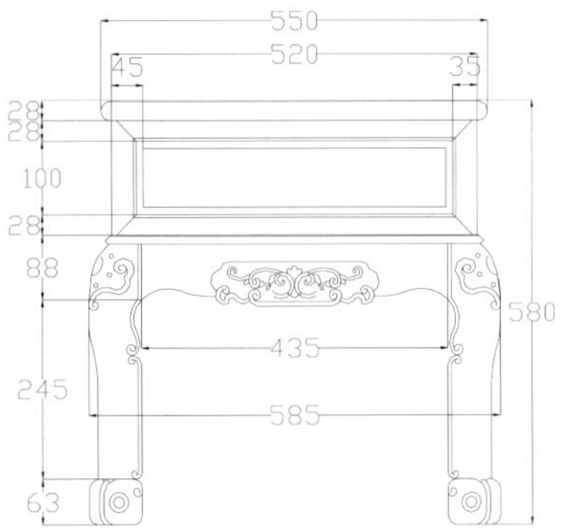

左视图

吉祥狮单人座沙发

主视图

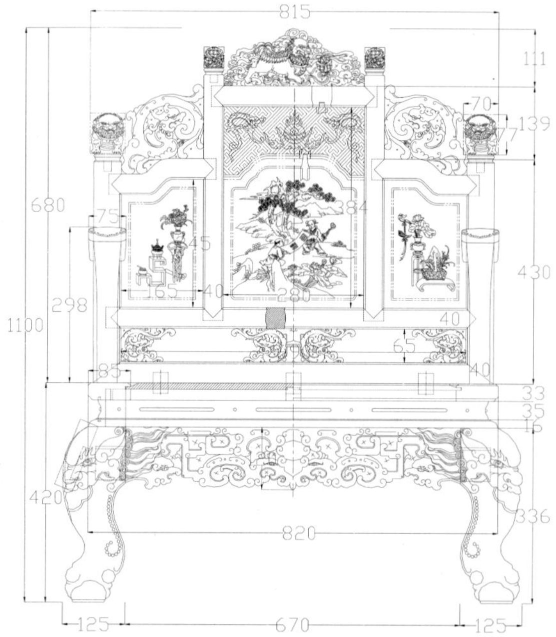

主视图

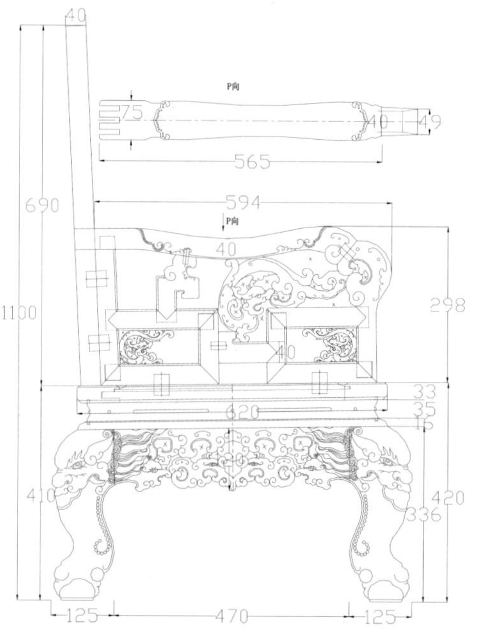

左视图

左视图

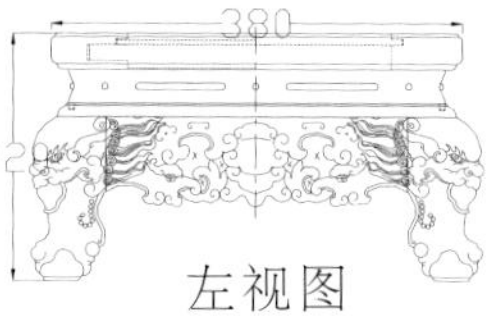

左视图

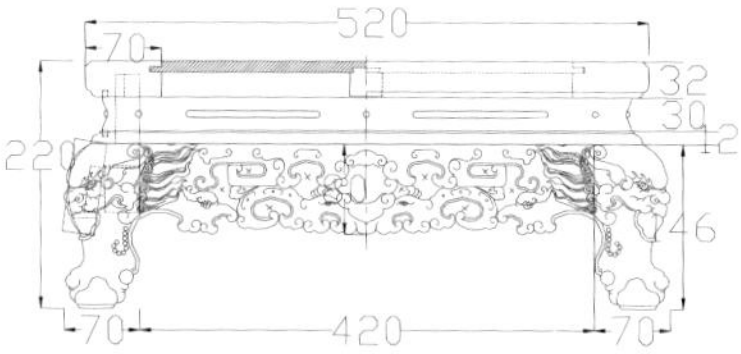

主视图

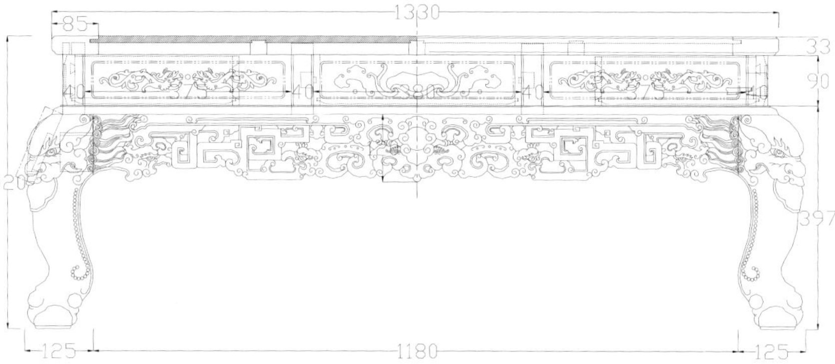

主视图

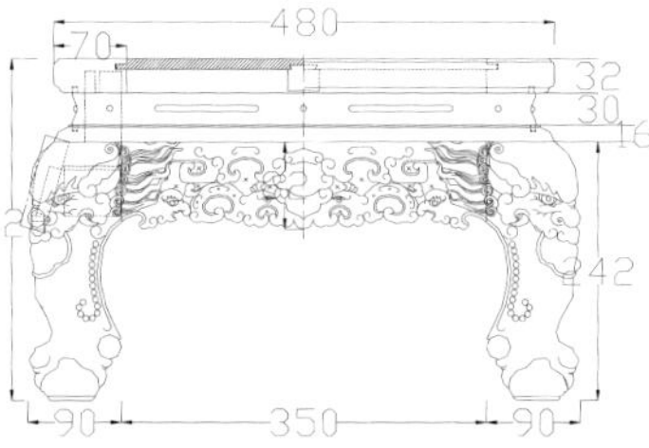

主视图

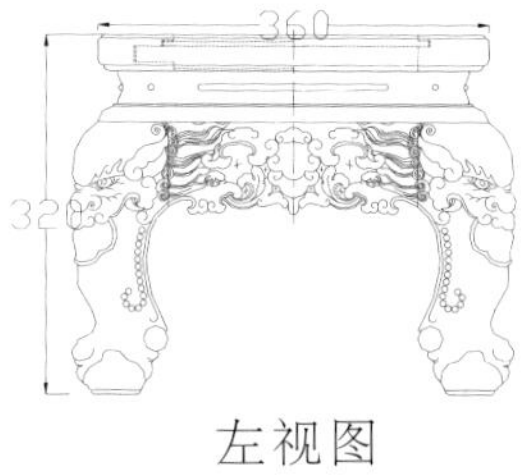

左视图

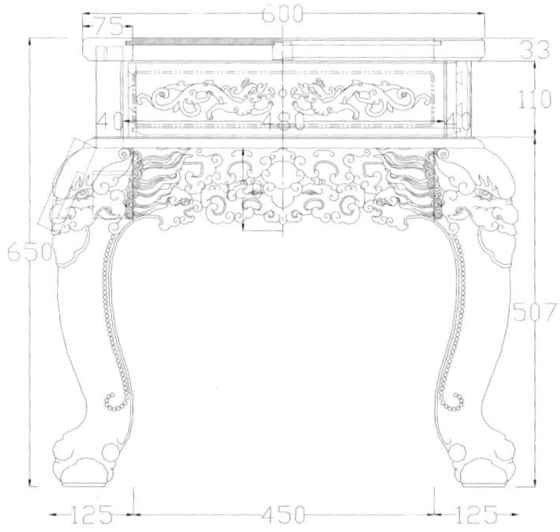

主视图

左视图

新中式加官进爵沙发

主视图

主视图

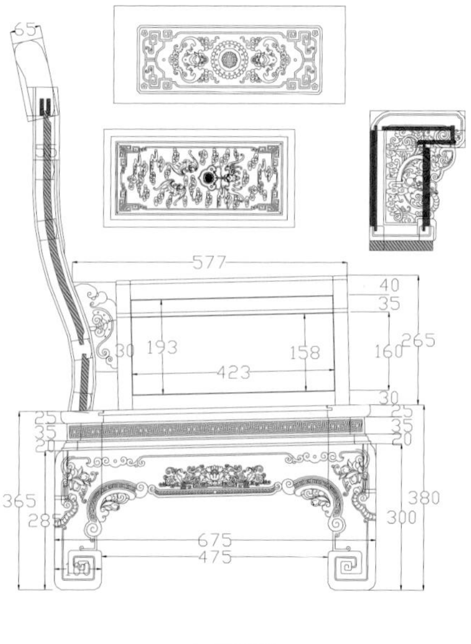

左视图

主视图

左视图

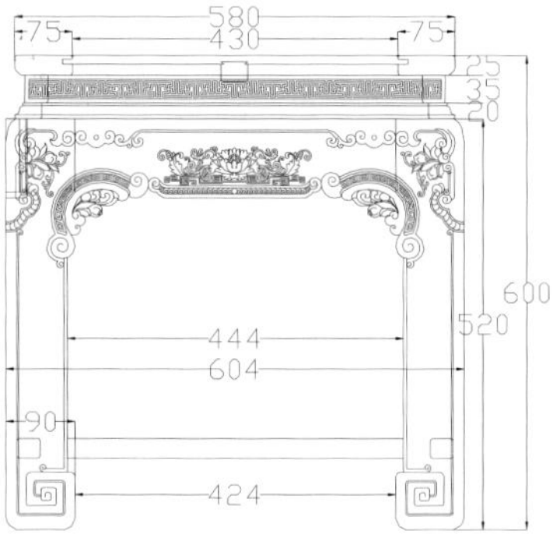

主视图

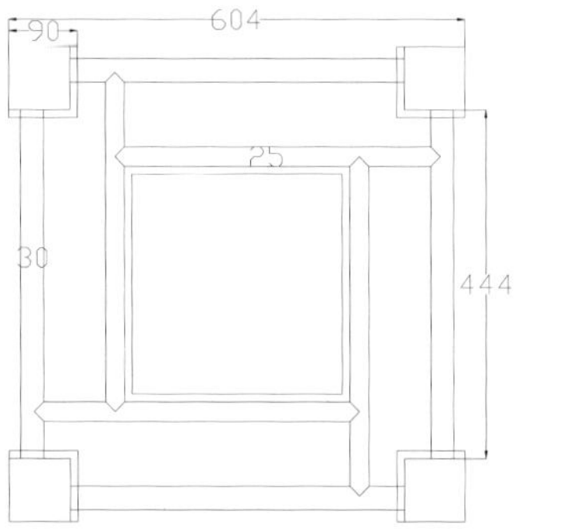

俯视图

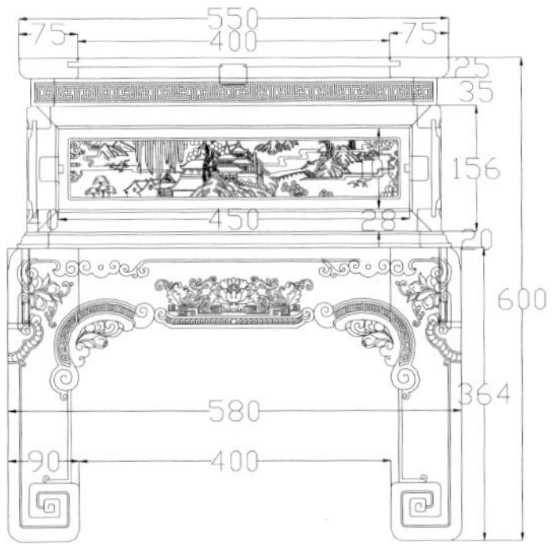

左视图

主视图

金广源沙发

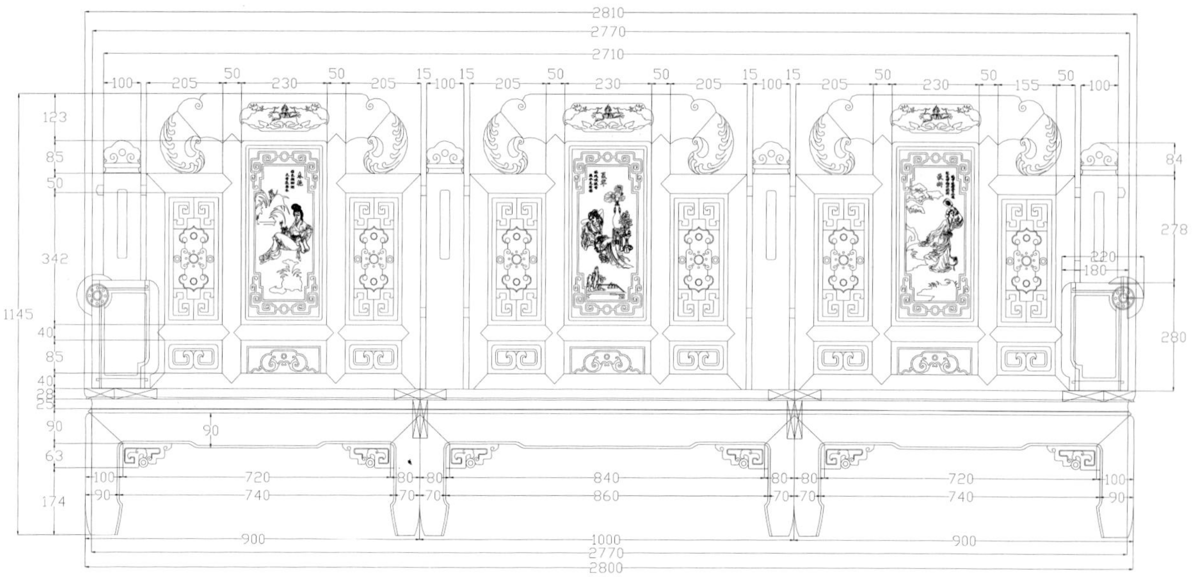

主视图

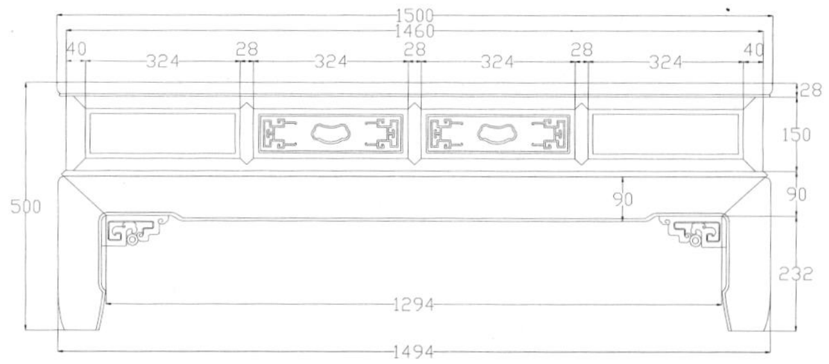

主视图

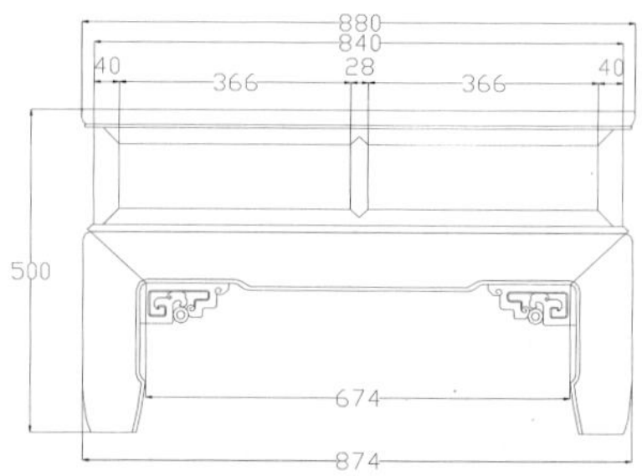

左视图

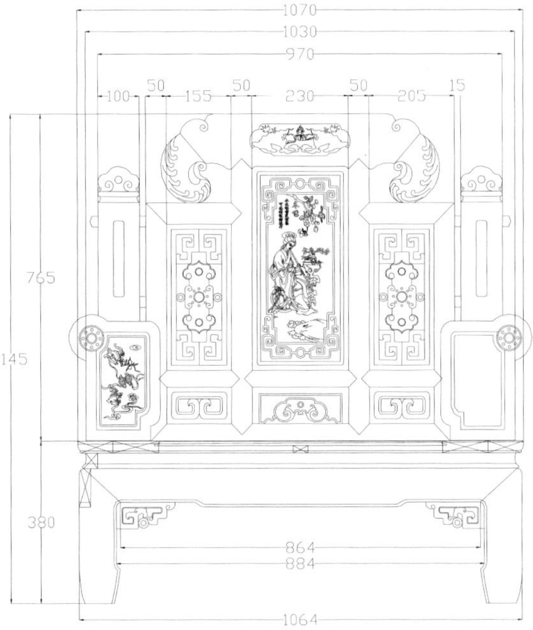

主视图

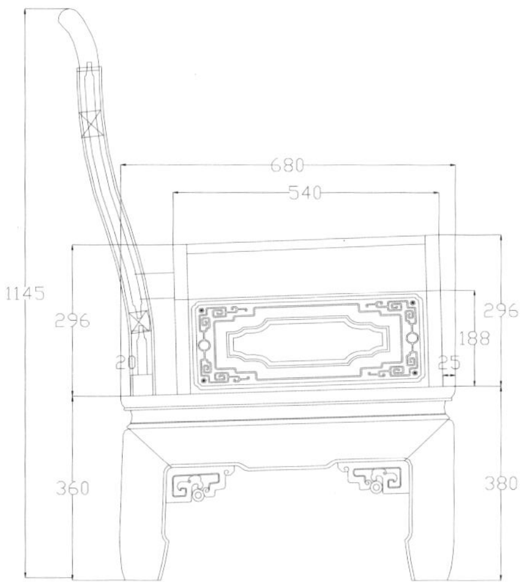

左视图

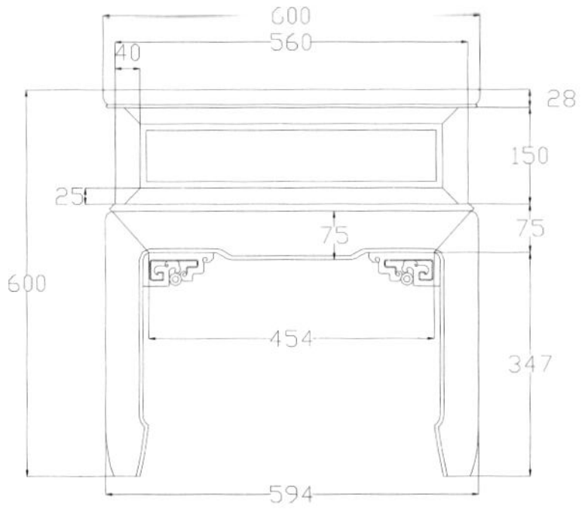

主视图

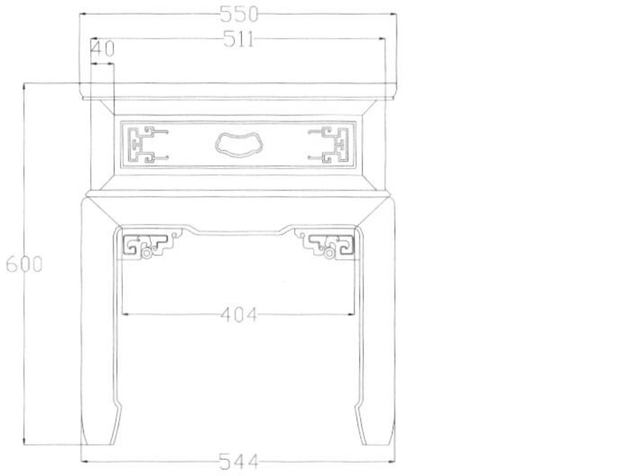

左视图

金利达沙发

主视图

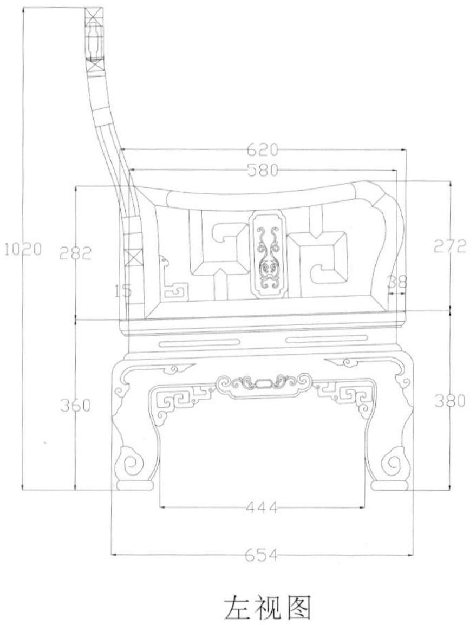

主视图　　左视图

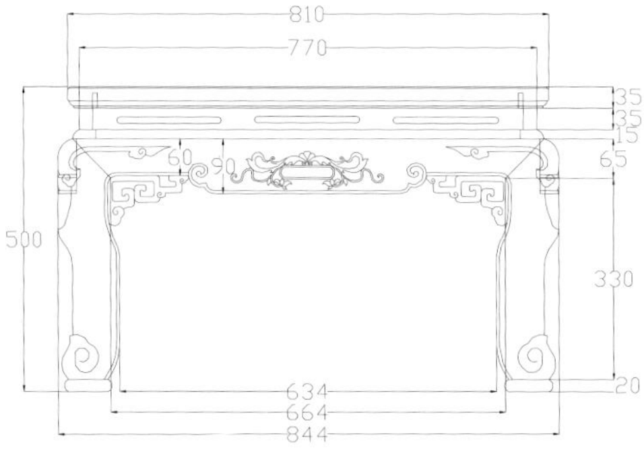

左视图

主视图

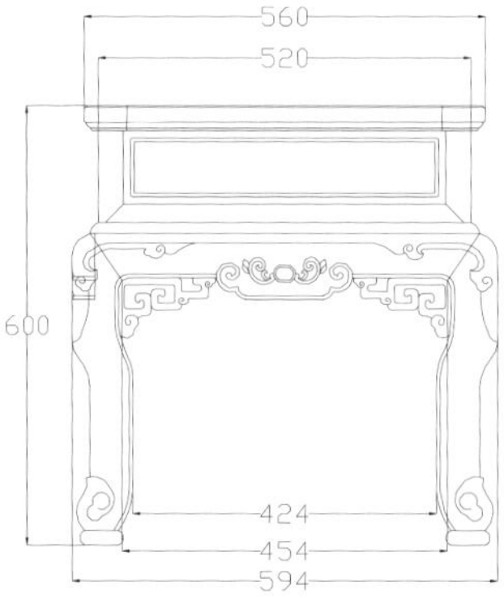

主视图

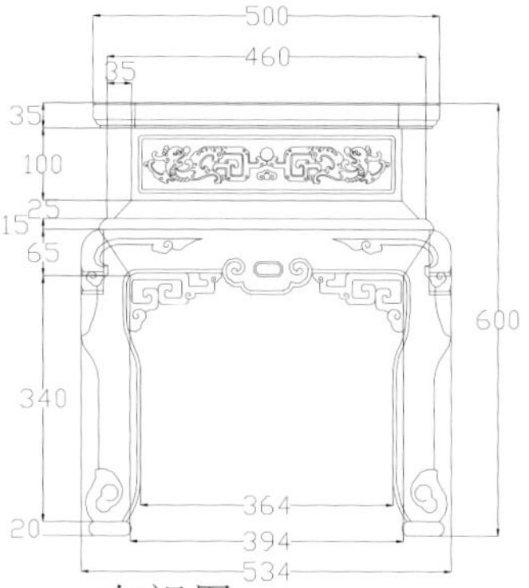

左视图

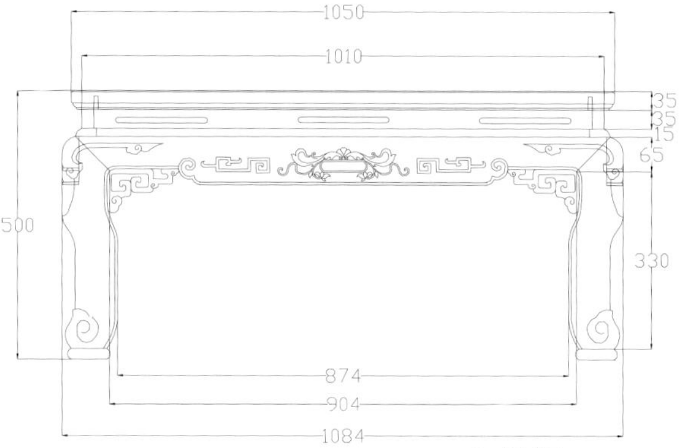

左视图

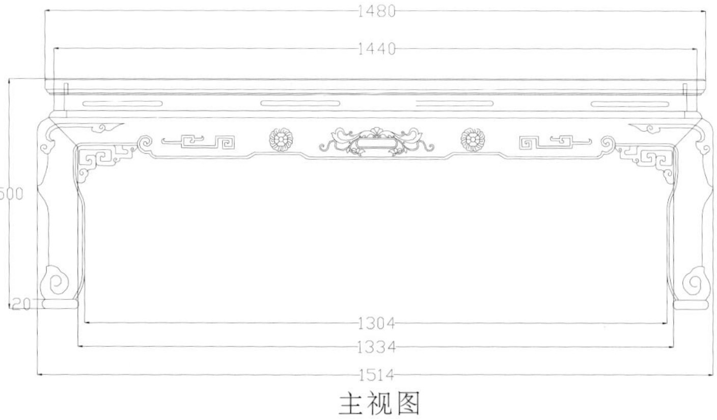

主视图

金龙沙发

主视图

主视图

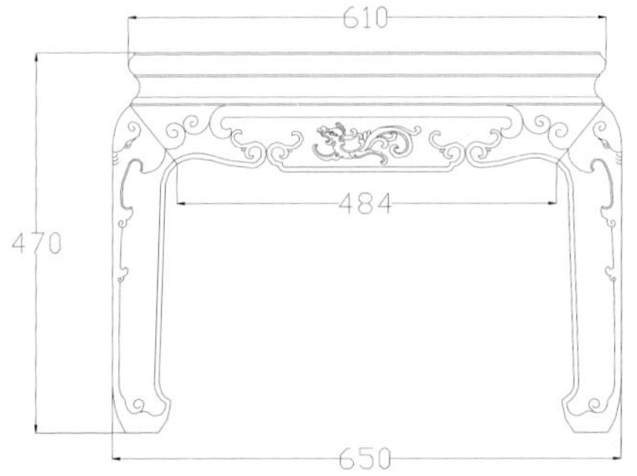

左视图

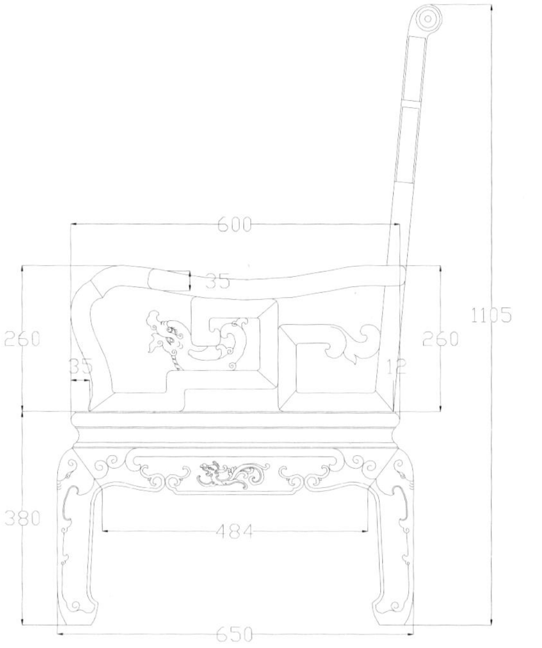
600
35
260
1105
35
12
260
380
484
650

右视图

740
716
386
55
45
100
325
1030
45
80
65
315
624
790

主视图

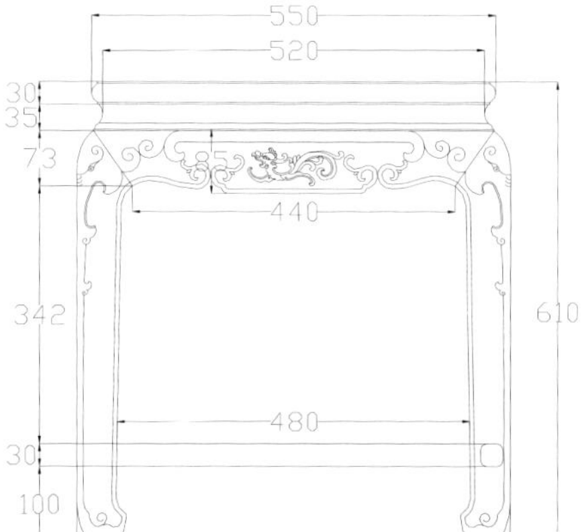
550
520
30
35
73
85
440
342
610
480
30
100
590

主视图

锦秀如意沙发

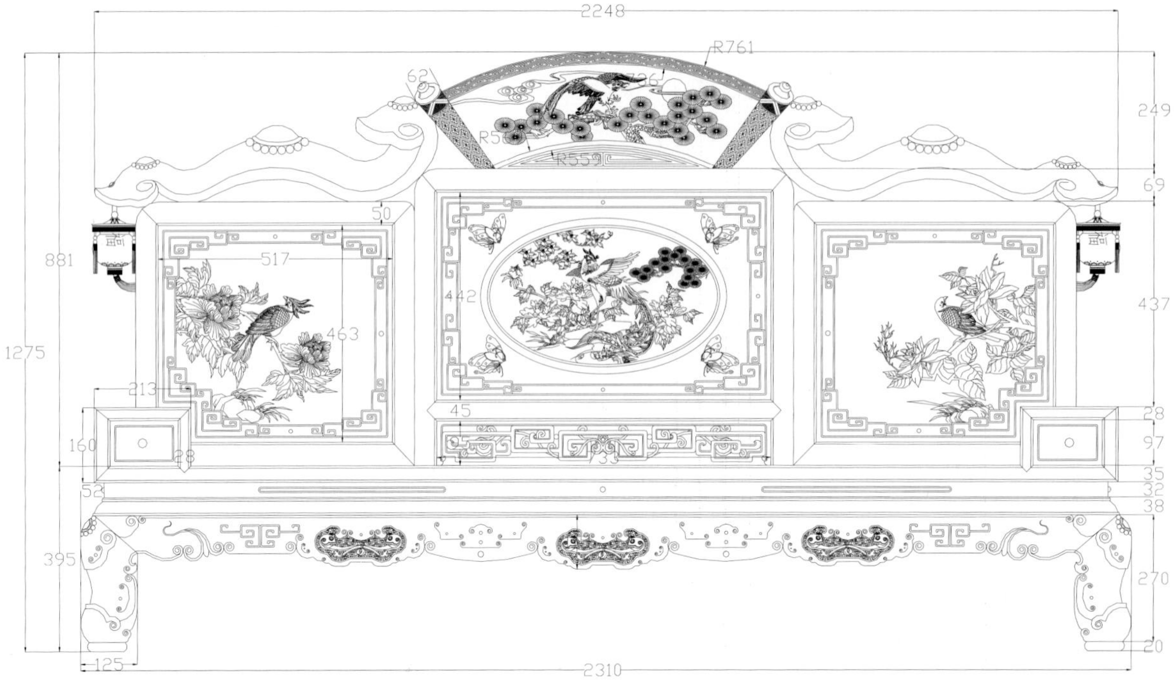

主视图

主视图

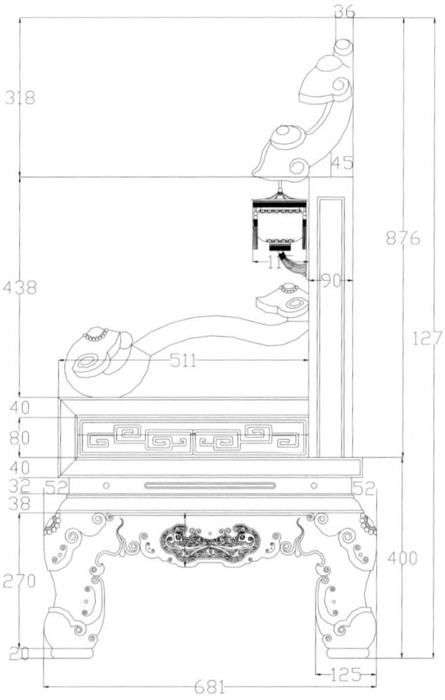

左视图

左视图

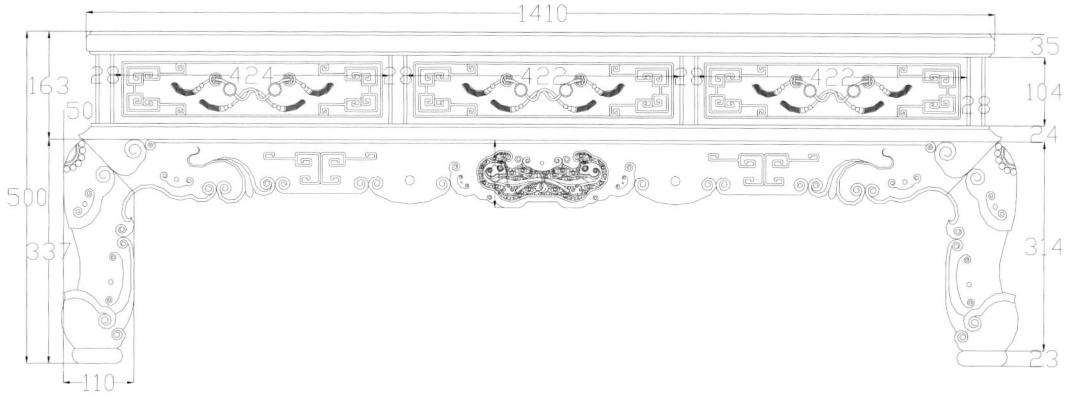

主视图

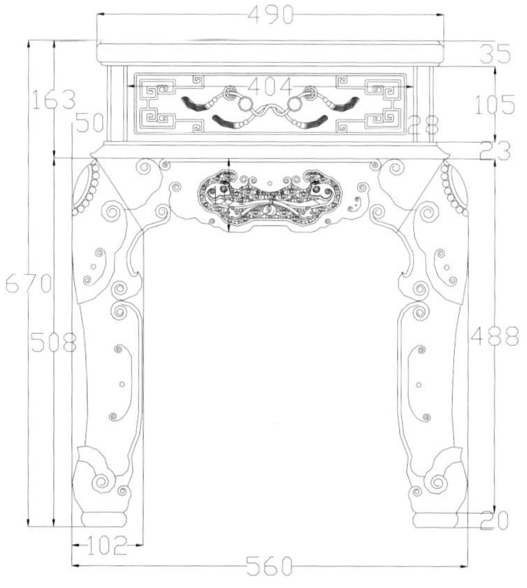

右视图

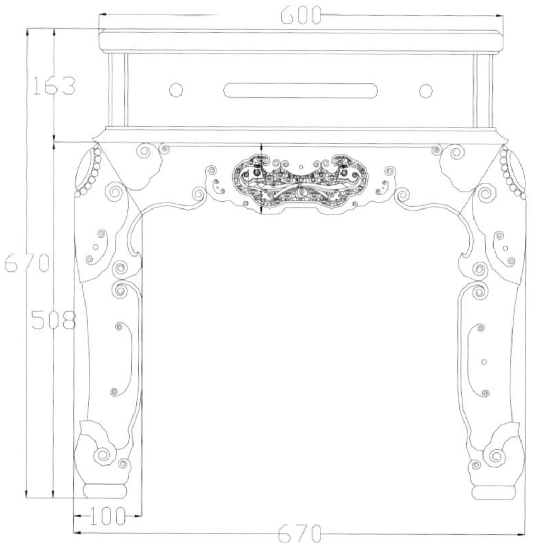

主视图

明式锦绣沙发

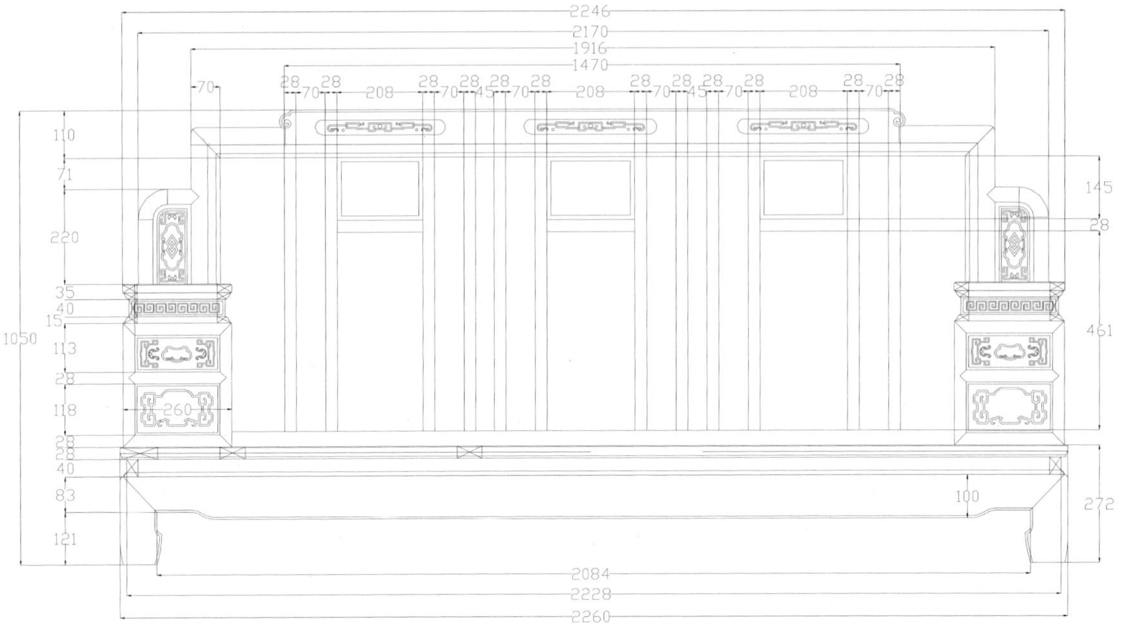

主视图

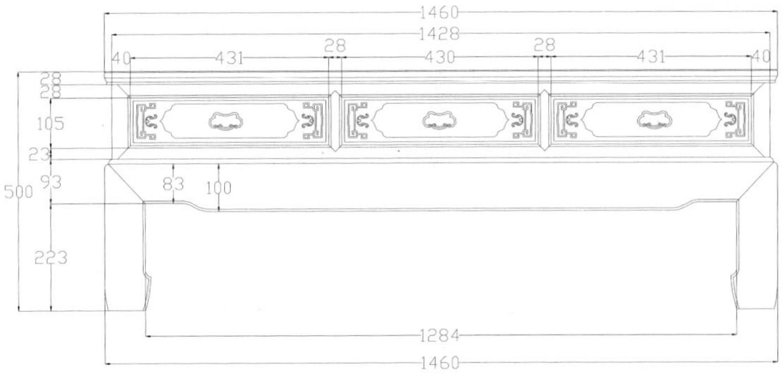

主视图

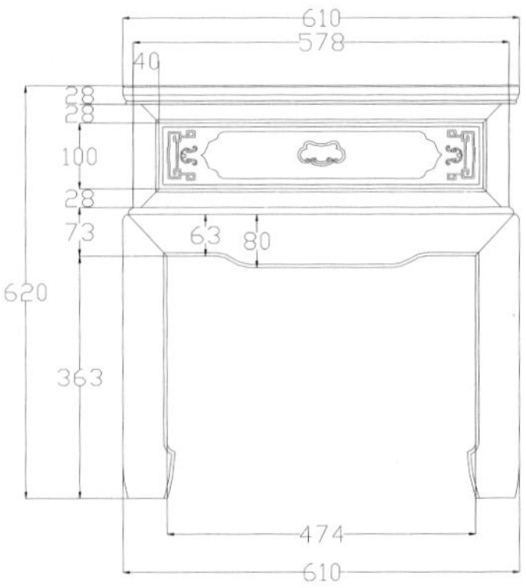

左视图

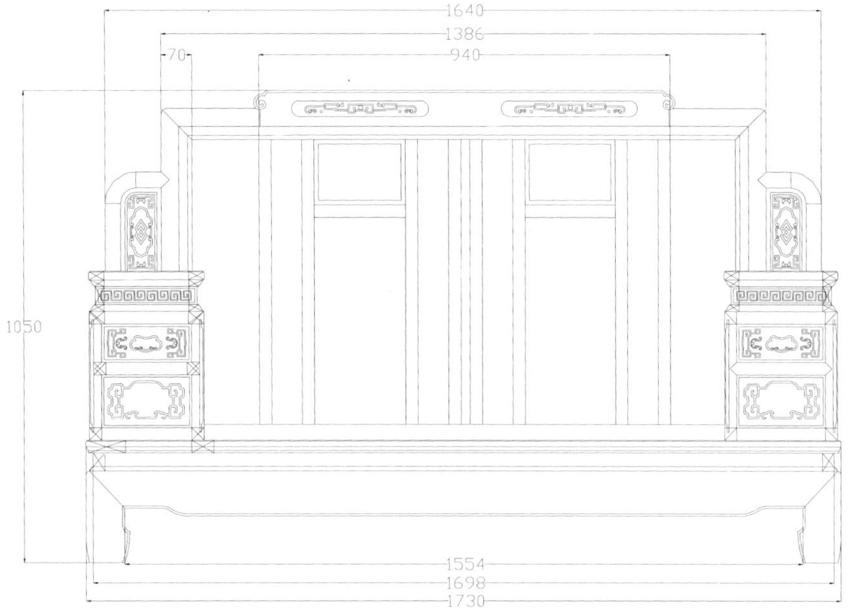

1640
1386
70
940
1050
1554
1698
1730

主视图

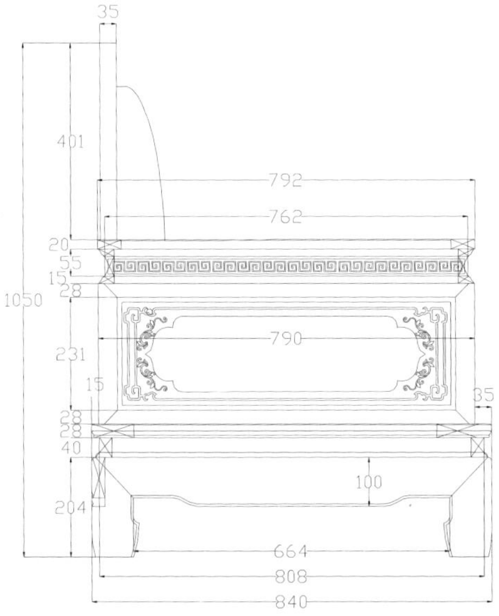

35
401
792
762
20
55
15
28
1050
790
231
15
35
28
28
40
100
204
664
808
840

右视图

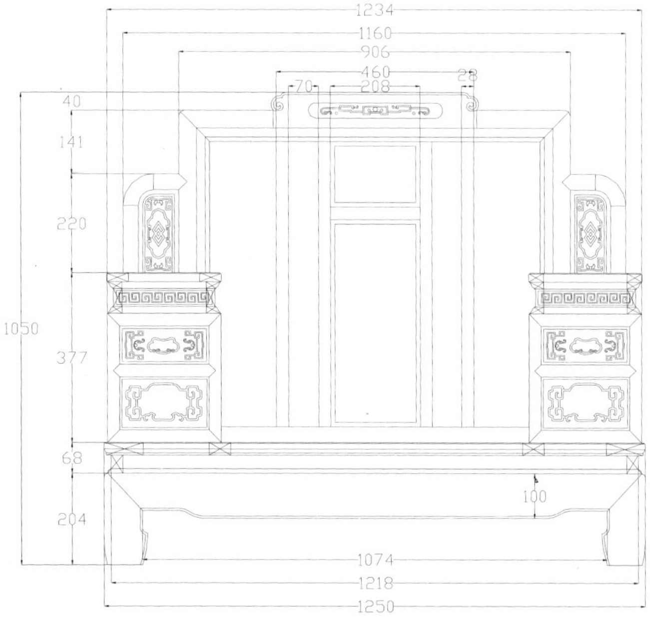

1234
1160
906
460
70
208
28
40
141
220
1050
377
68
100
204
1074
1218
1250

主视图

清式卷草纹沙发

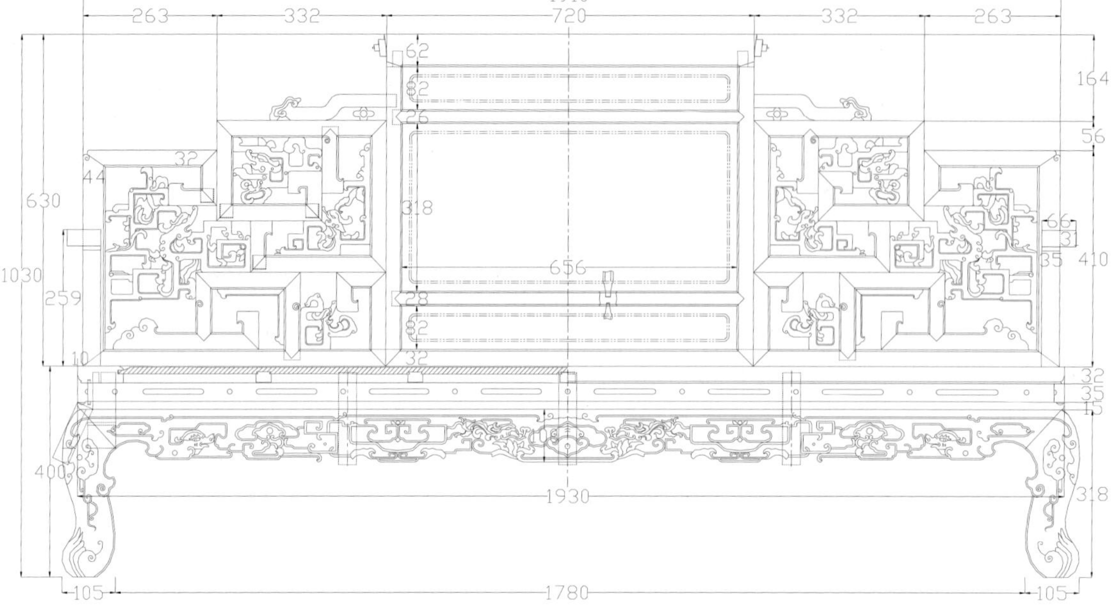

主视图

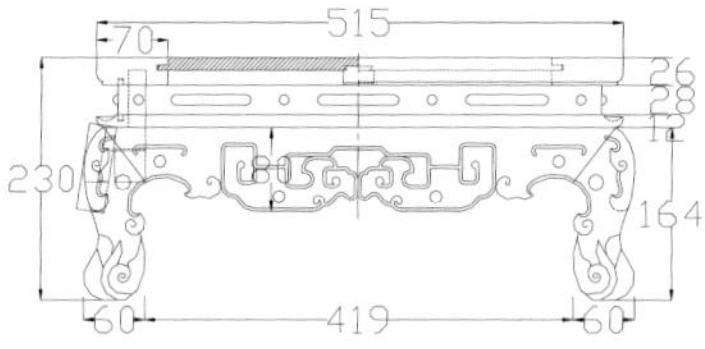

主视图

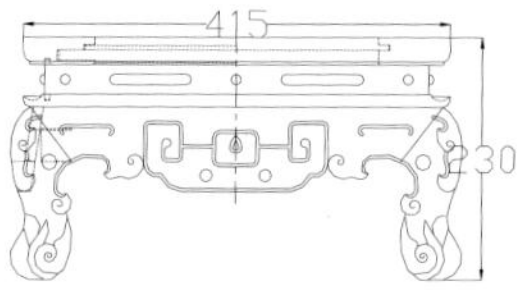

左视图

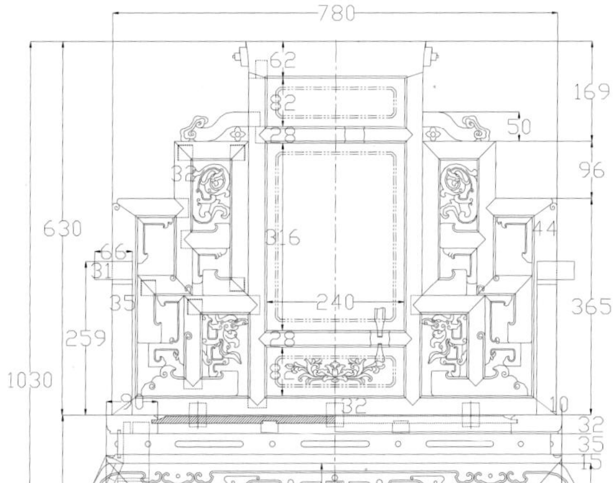

主视图

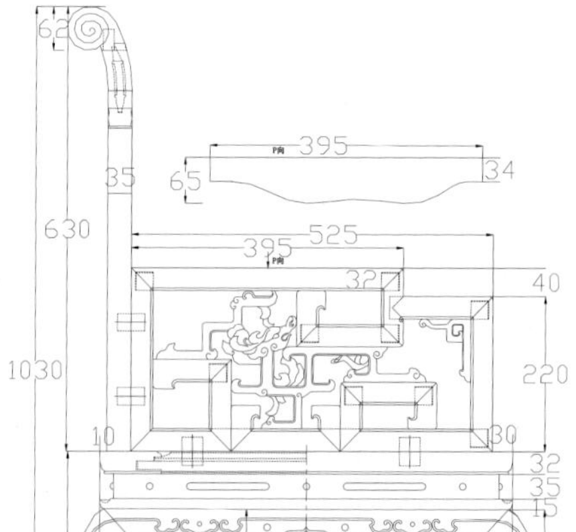

左视图

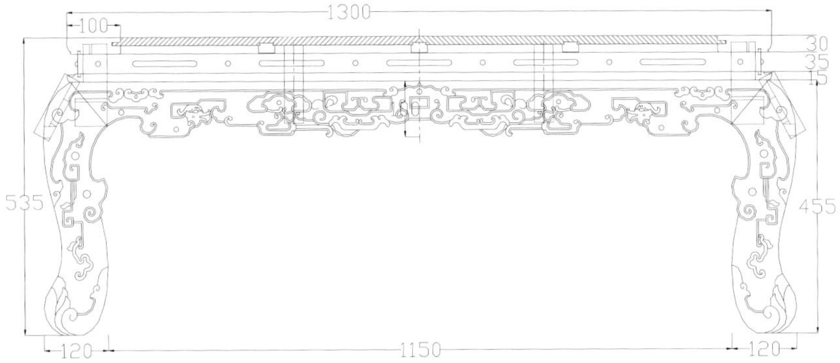

主视图

左视图

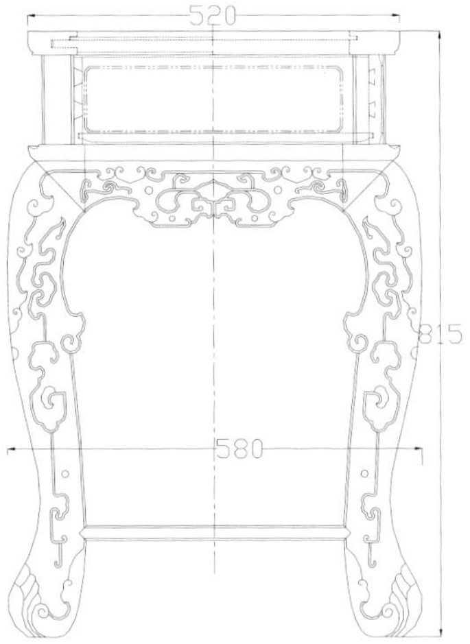

左视图

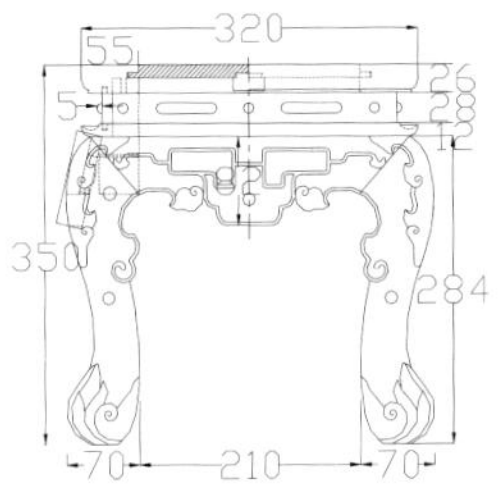

主视图

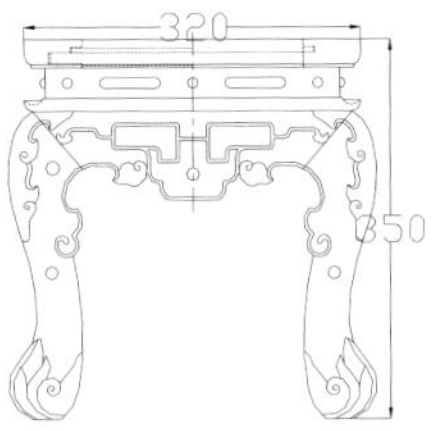

左视图

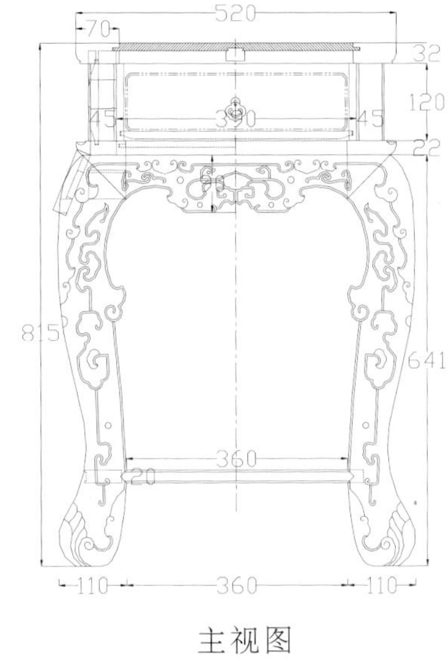

主视图

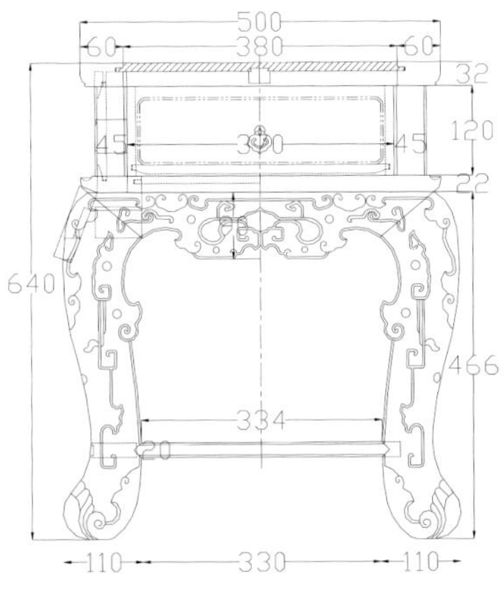

主视图

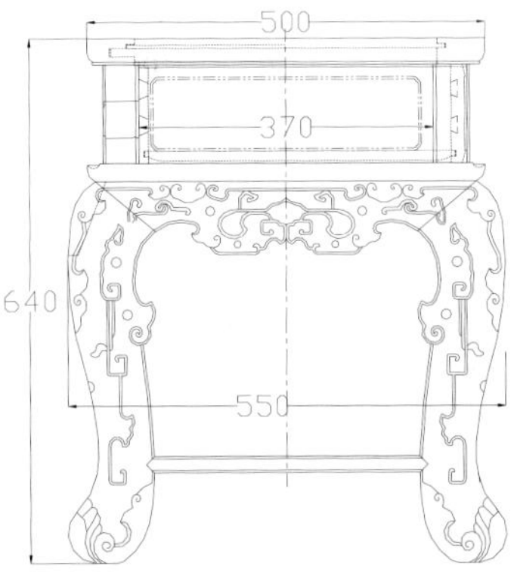

左视图

兰亭沙发

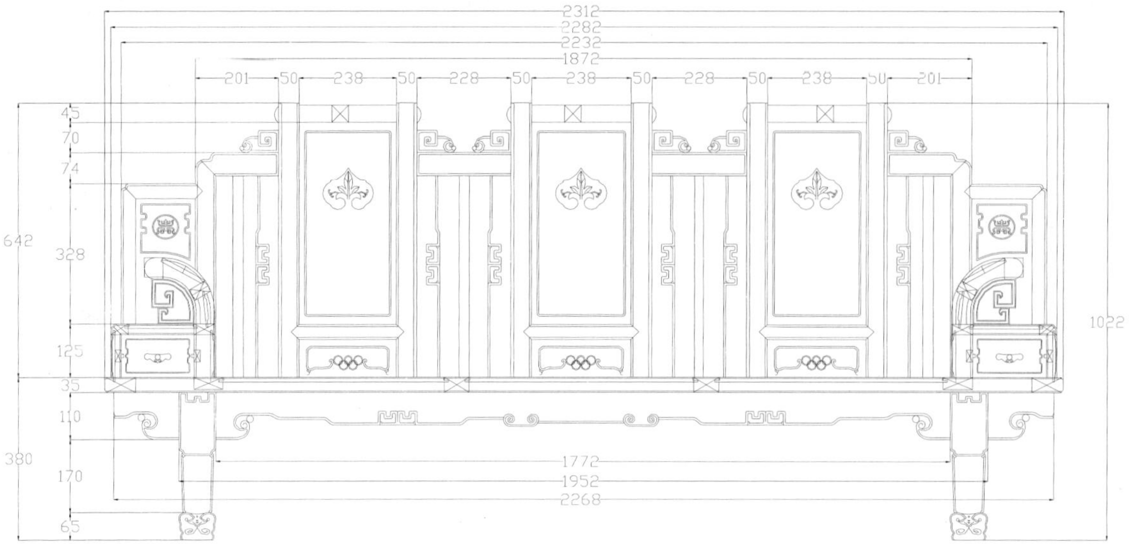

主视图

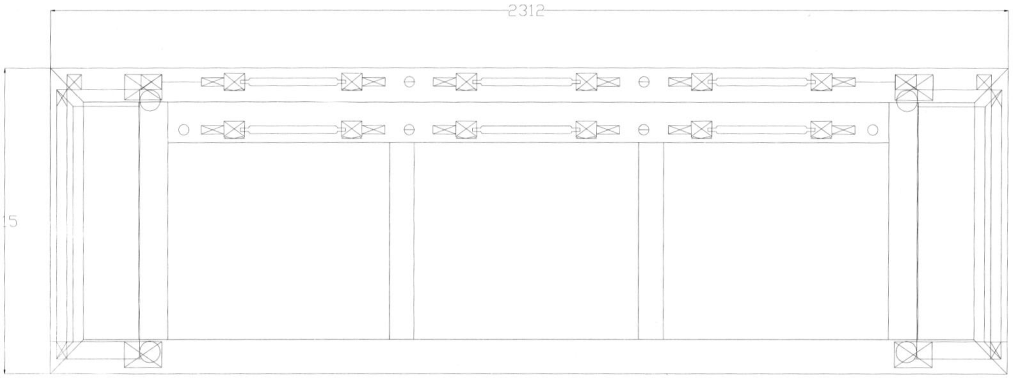

俯视图

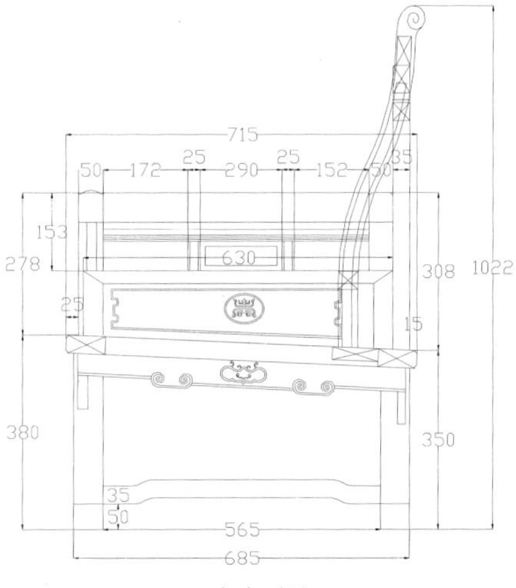

左视图

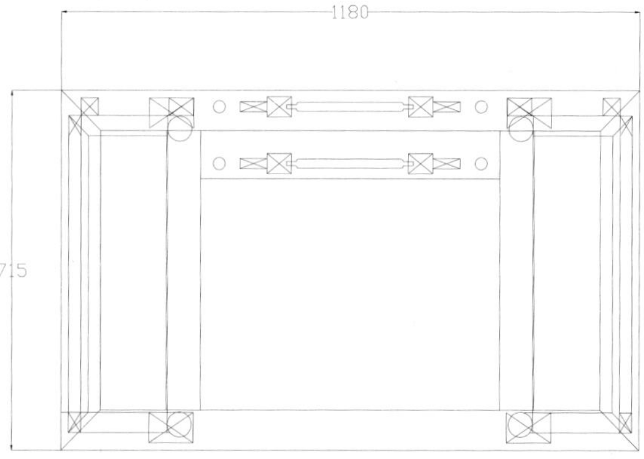

俯视图

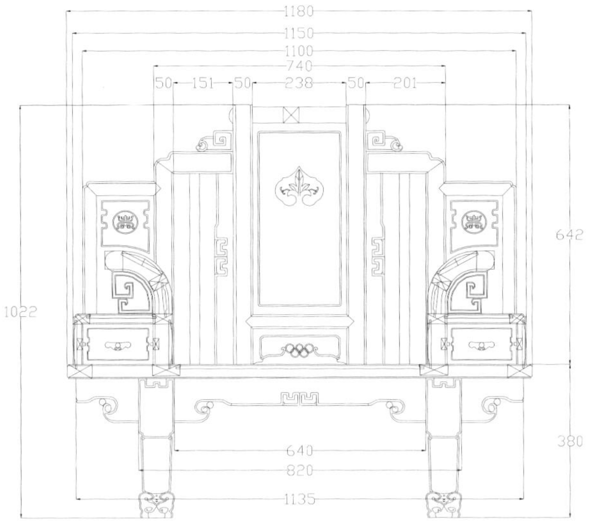

主视图

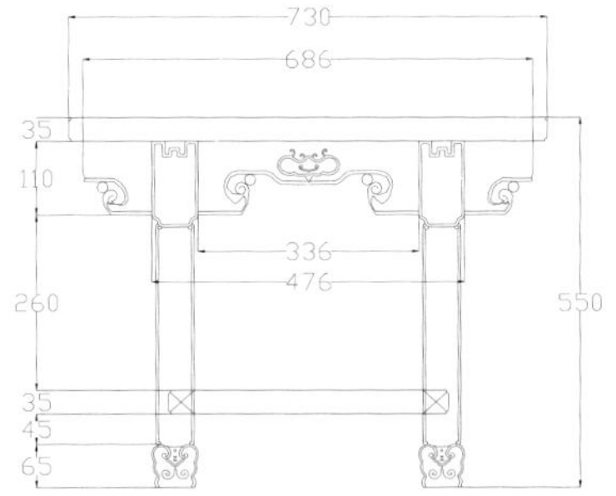

主视图

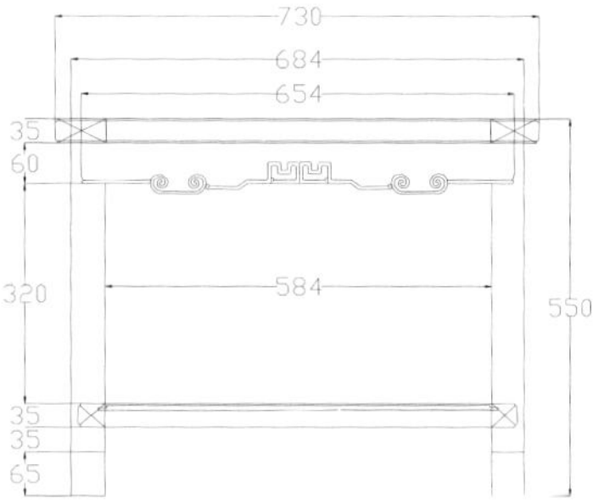

左视图

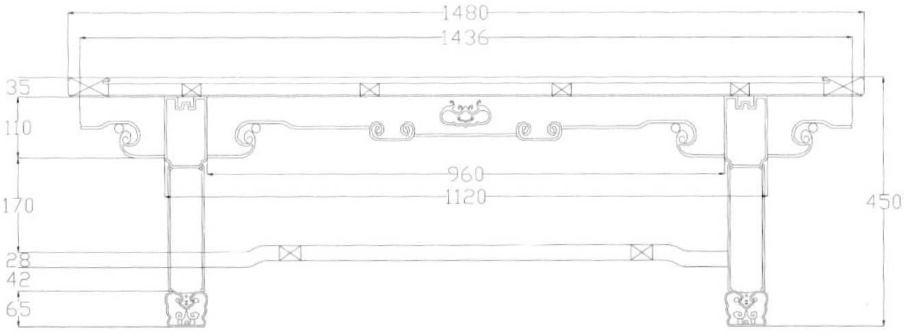

主视图

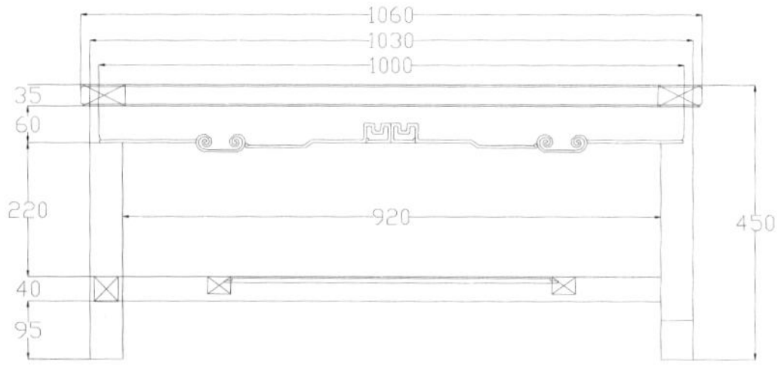

左视图

明式沙发

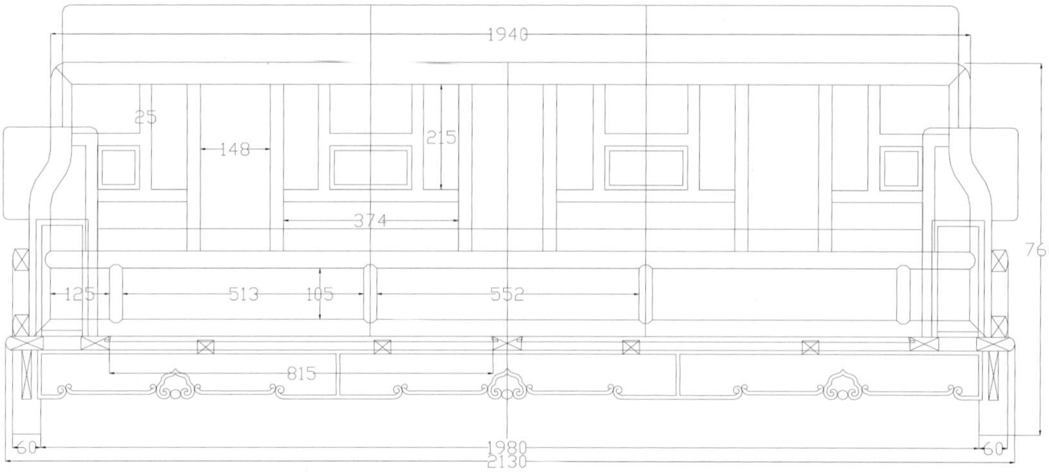

主视图

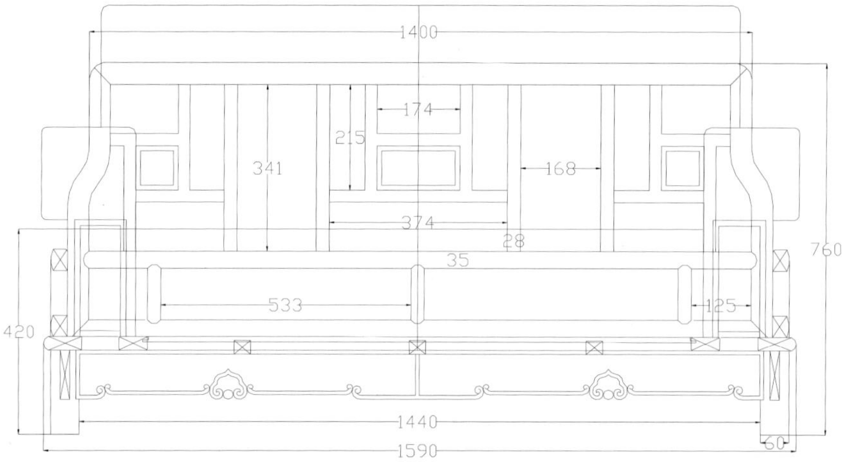

主视图

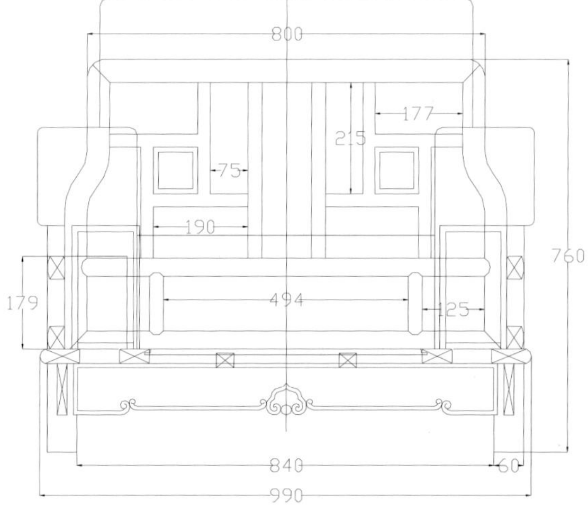

主视图

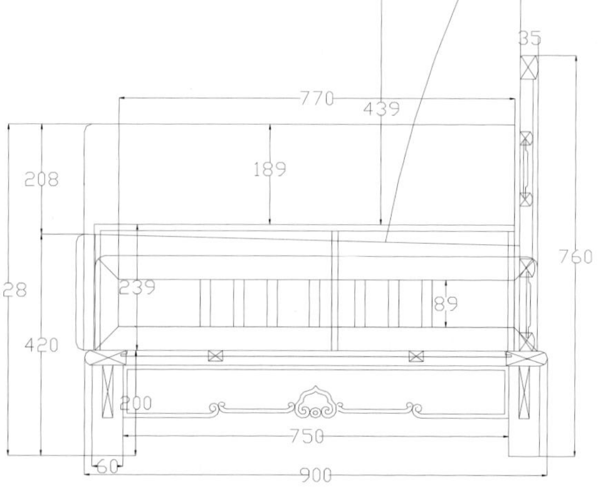

左视图

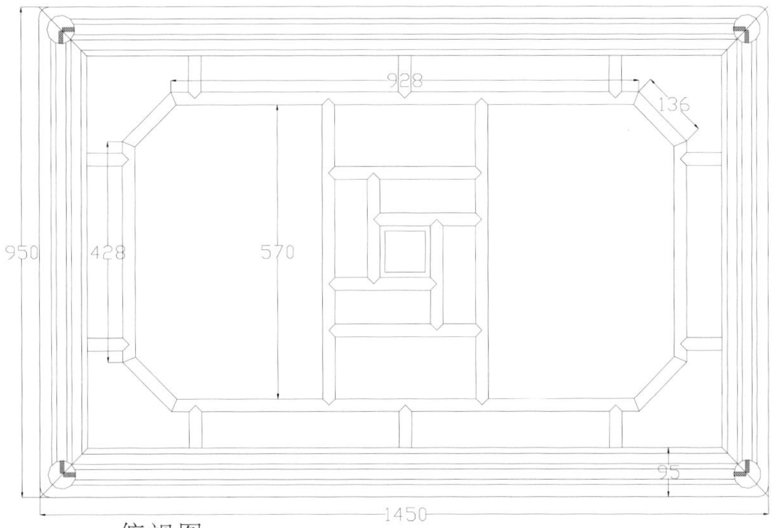

俯视图

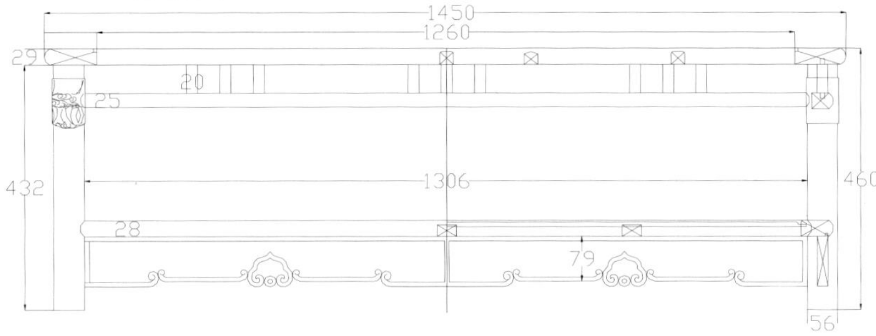

主视图

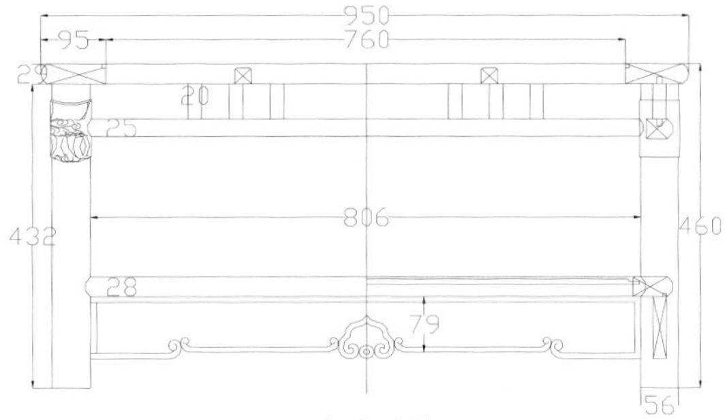

主视图

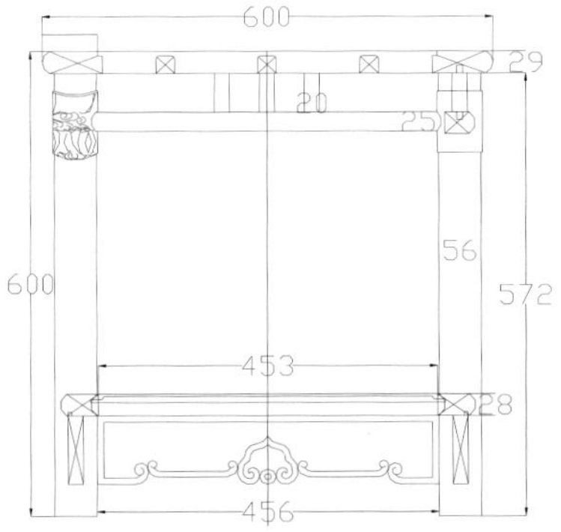

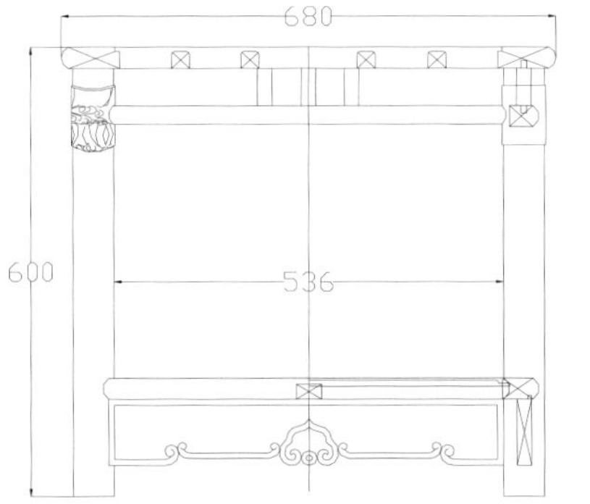

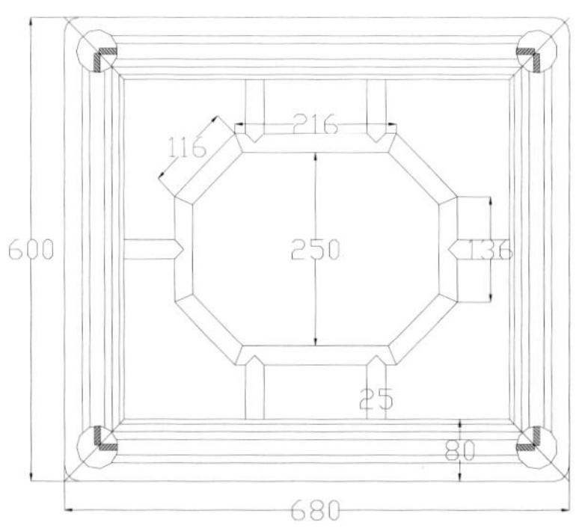

左视图 右视图 俯视图

明式回纹沙发

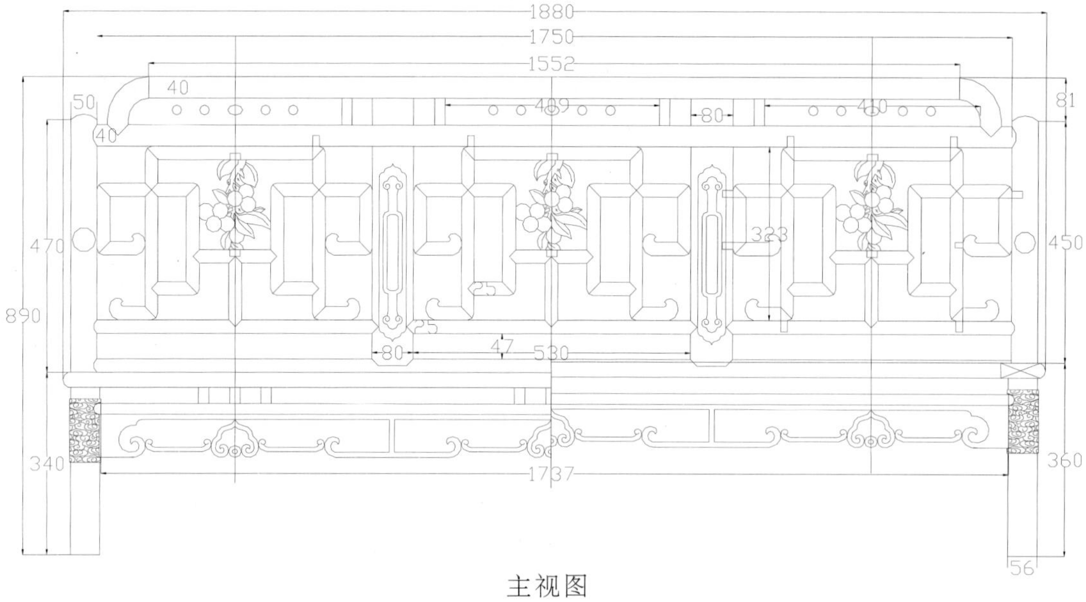

主视图

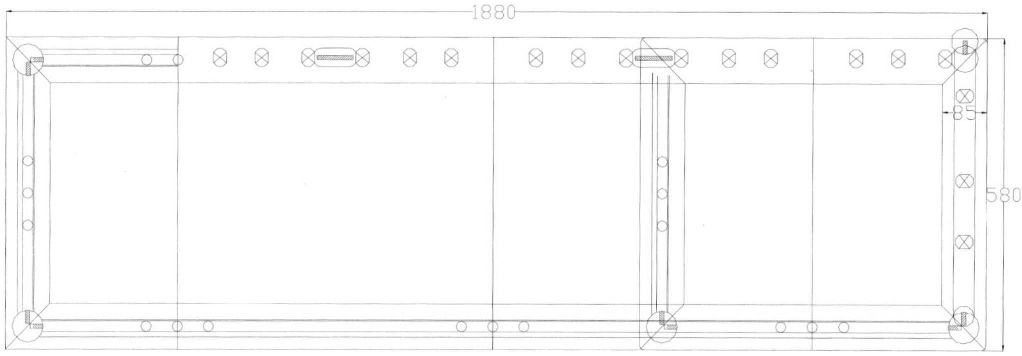

俯视图

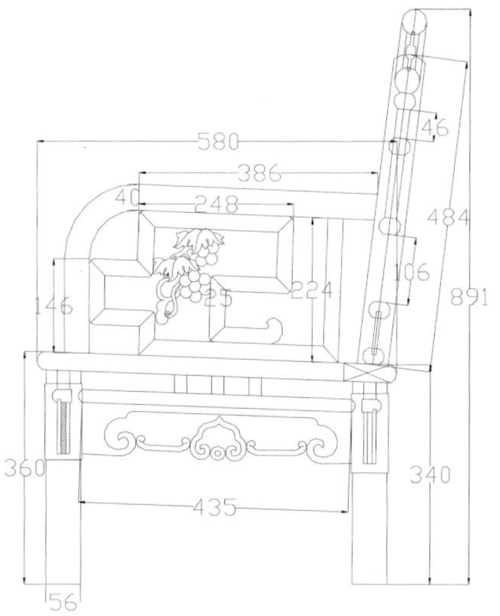

左视图

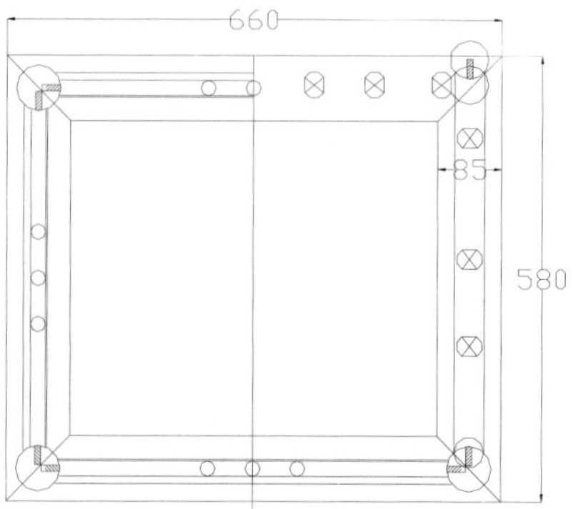

俯视图

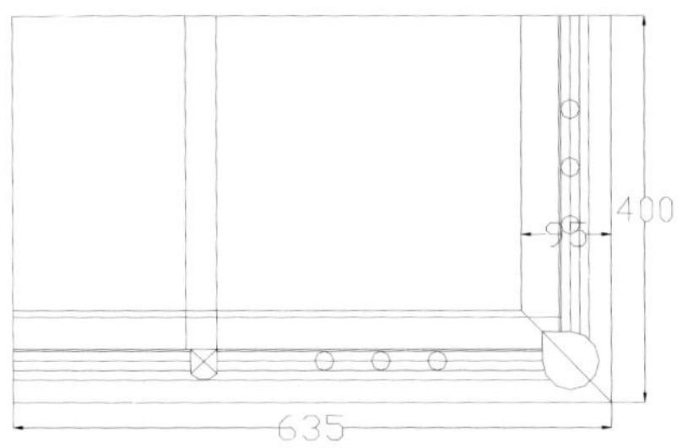

节点图

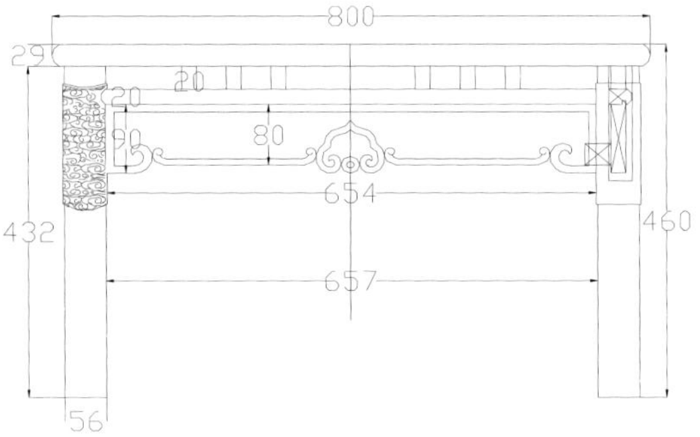

左视图

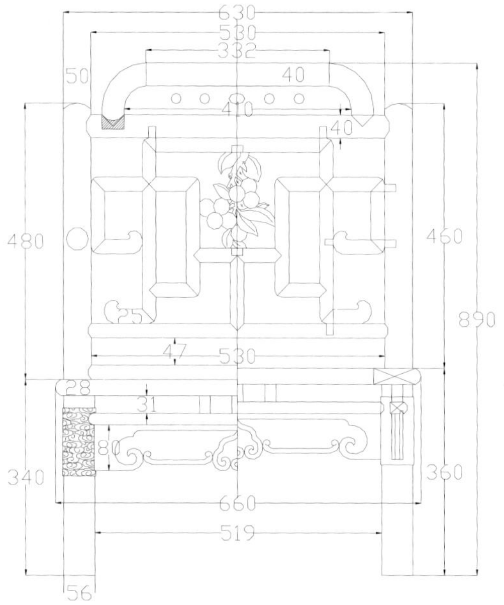

主视图

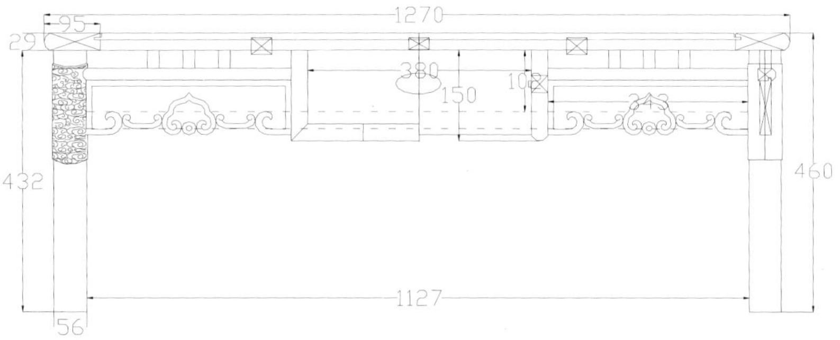

主视图

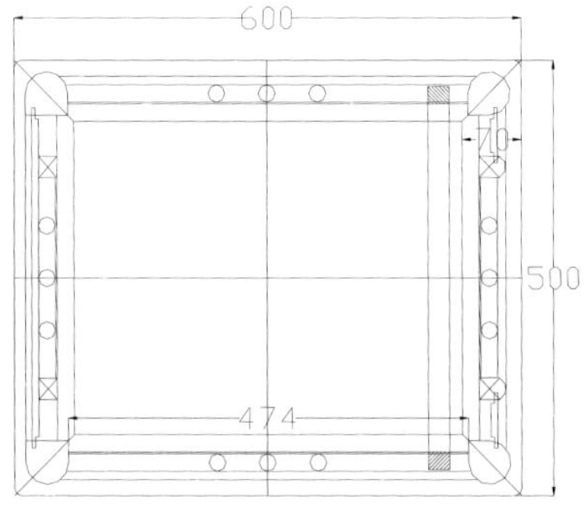

俯视图

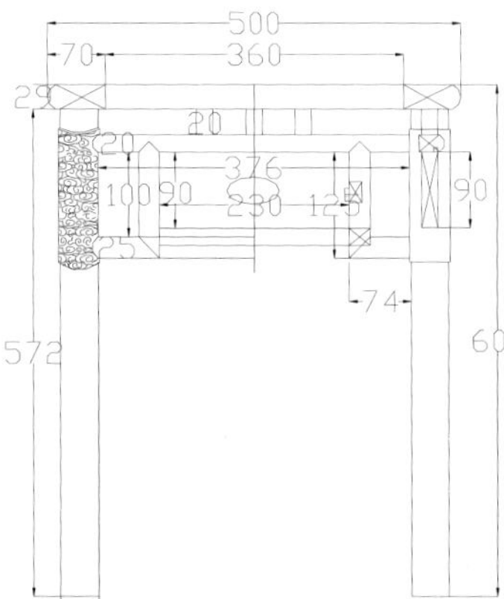

左视图

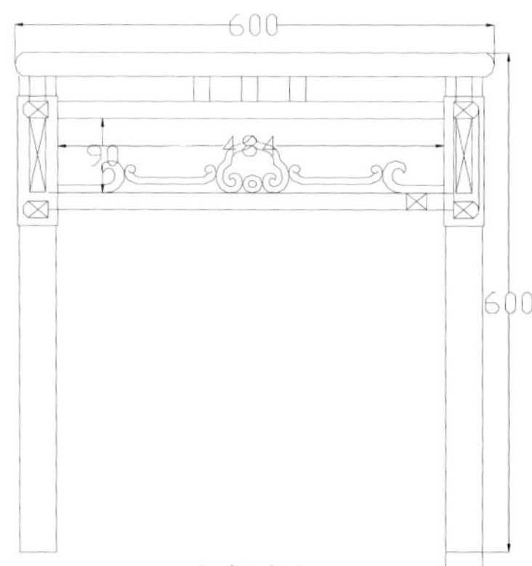

主视图

明式福纹沙发

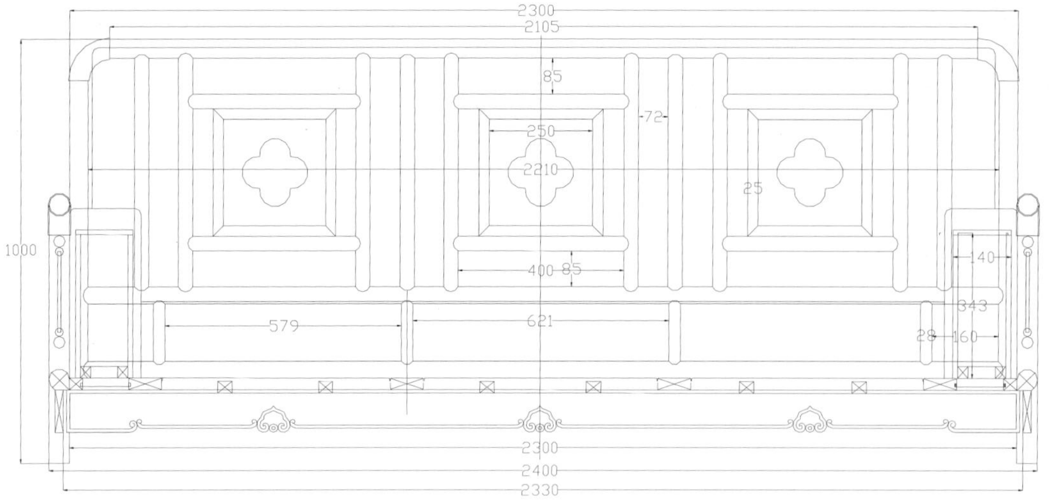

主视图

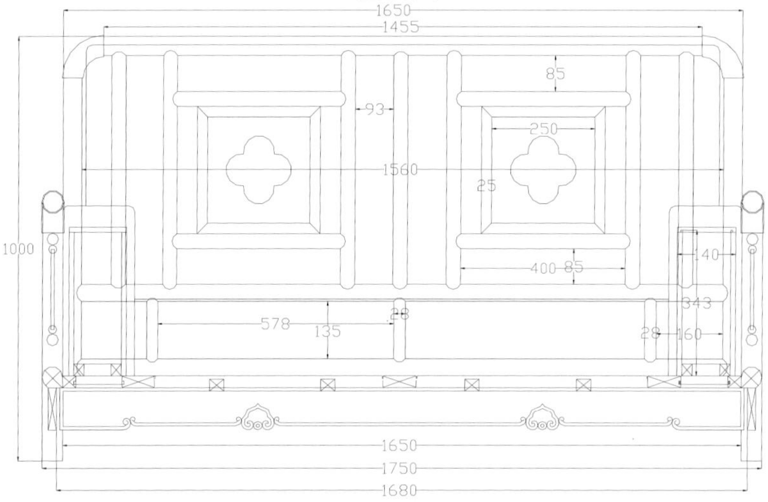

主视图

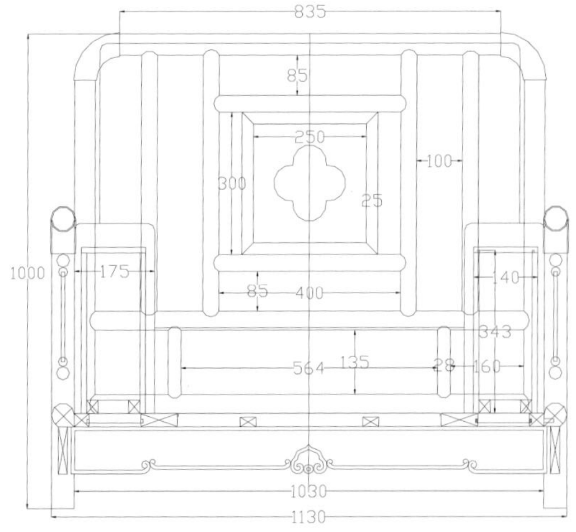

主视图

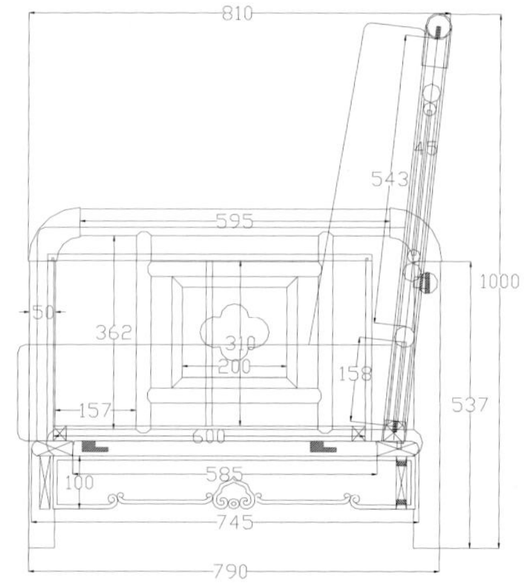

左视图

新中式年年好运沙发

主视图

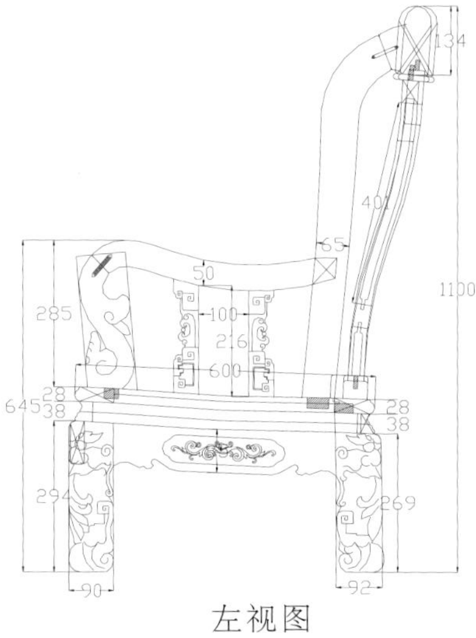

左视图

主视图

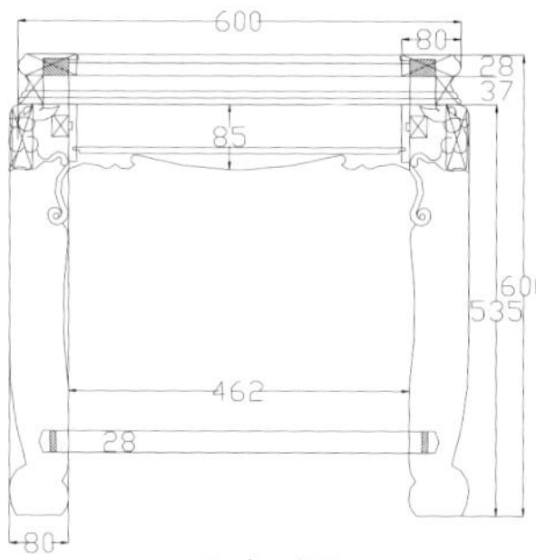

主视图

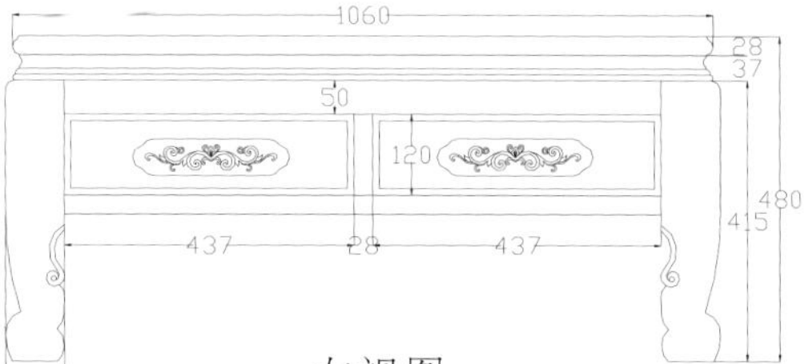

左视图

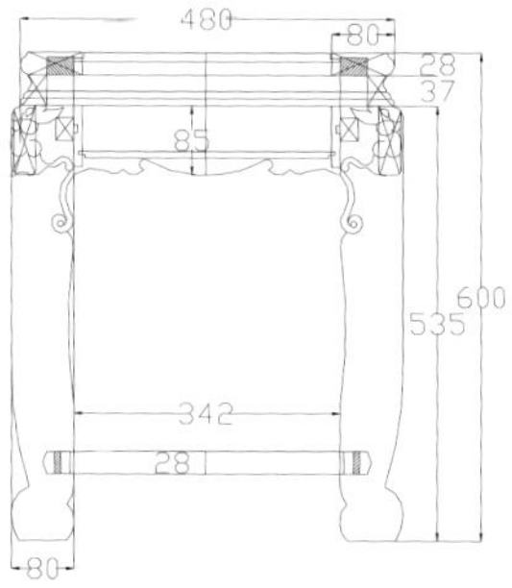

左视图

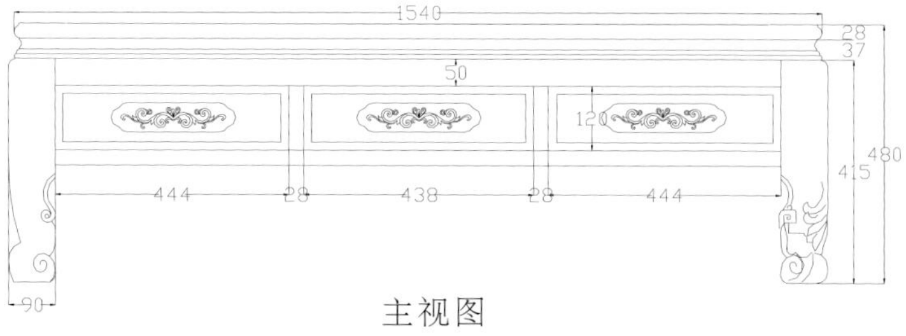

主视图

明式八件套沙发

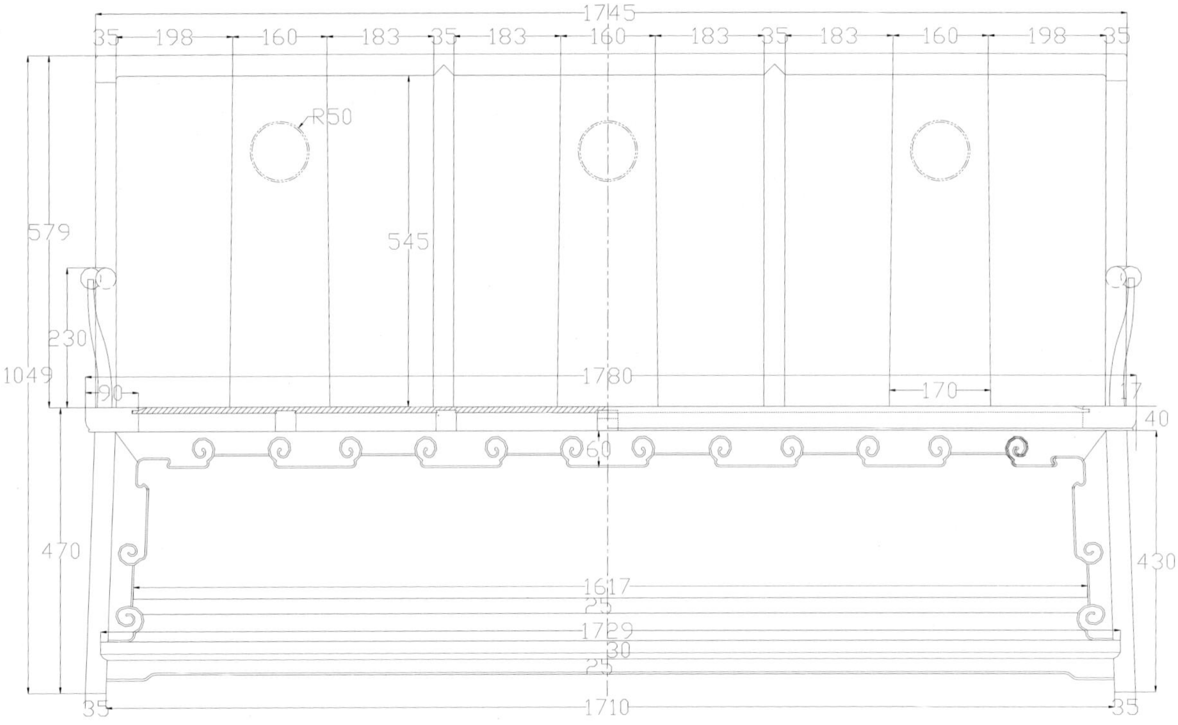

主视图

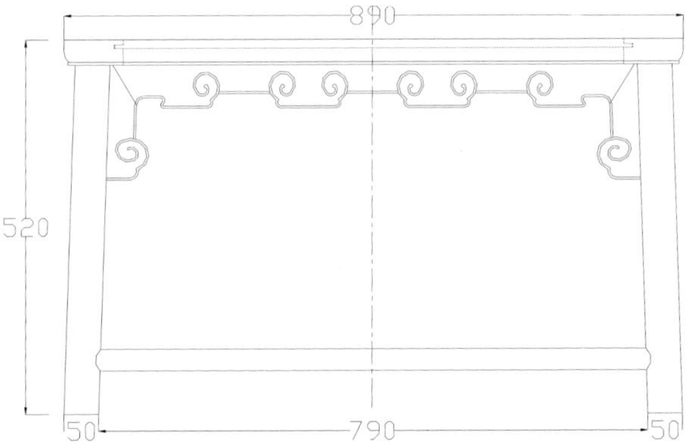

左视图

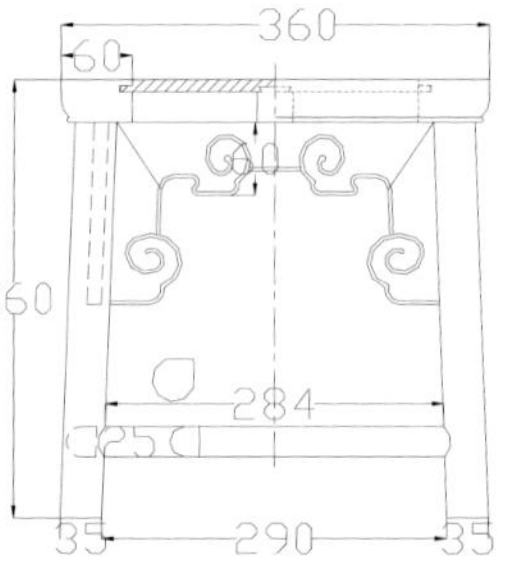

主视图

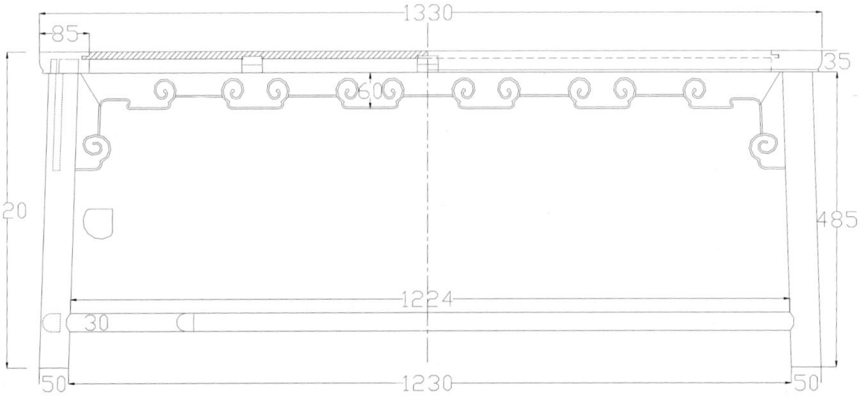

主视图

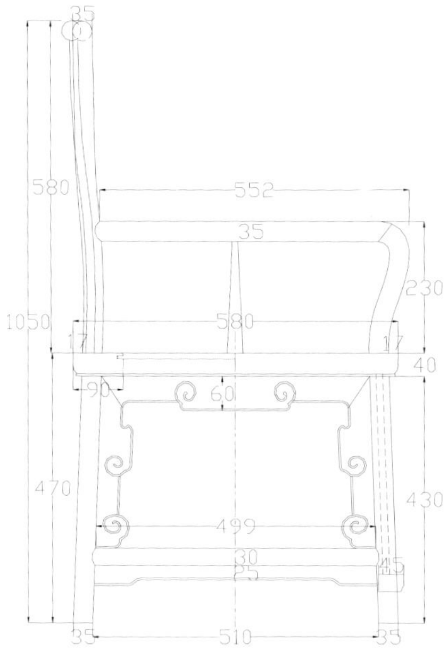

左视图

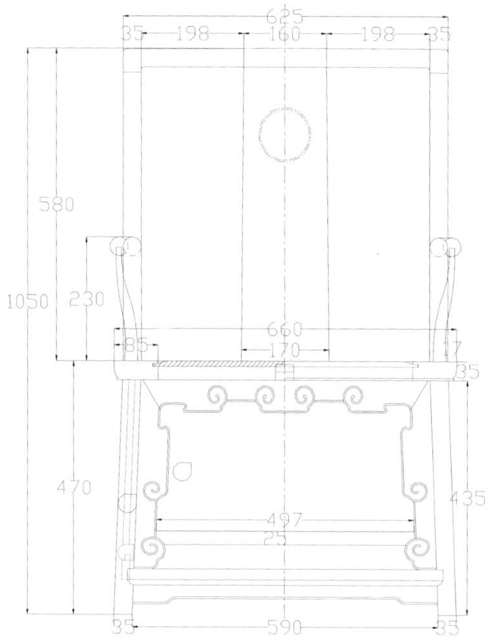

主视图

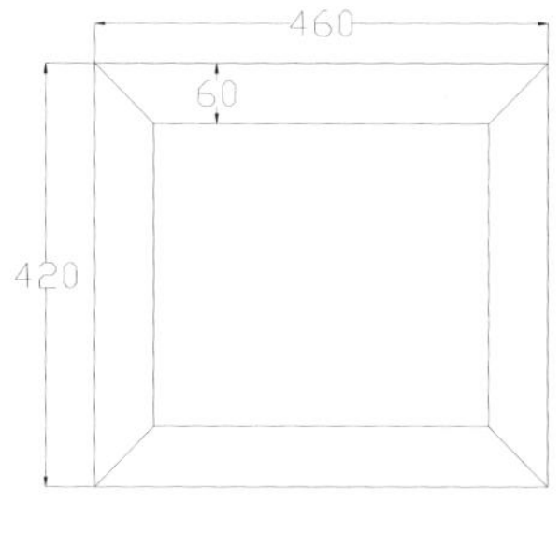

俯视图

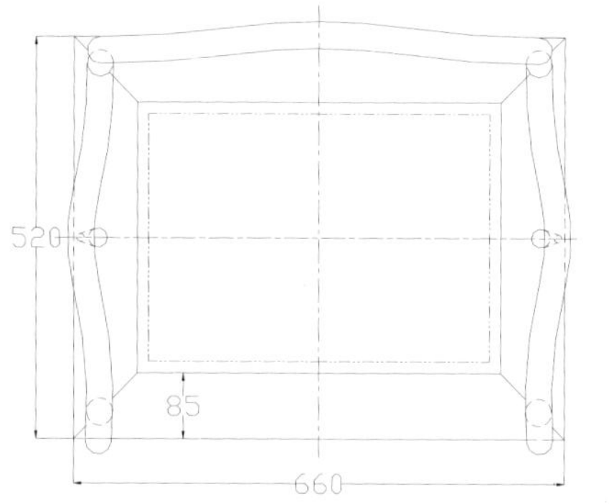

俯视图

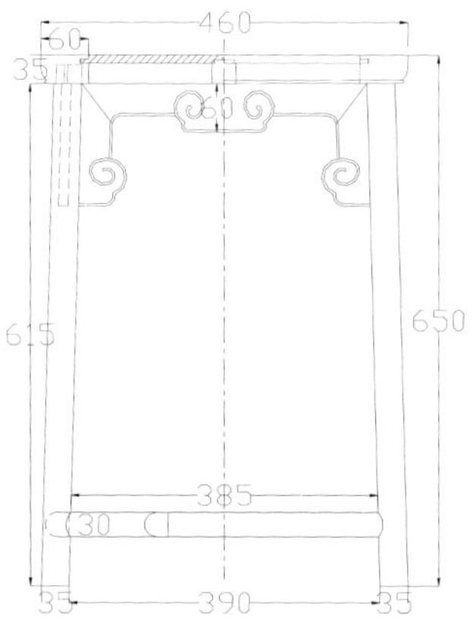

主视图

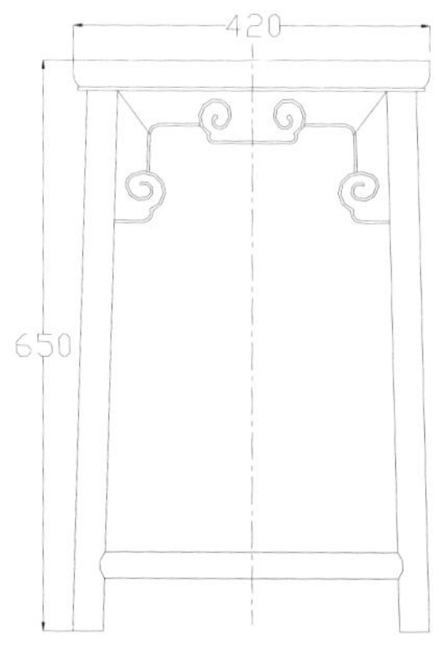

左视图

明式霸王枨沙发

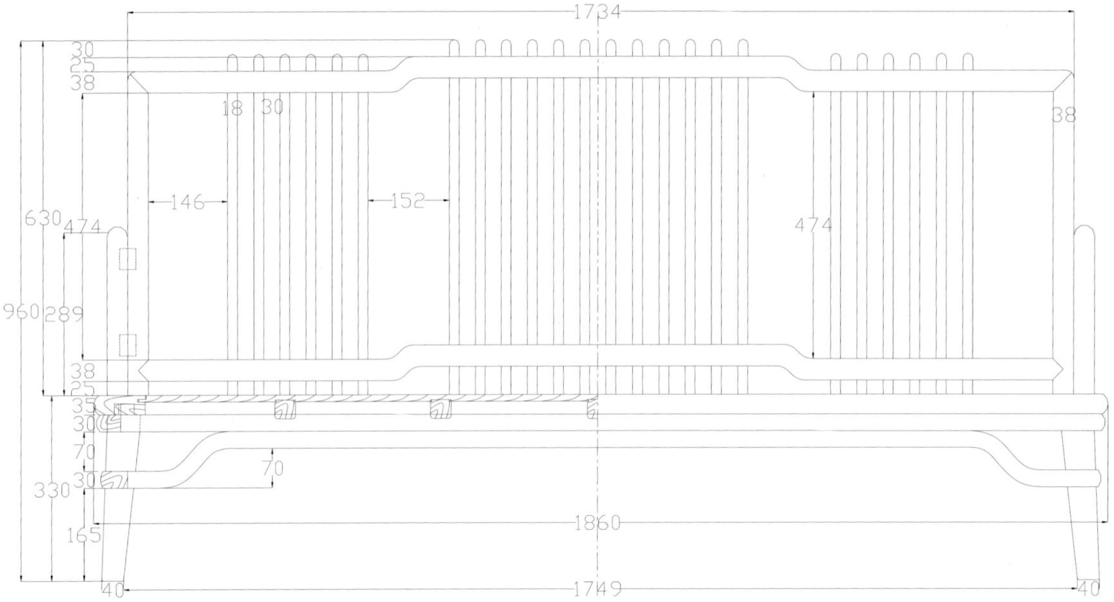

主视图

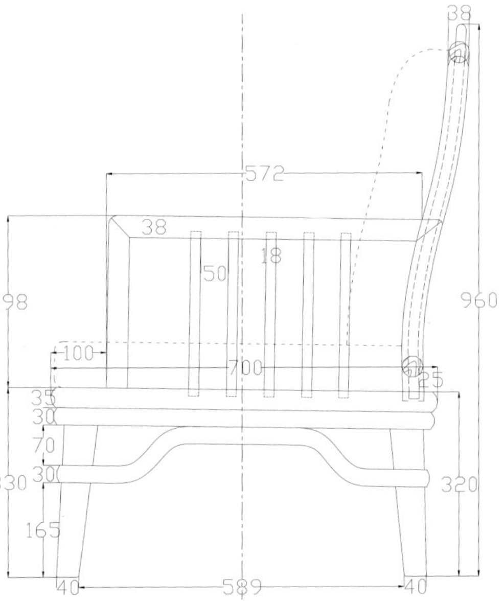

左视图

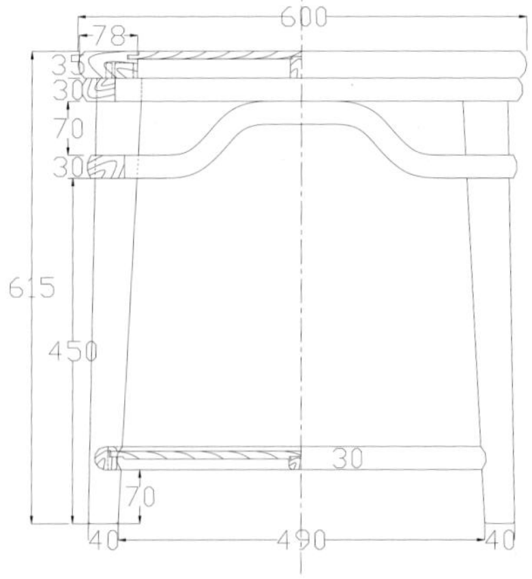

主视图

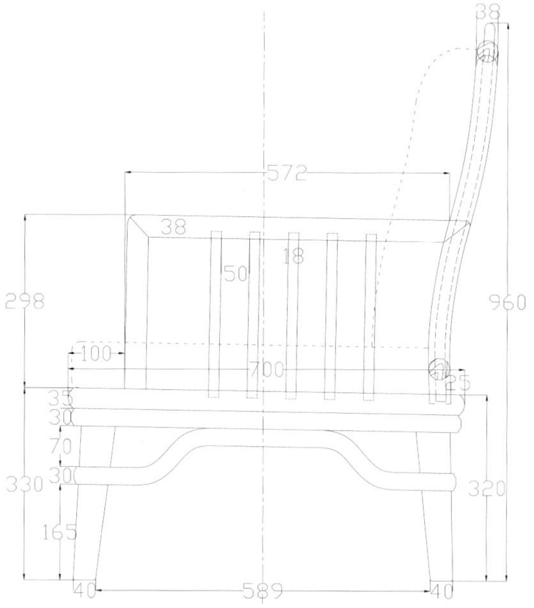

左视图

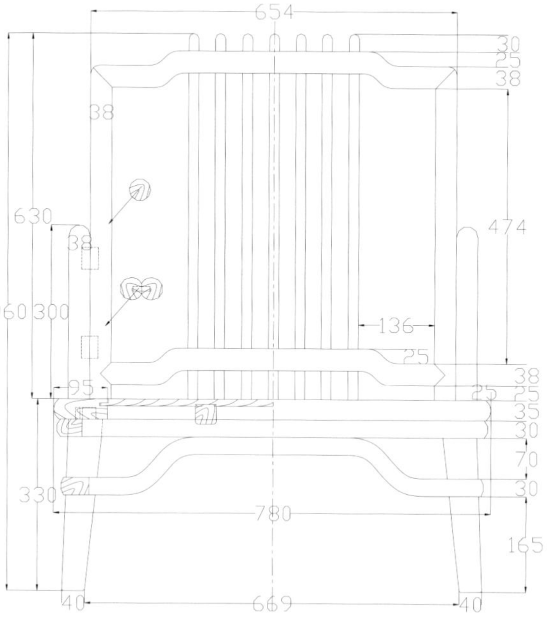

主视图

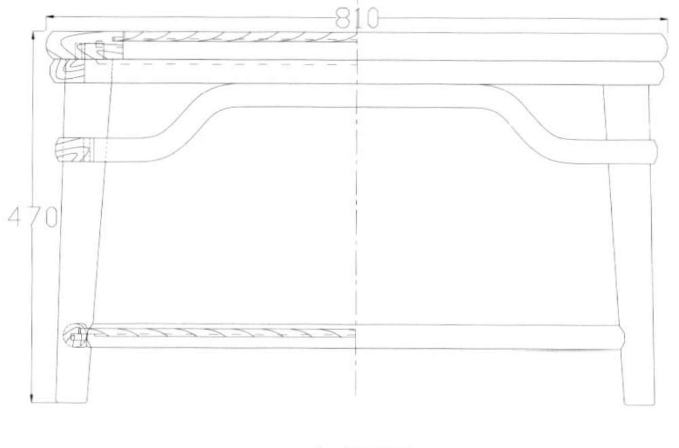

左视图

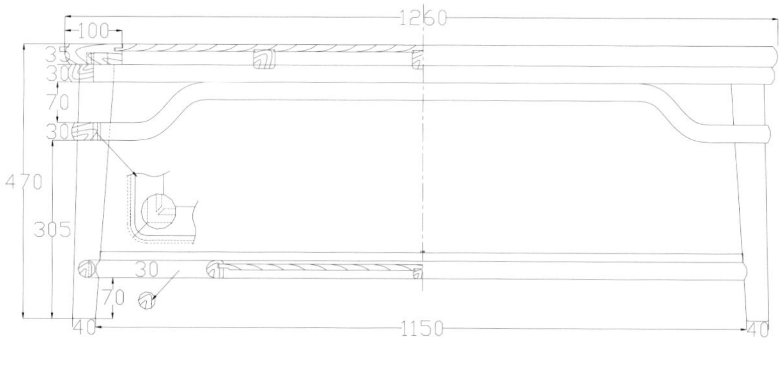

主视图

明式福庆沙发套件

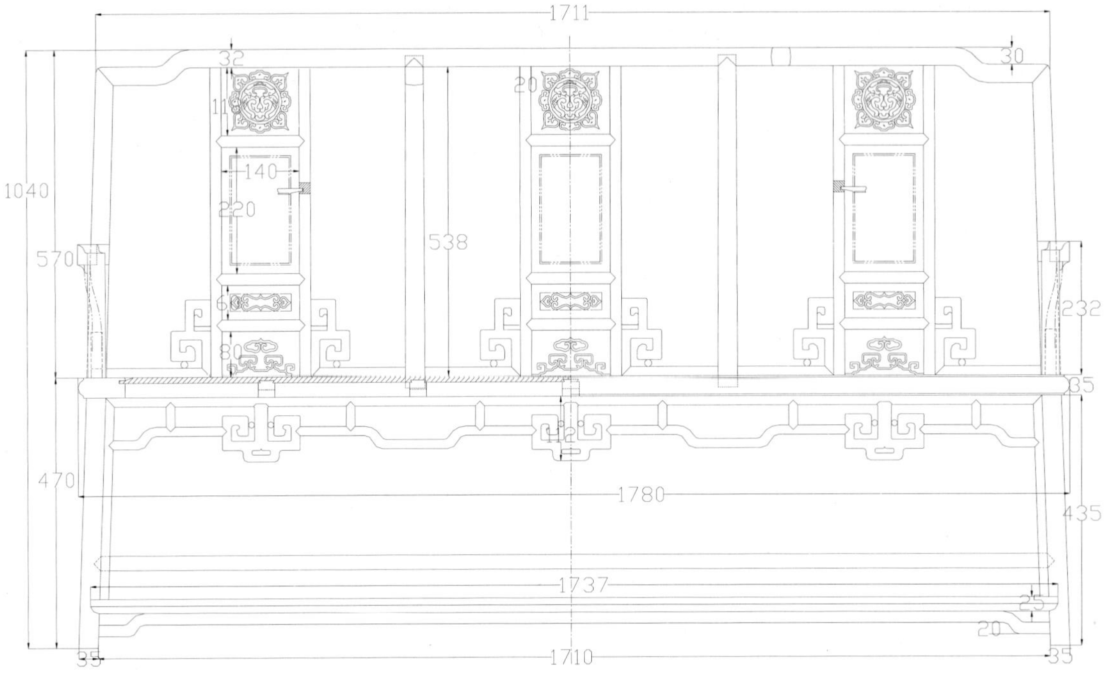

主视图

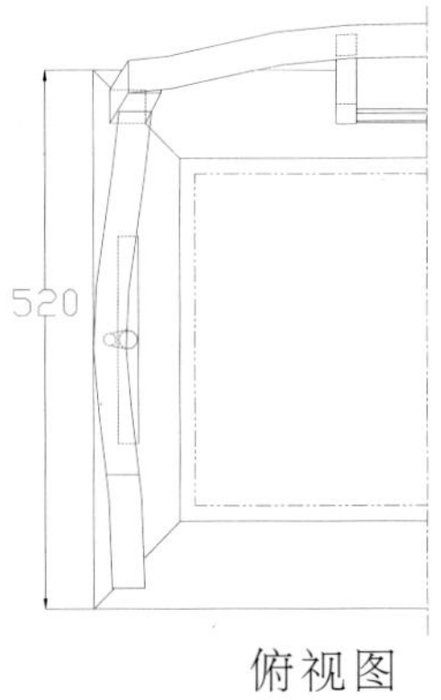

俯视图

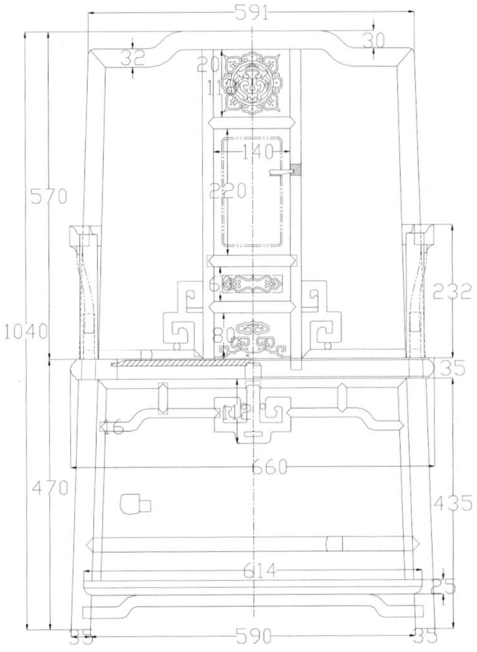

主视图

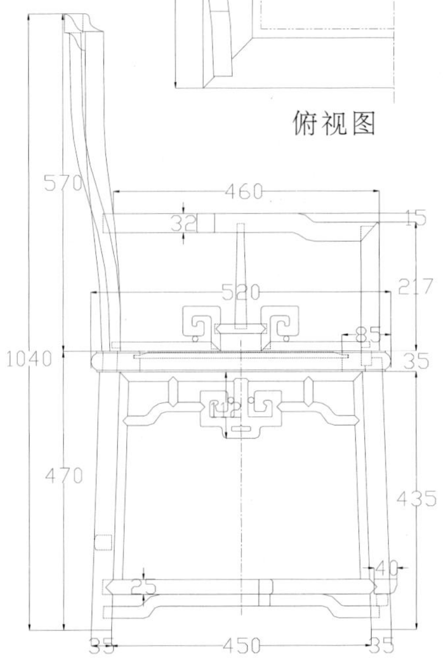

左视图

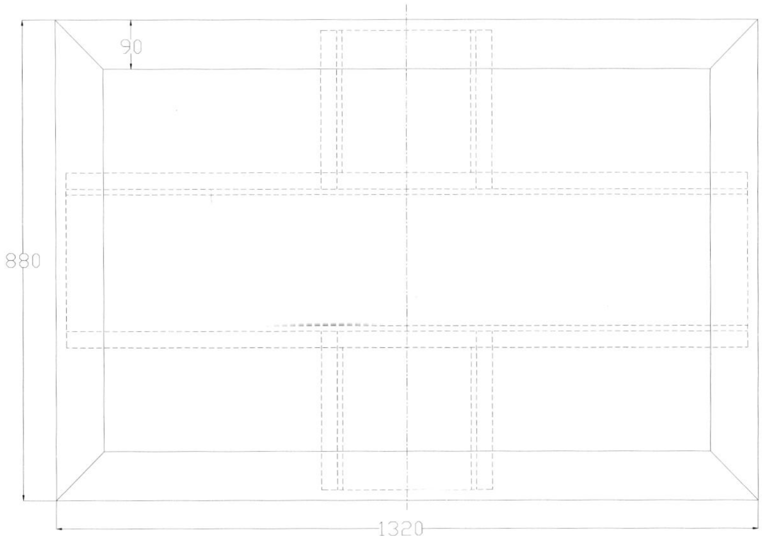

俯视图

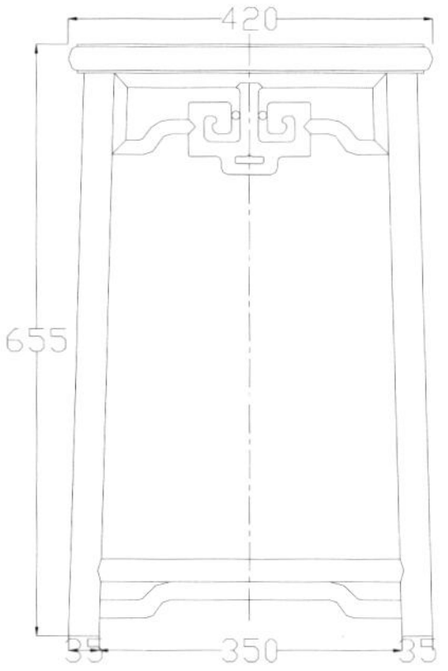

主视图

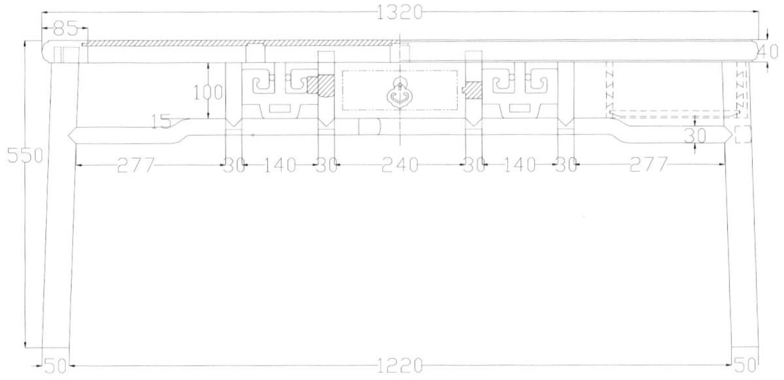

主视图

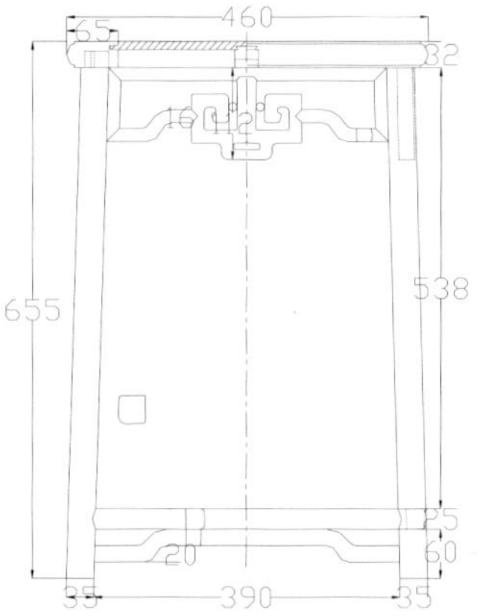

左视图

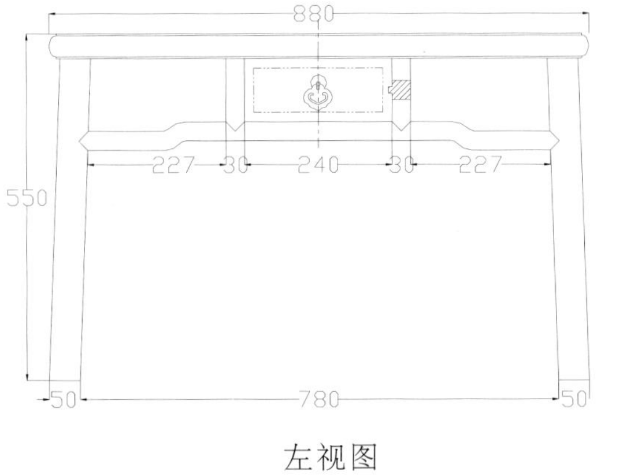

左视图

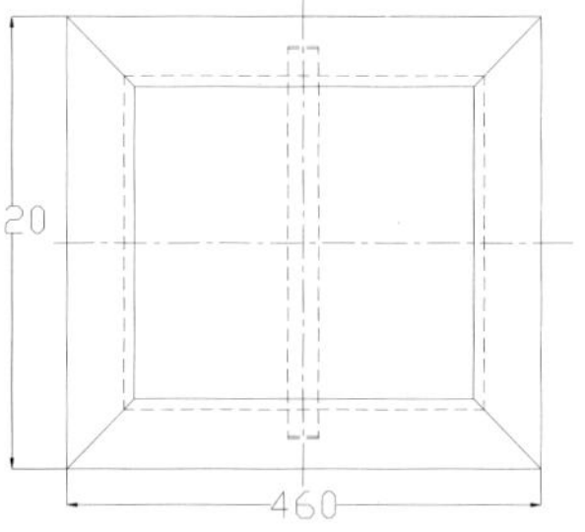

俯视图

明式拐扶手沙发

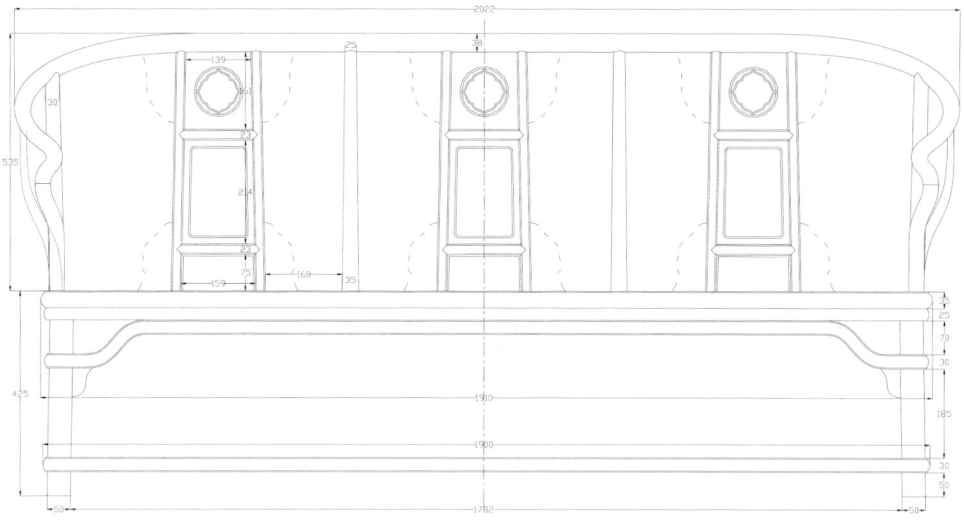

主视图

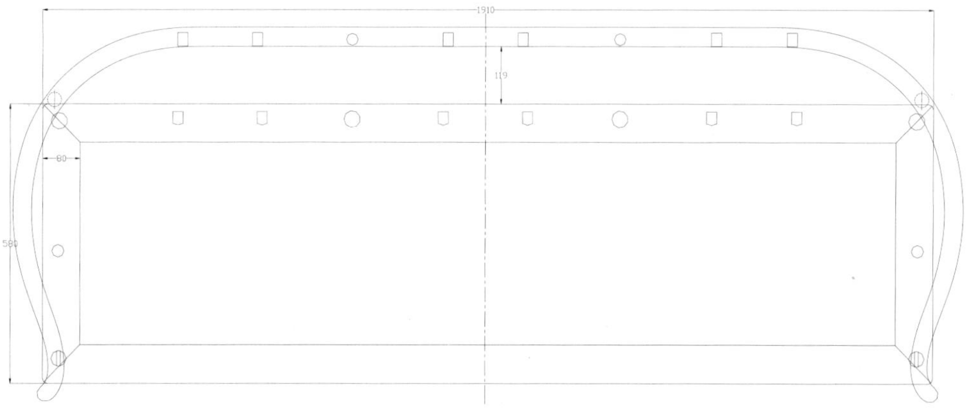

俯视图

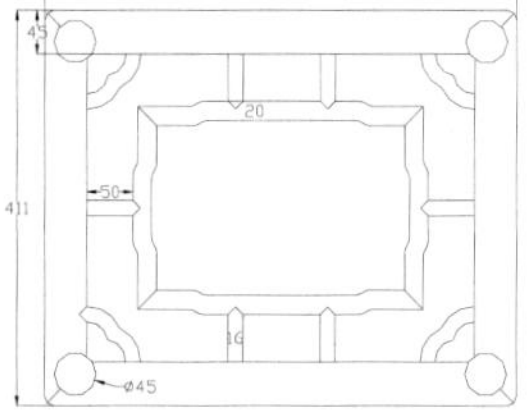

俯视图

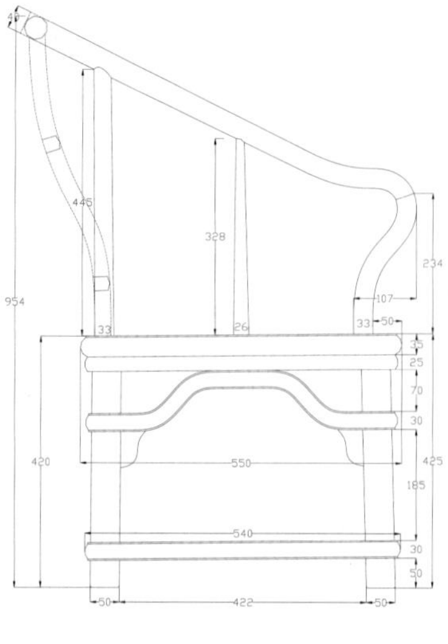

右视图

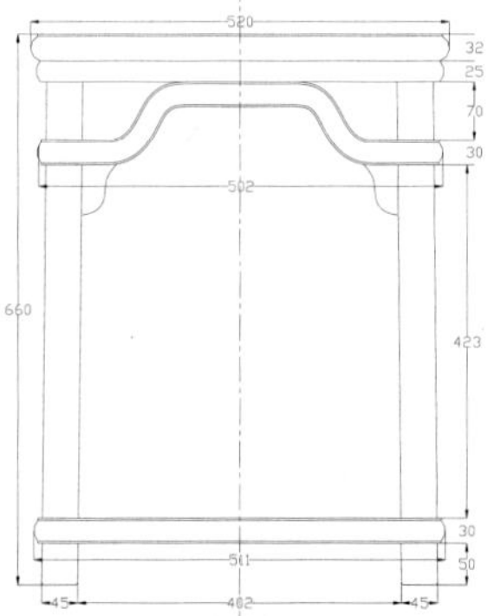

主视图

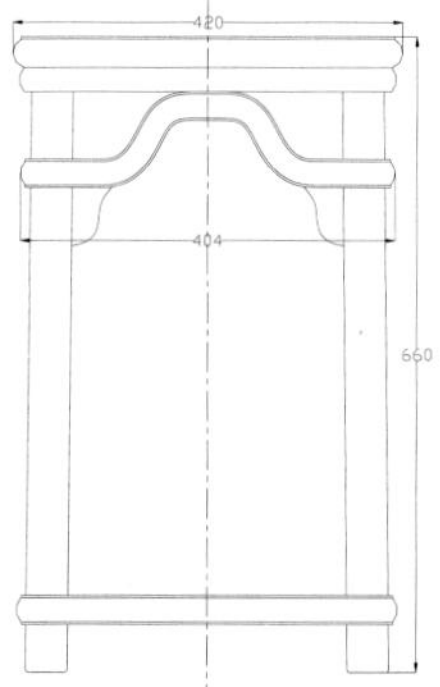

左视图

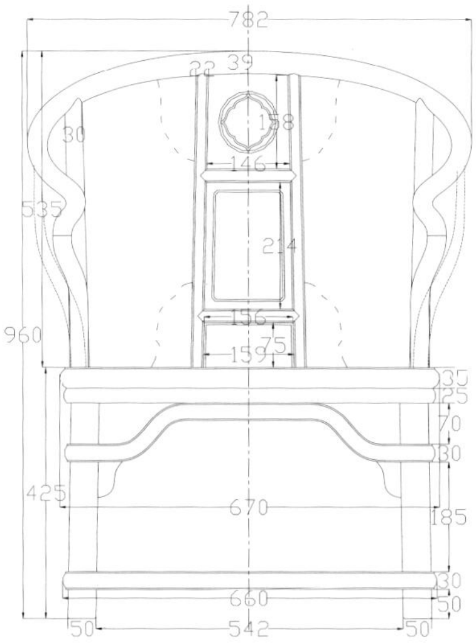

主视图

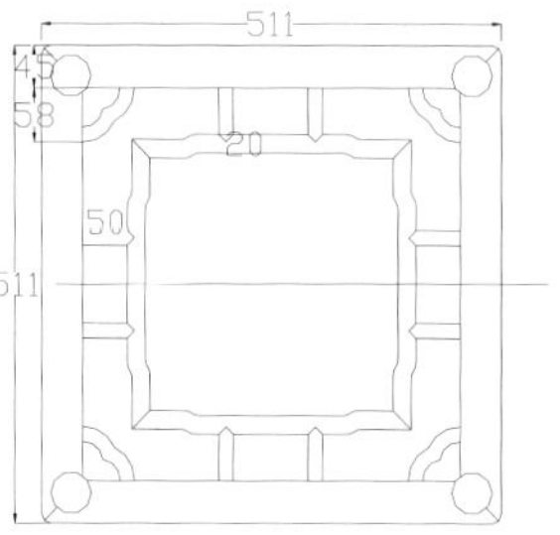

俯视图

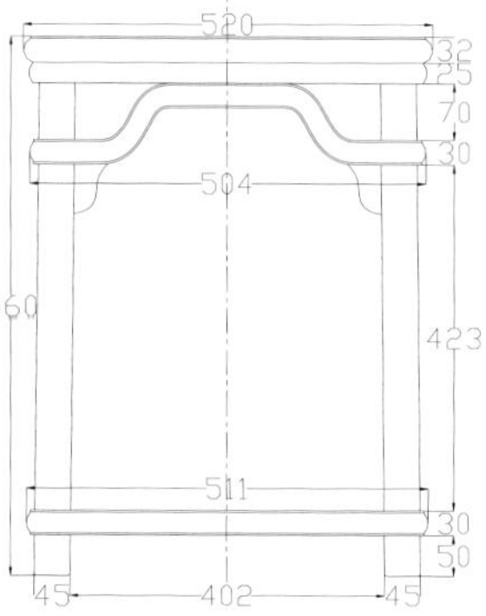

主视图

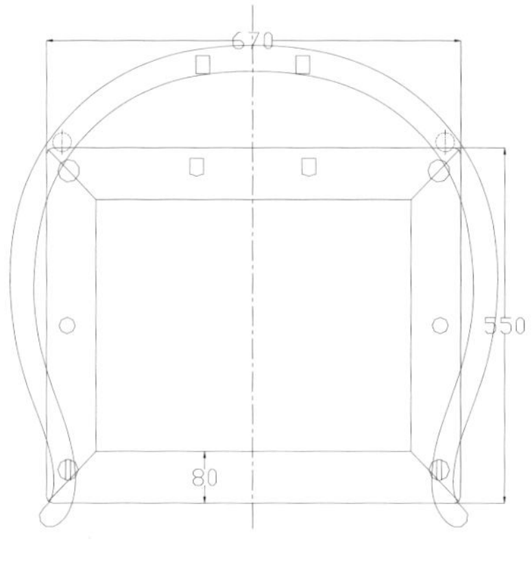

俯视图

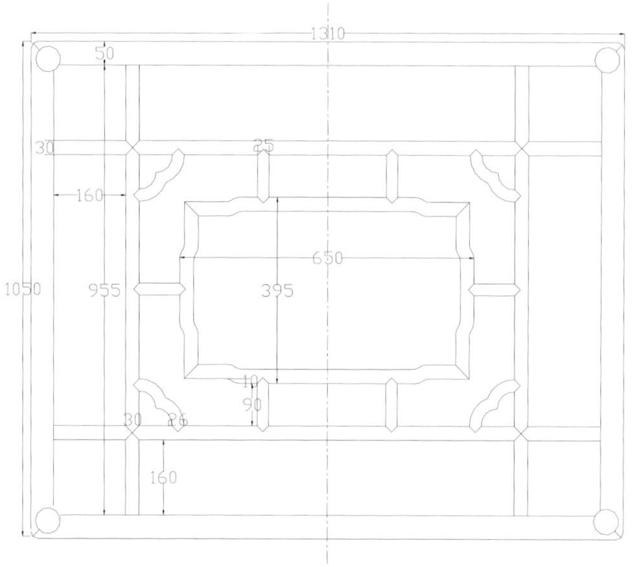

俯视图

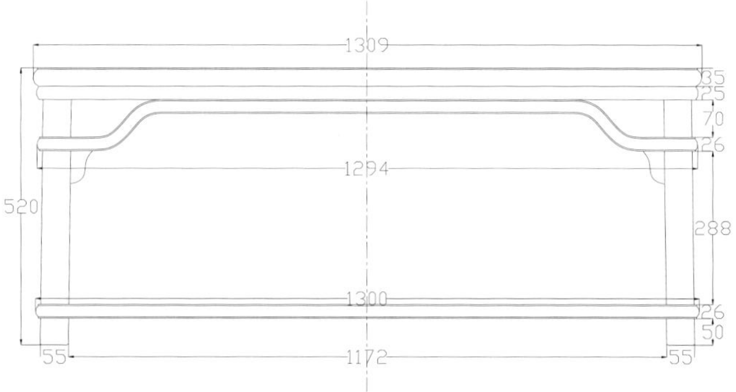

主视图

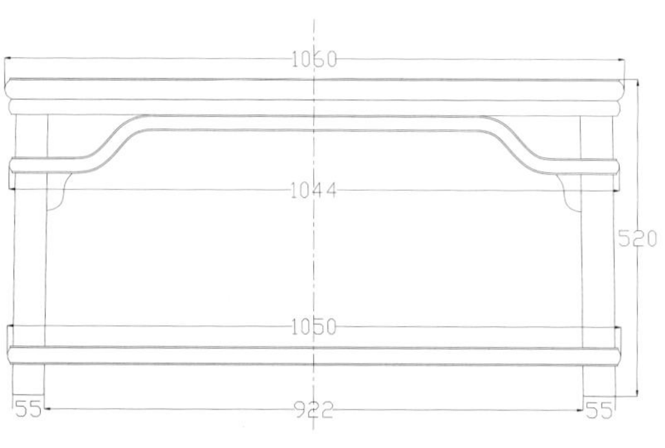

左视图

明式沙发套件

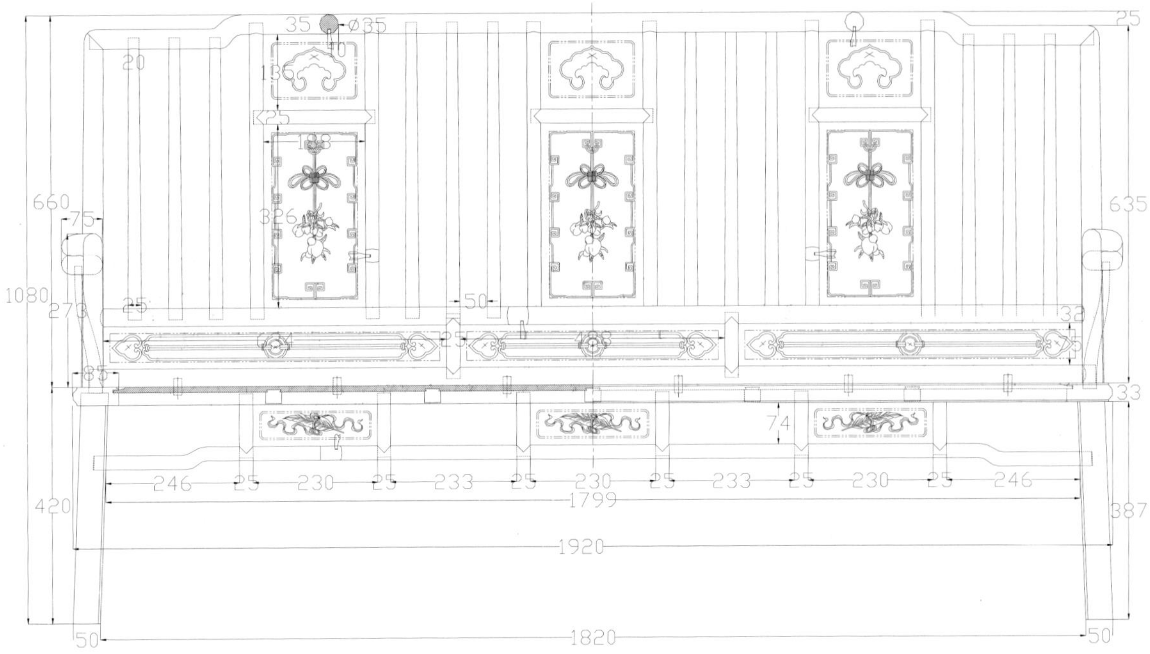

主视图

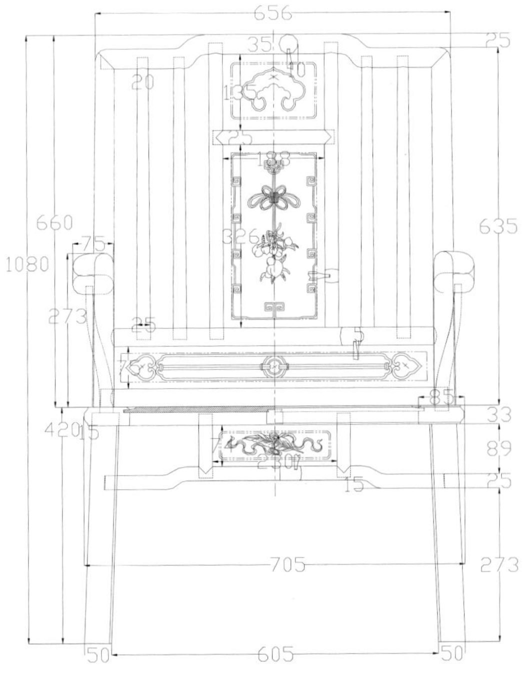

主视图

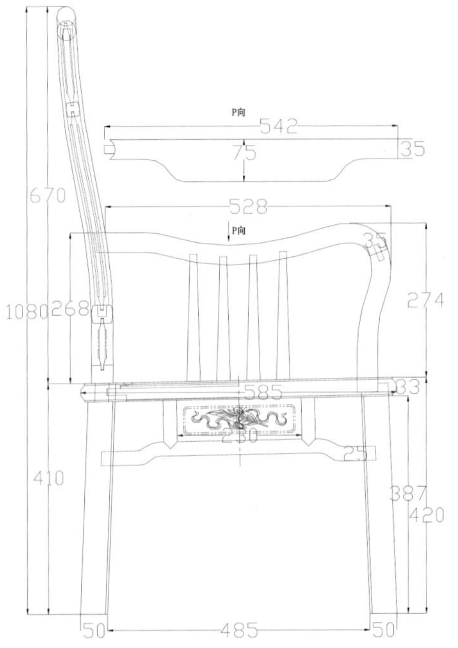

左视图

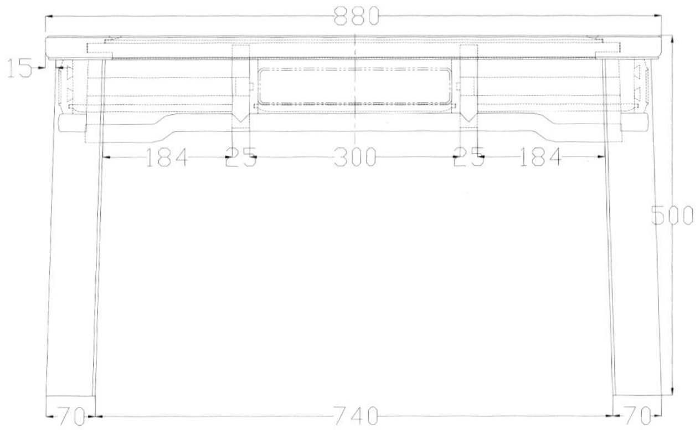

左视图

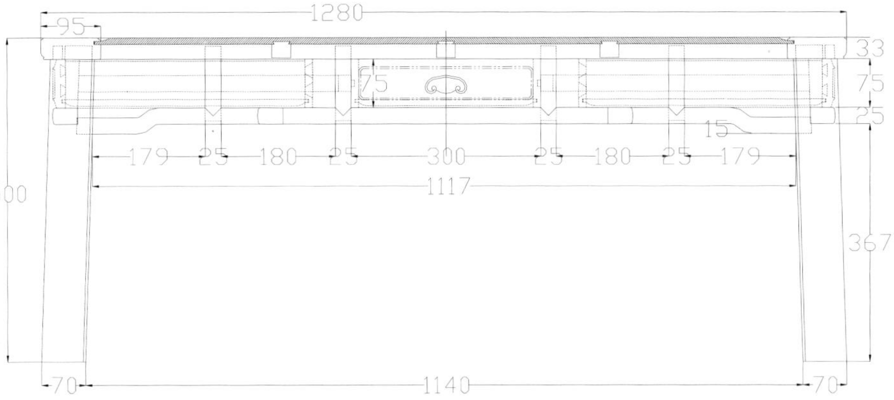

主视图

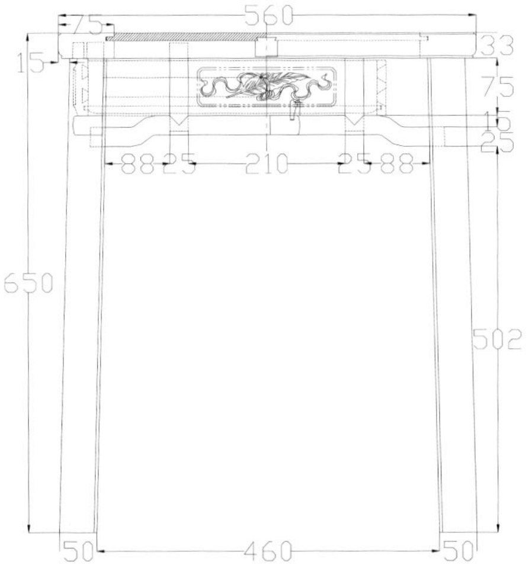

主视图

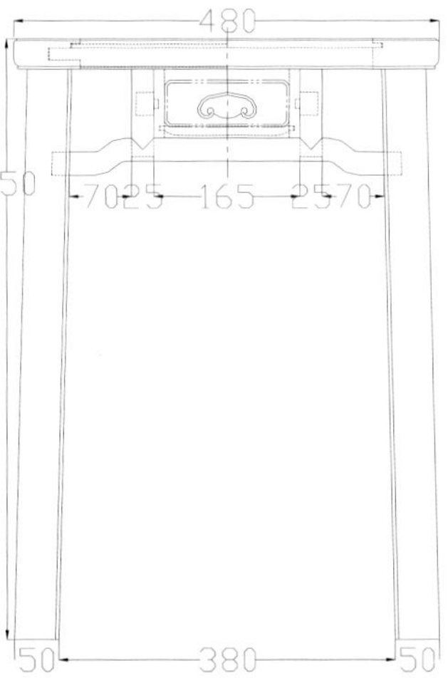

左视图

明式梳子沙发

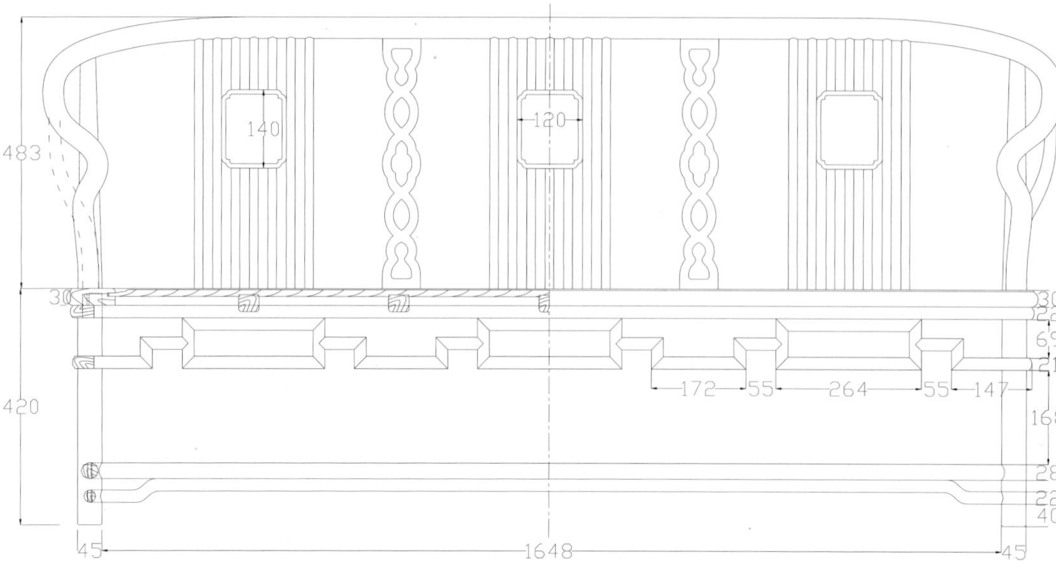

主视图

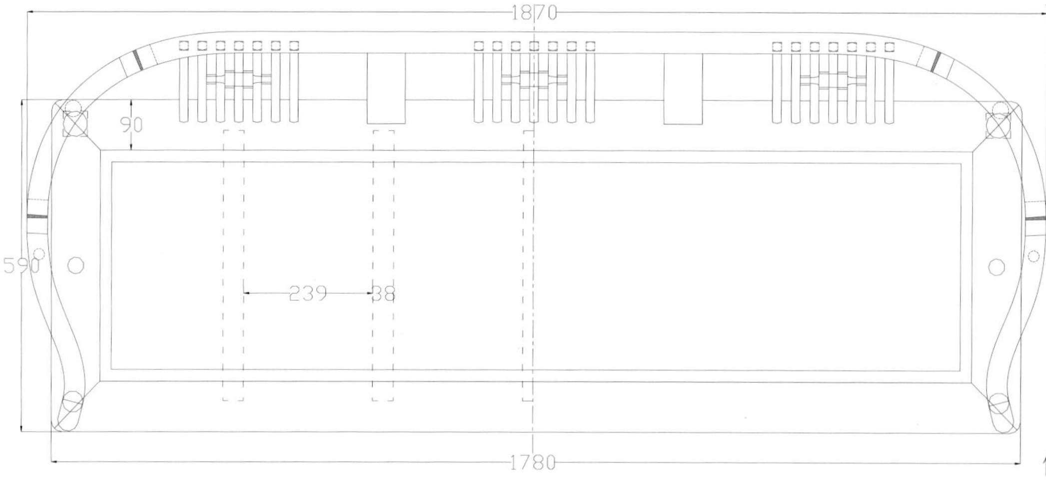

俯视图

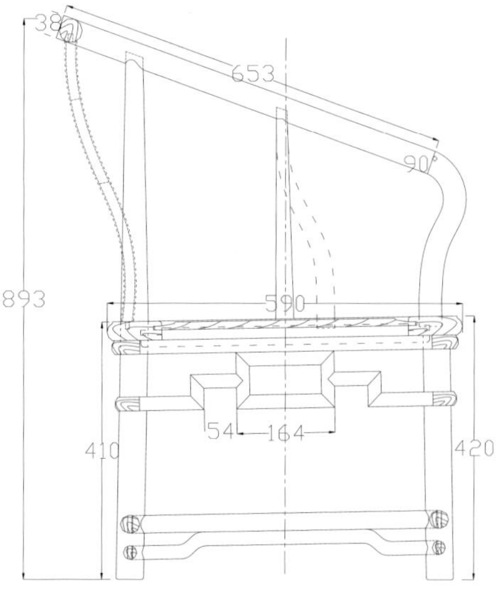

左视图

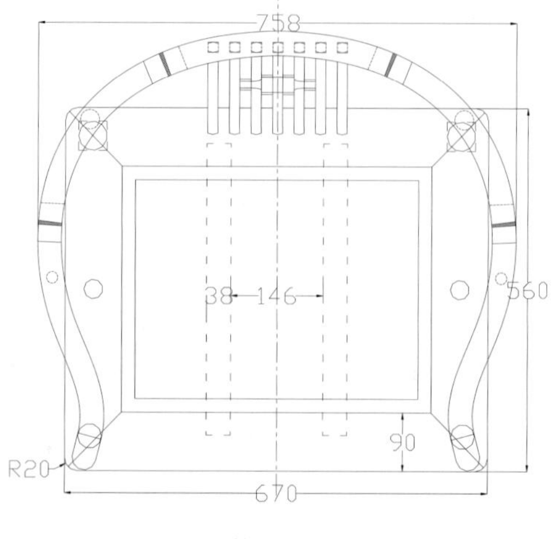

俯视图

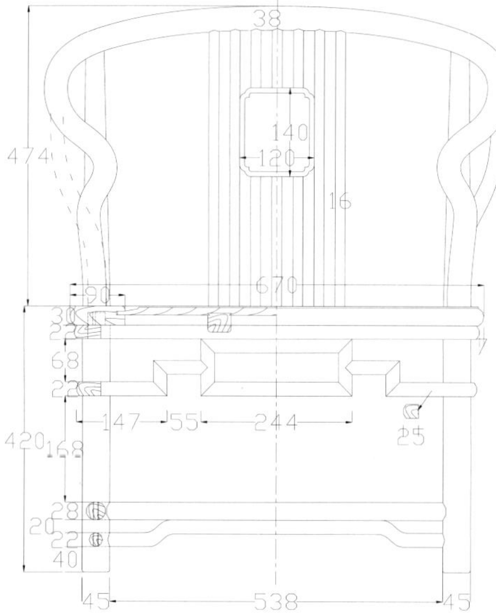

主视图

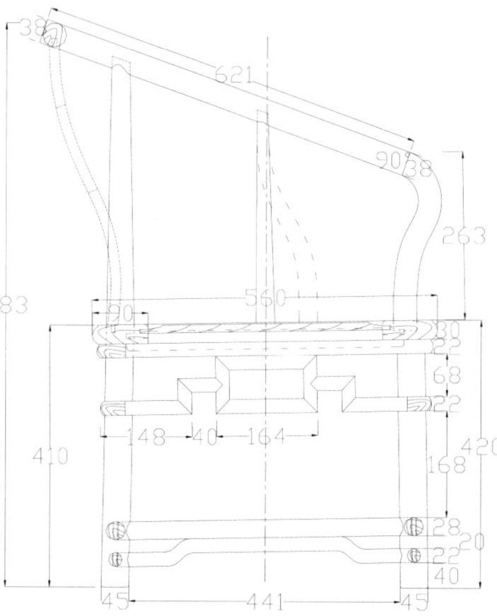

左视图

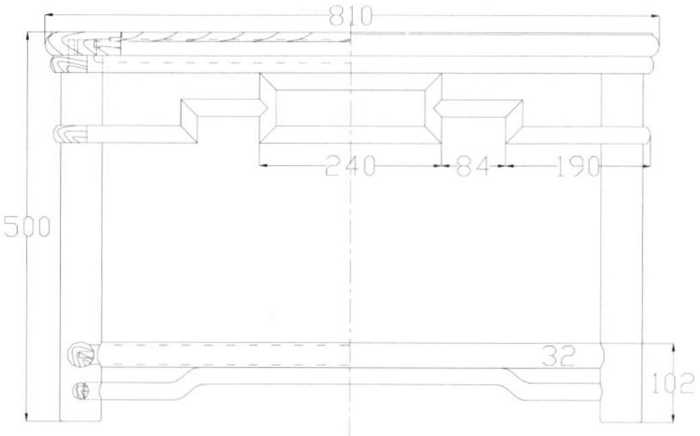

主视图

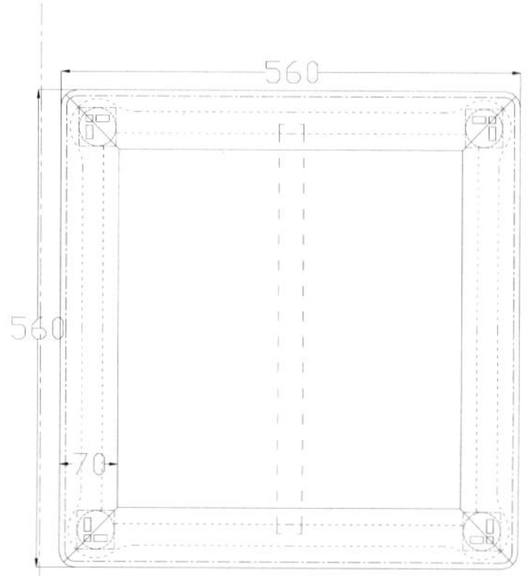

俯视图

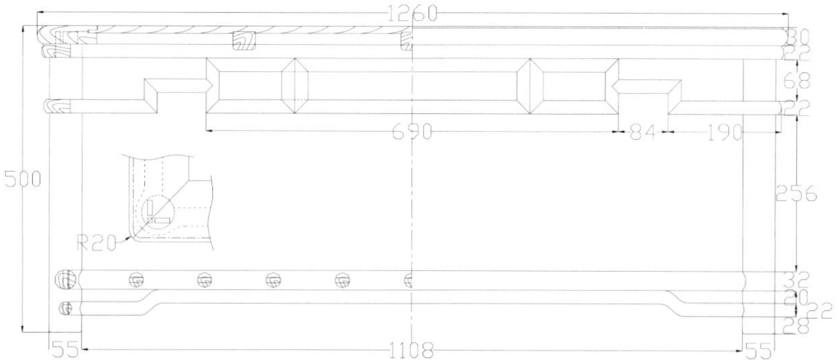

主视图

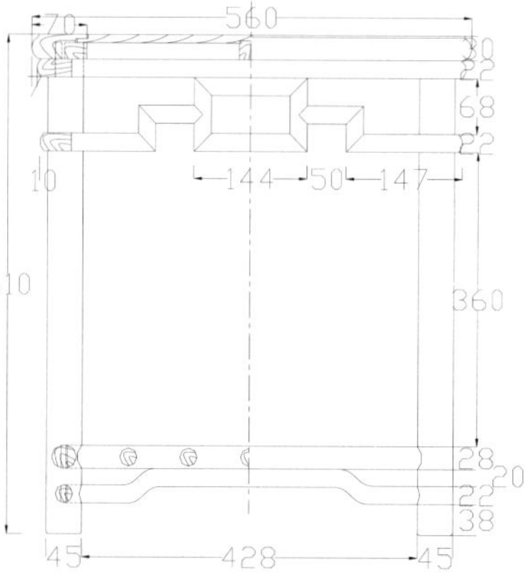

左视图

清式牡丹沙发

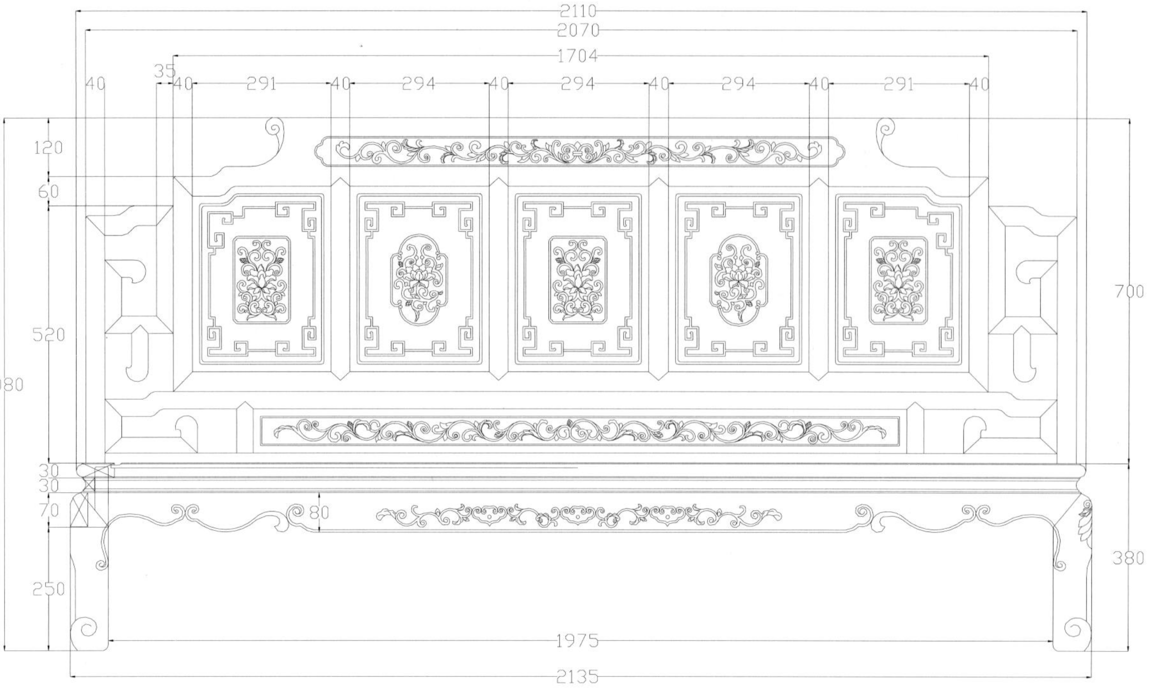

主视图

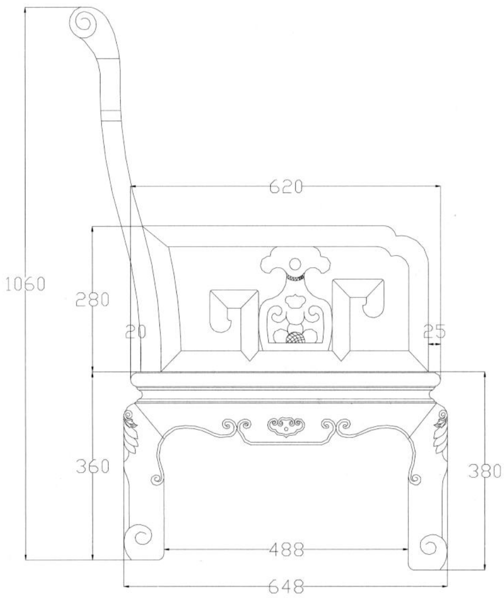

左视图

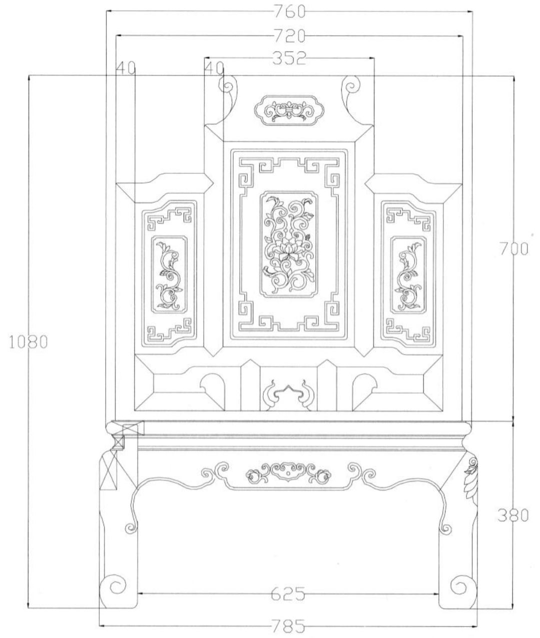

主视图

主视图

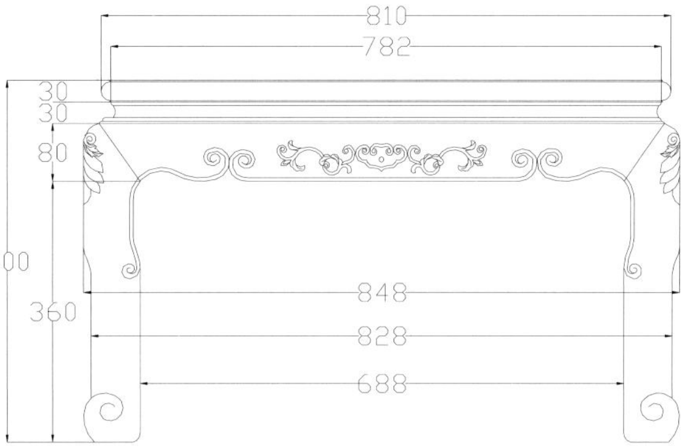

左视图

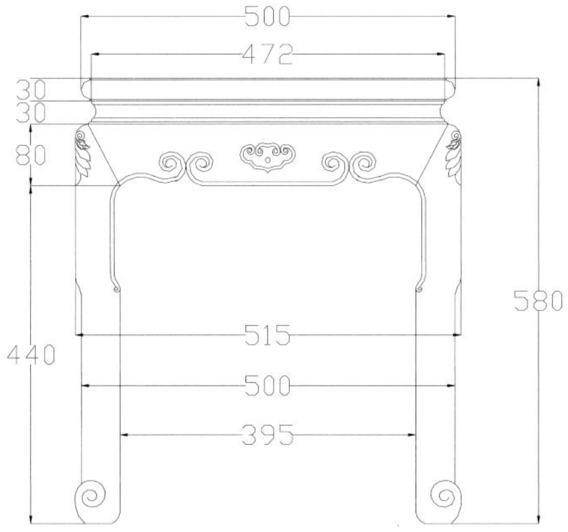

左视图

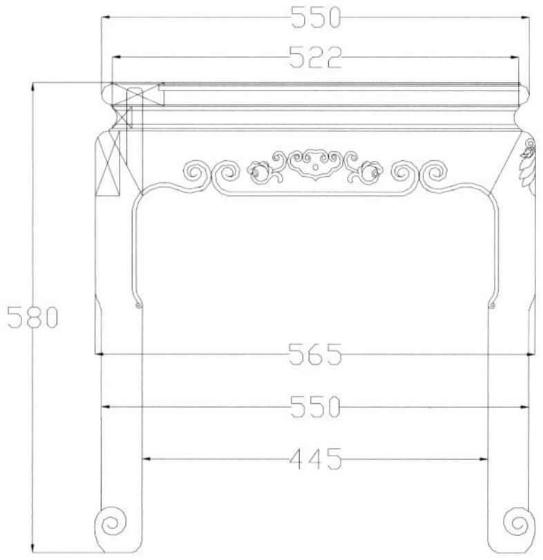

主视图

新中式年年好运沙发

主视图

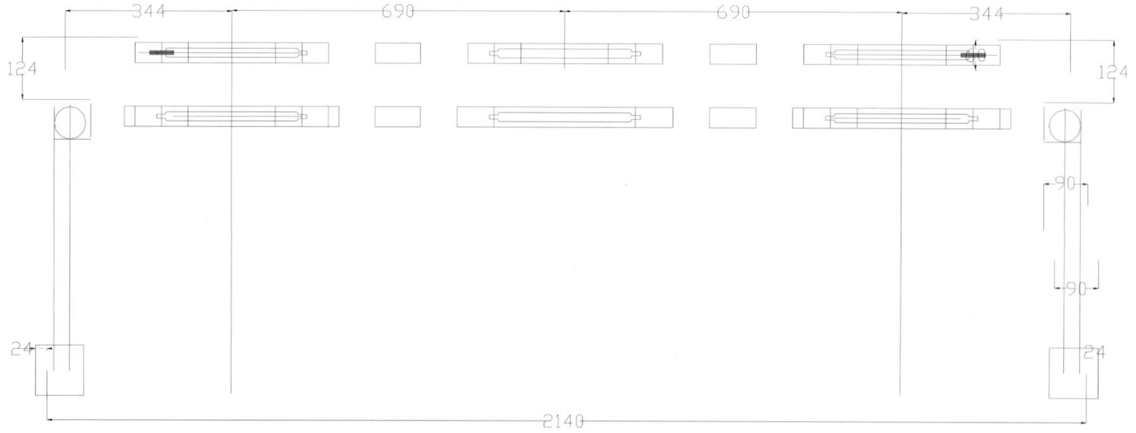

俯视图

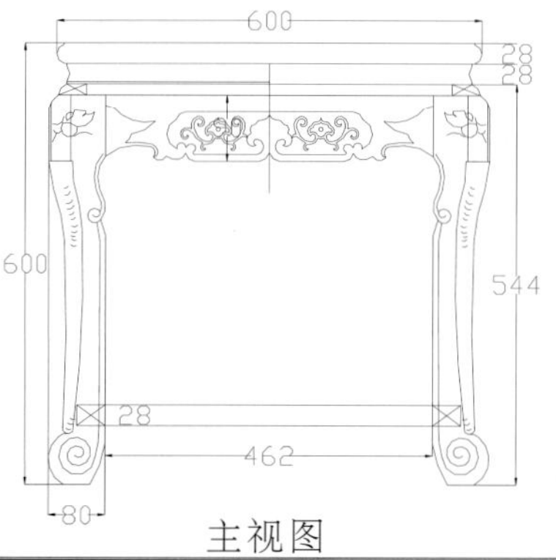

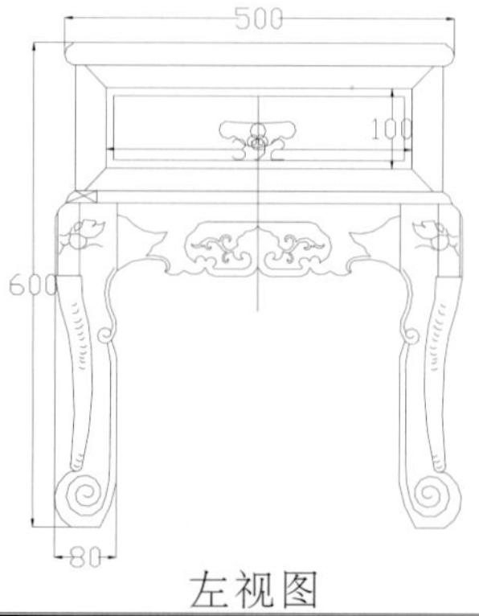

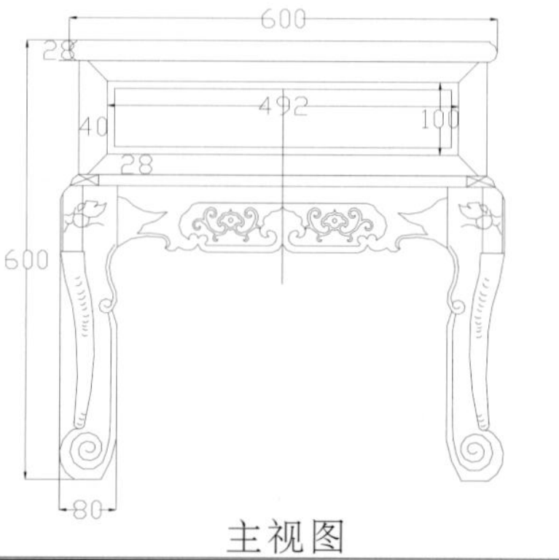

主视图　　左视图　　主视图

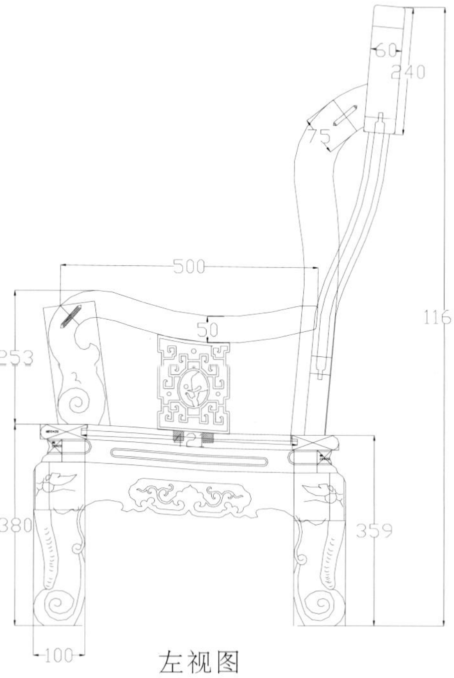

左视图

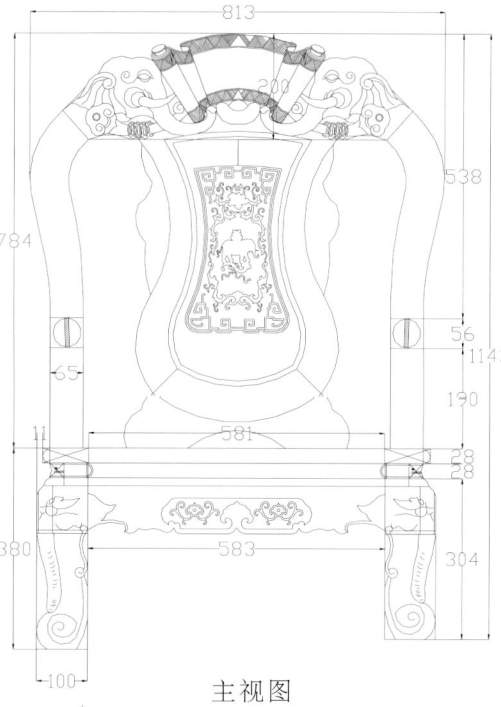

主视图

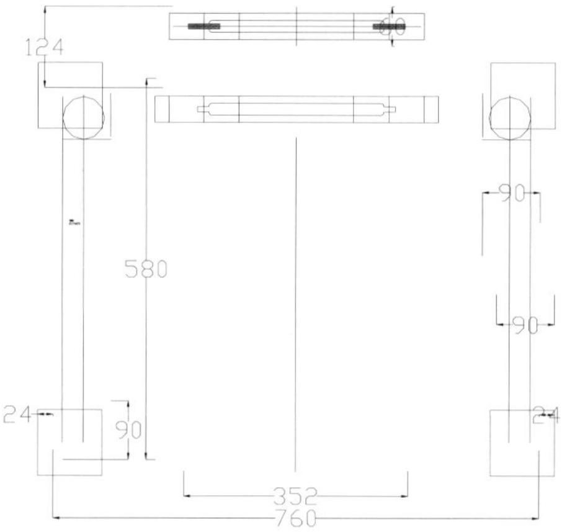

俯视图

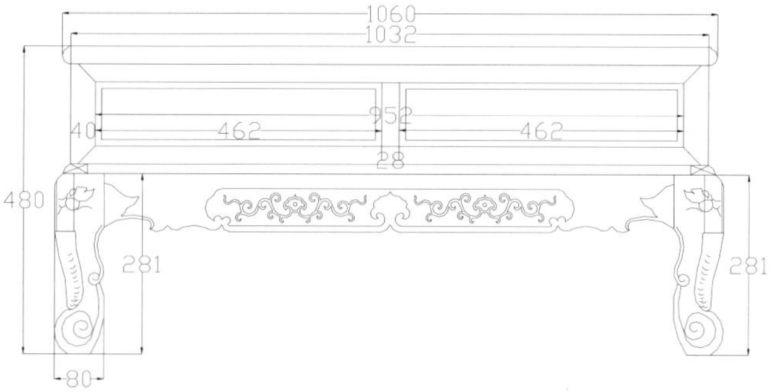

左视图

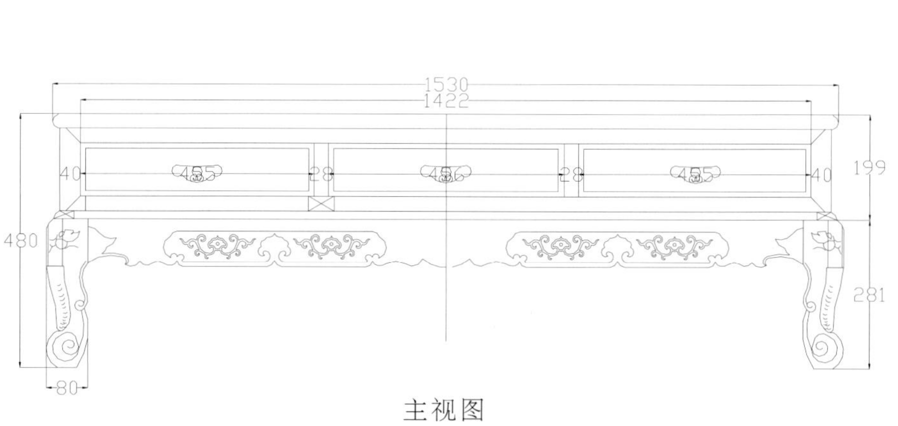

主视图

新中式年年好运草龙纹沙发

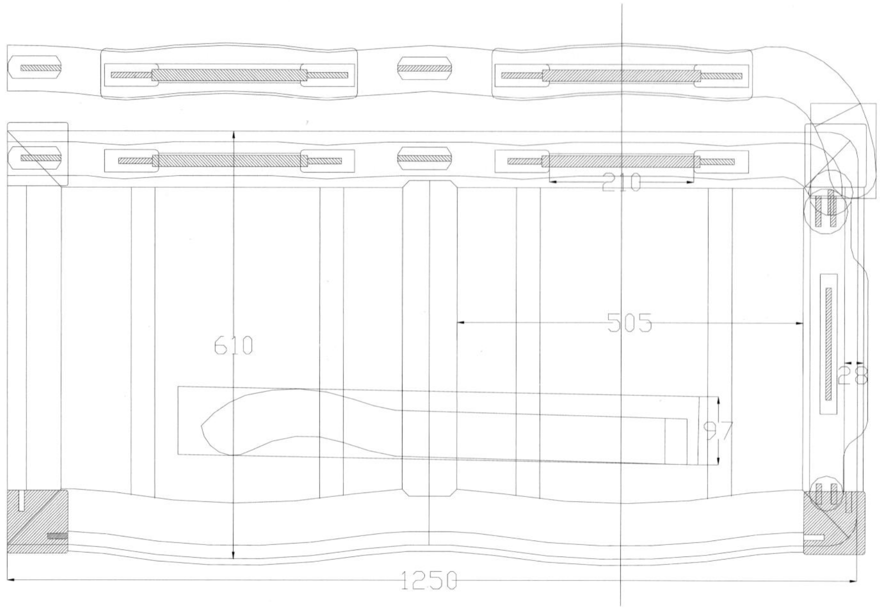

俯视图

主视图

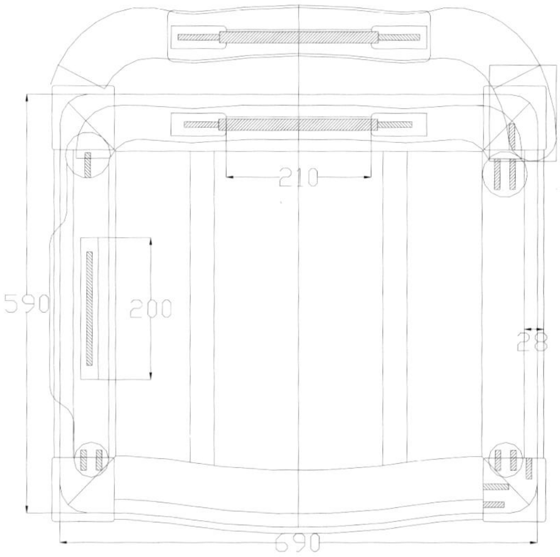

俯视图

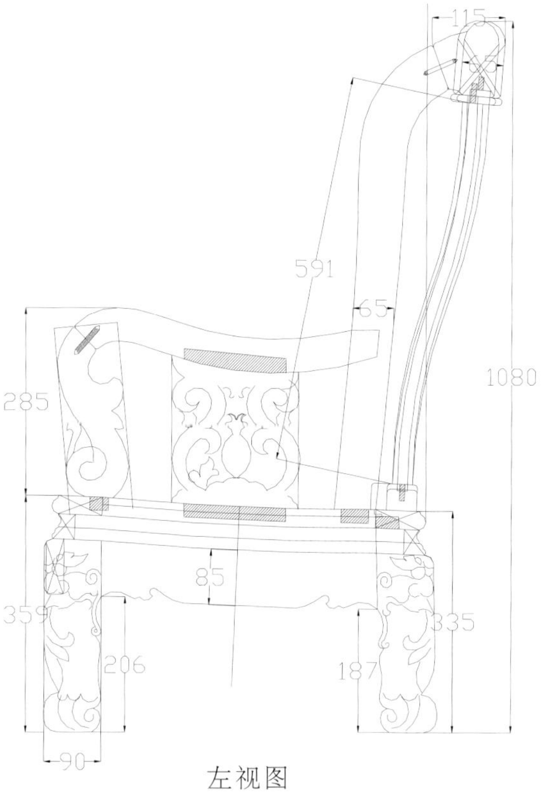

左视图

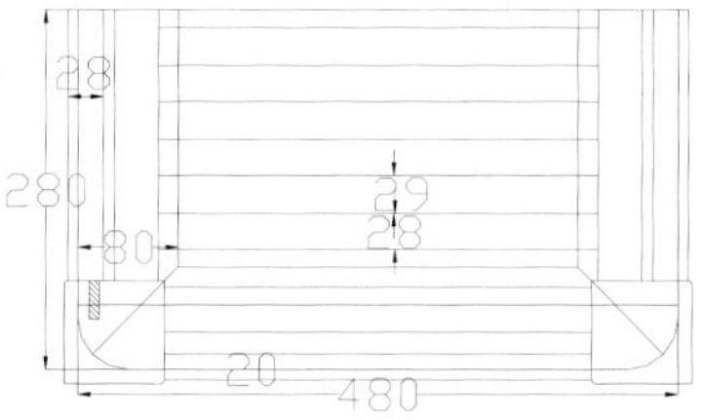

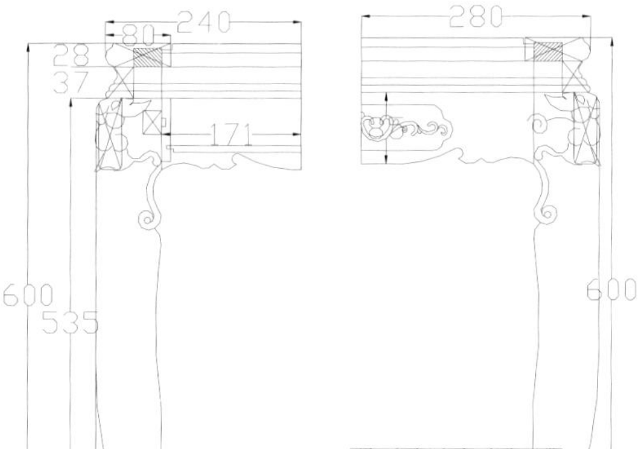

细节图

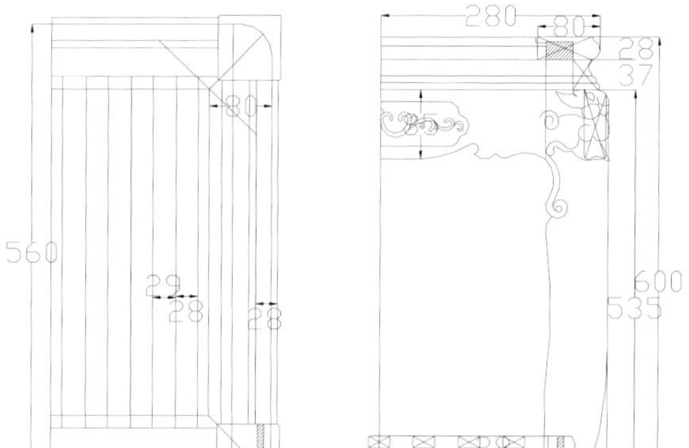

细节图

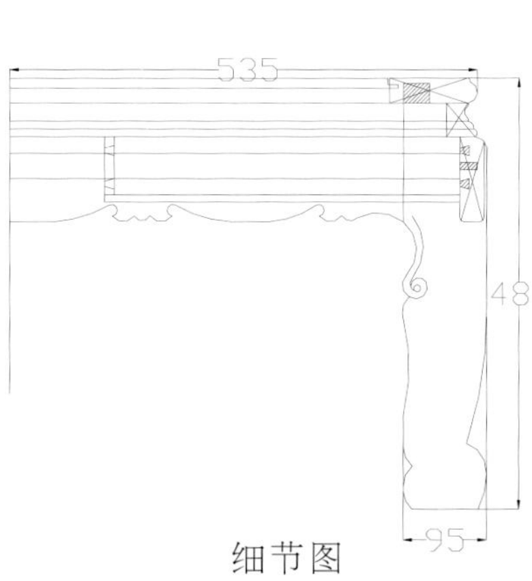

细节图

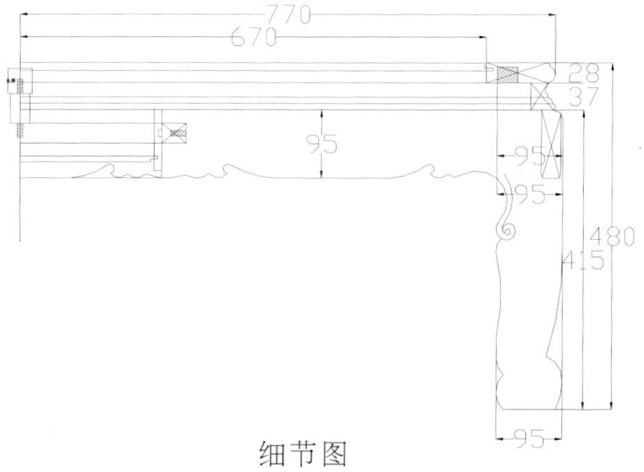

细节图

清式福寿沙发九件套

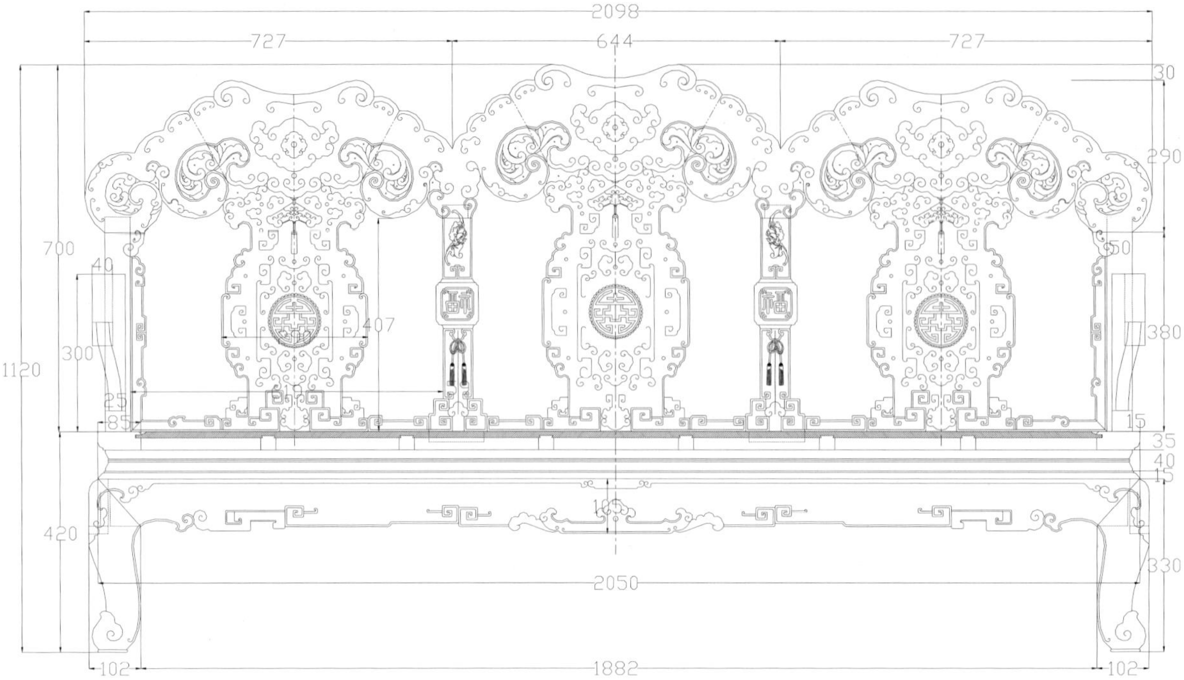

主视图

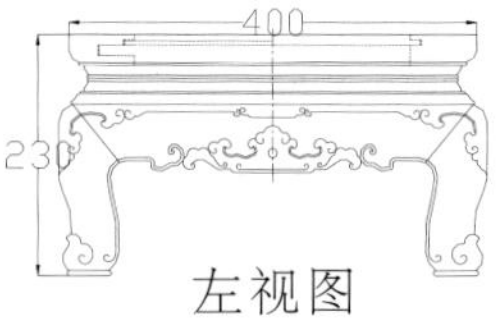

左视图

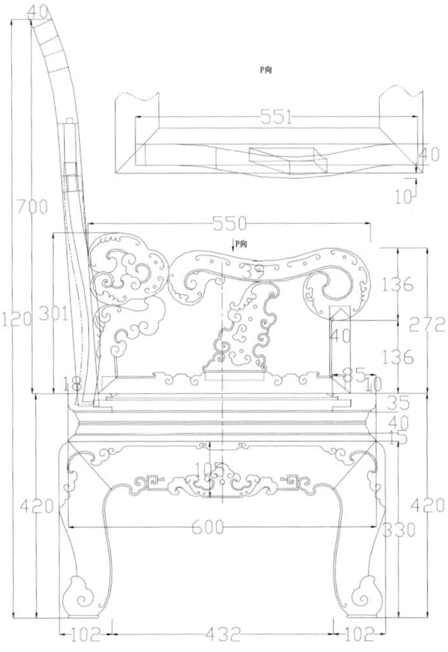

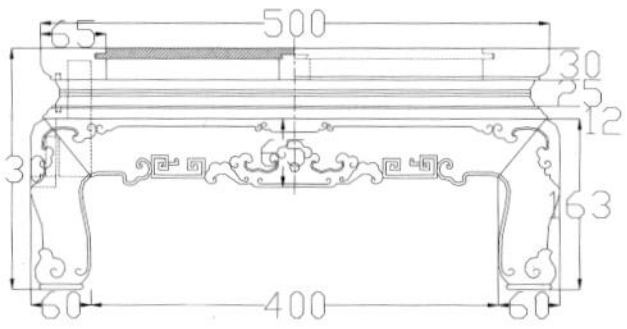

主视图

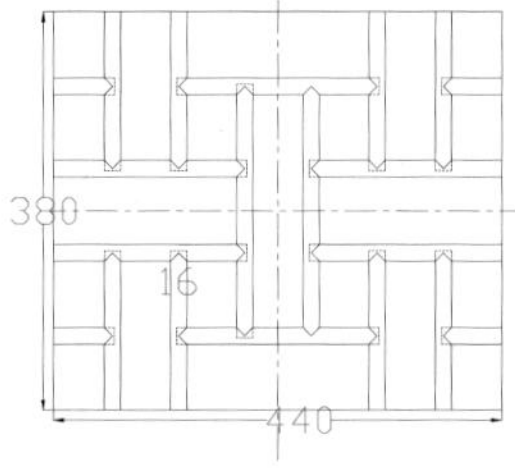

细节图

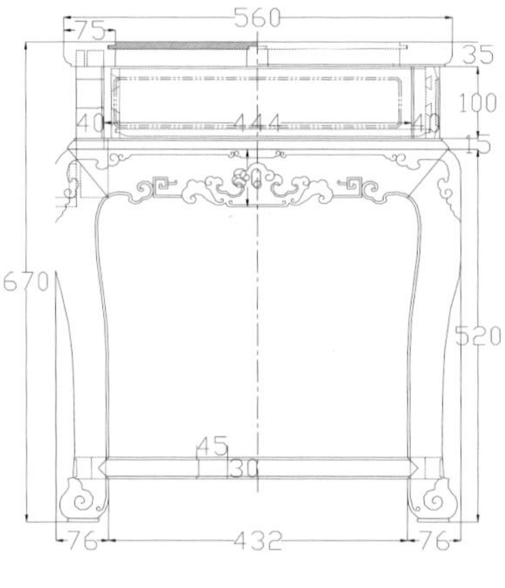

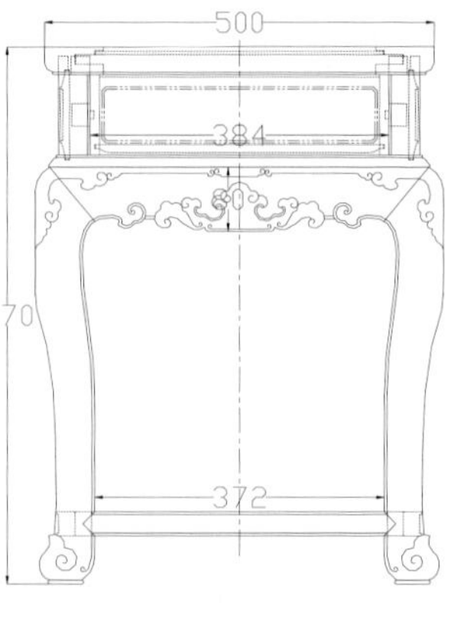

右视图　主视图　左视图

主视图

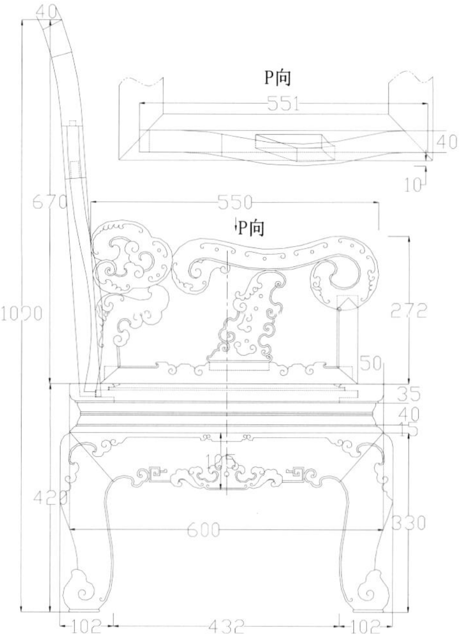

细节图

左视图

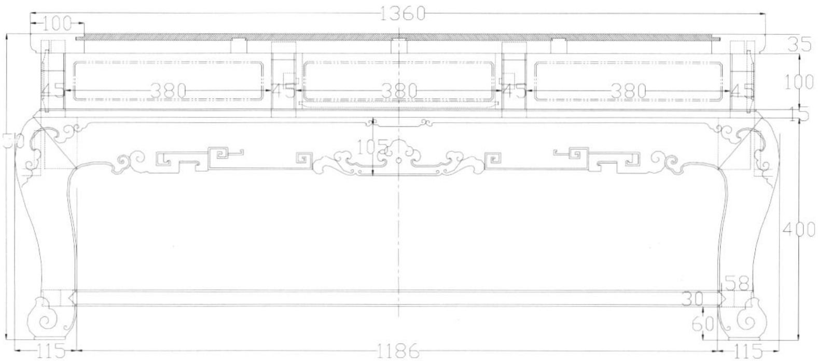

主视图

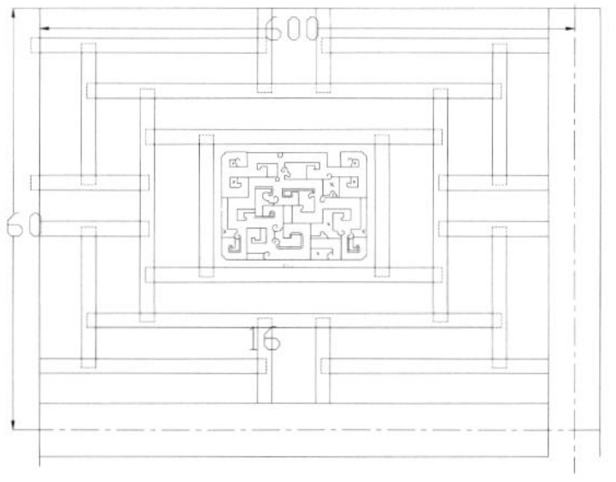

细节图

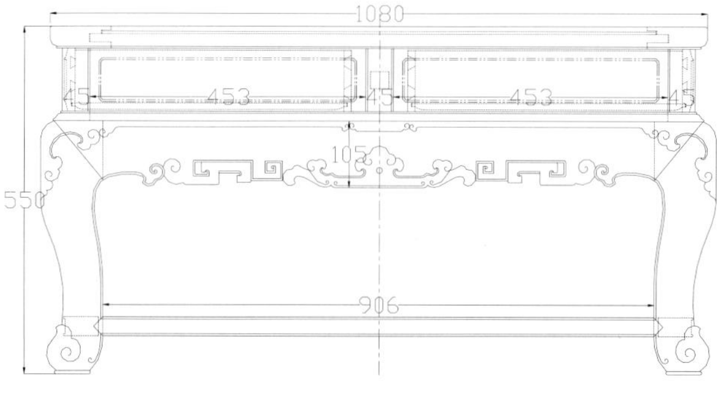

左视图

清式曲杞沙发

主视图

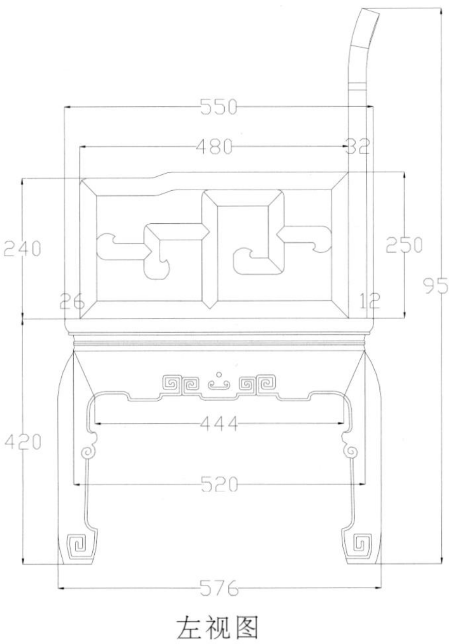

左视图

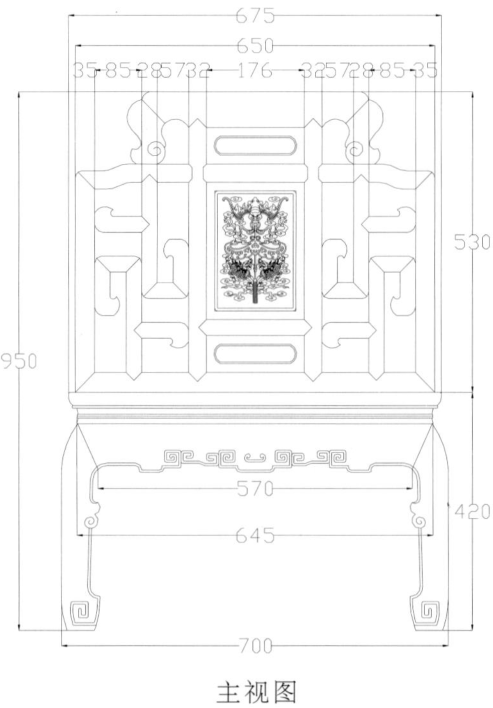

主视图

主视图

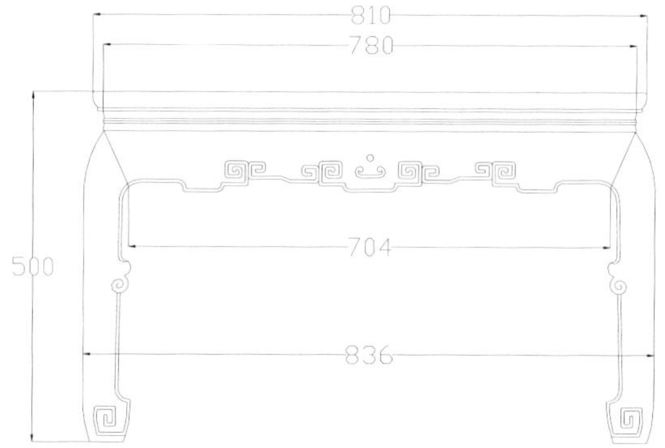

左视图

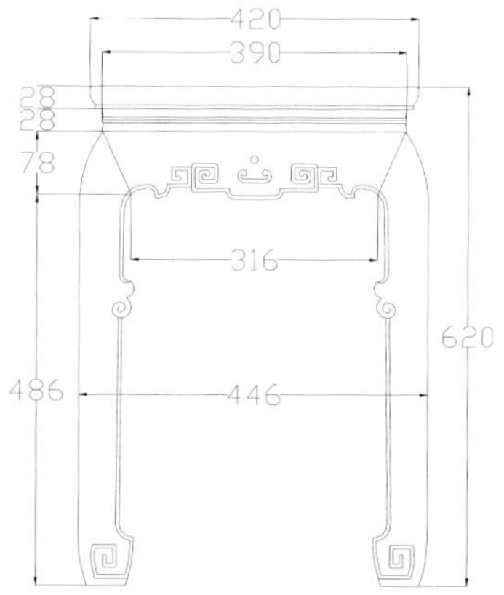

左视图

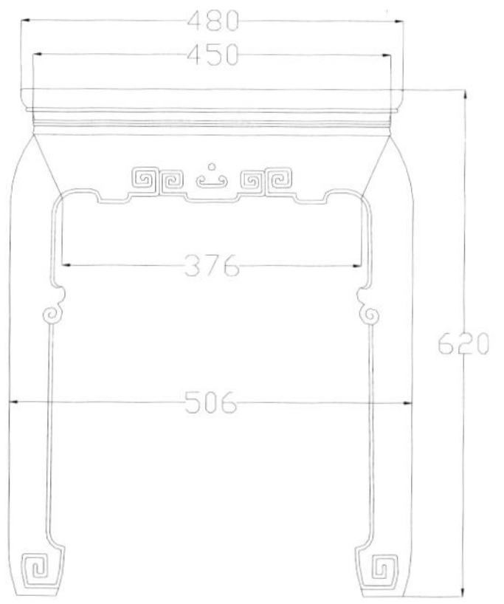

主视图

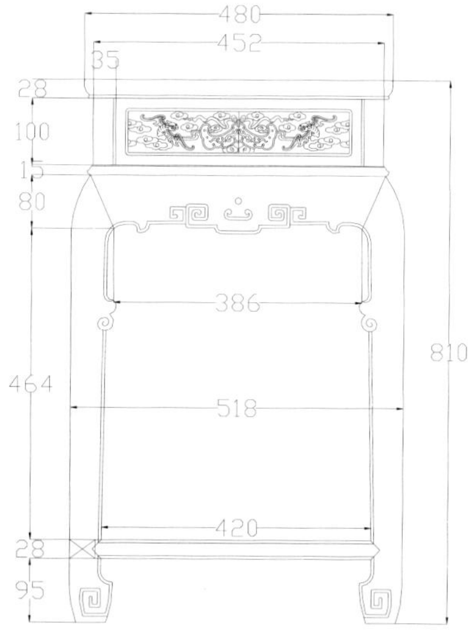

主视图

新中式群英荟萃沙发

主视图

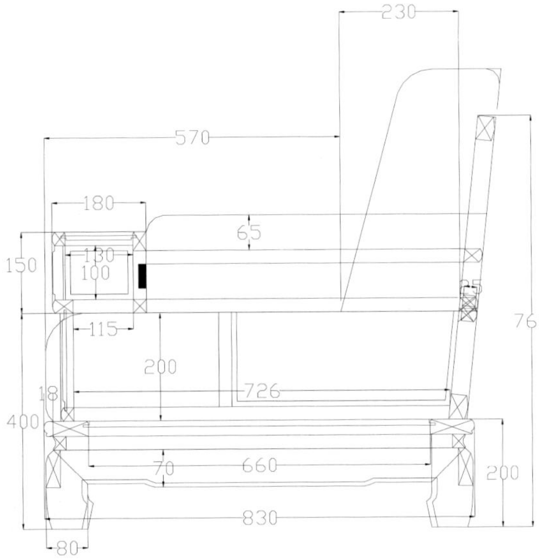

左视图

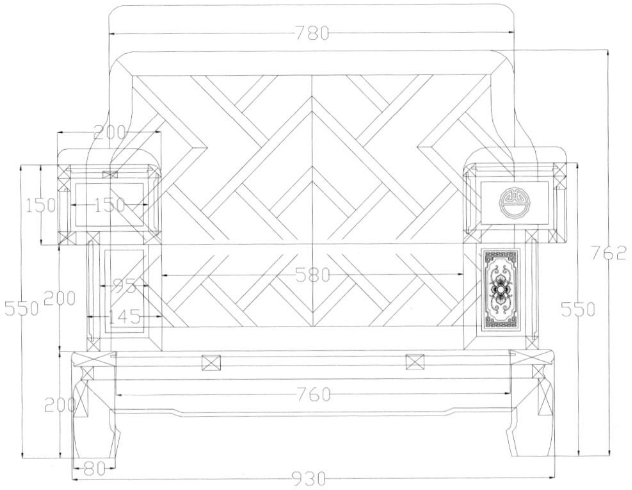

主视图

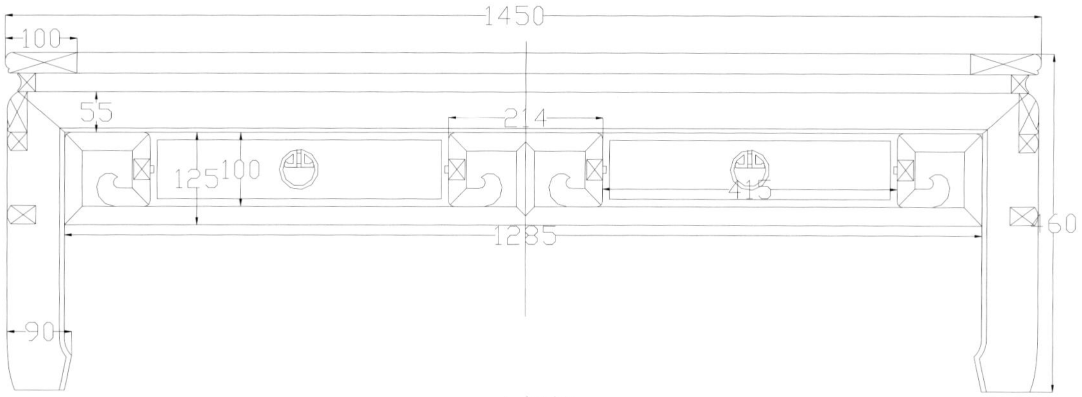

主视图

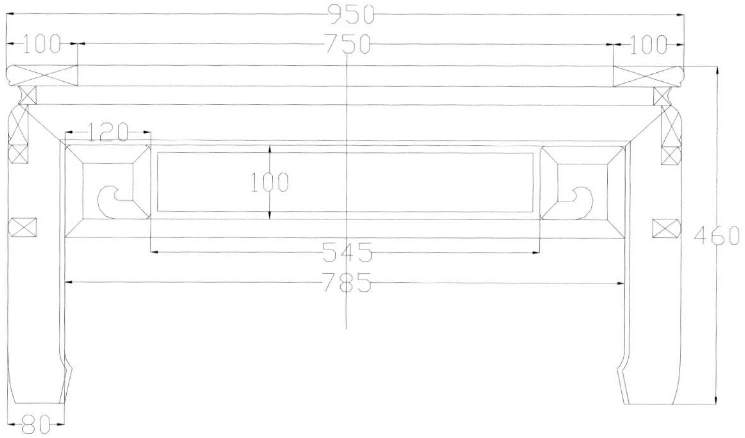

左视图

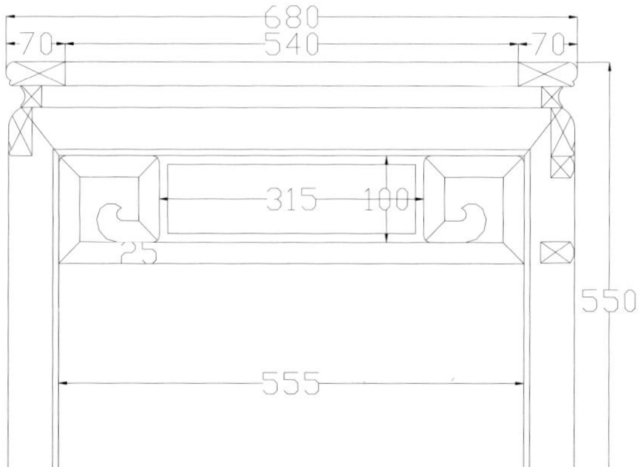

主视图

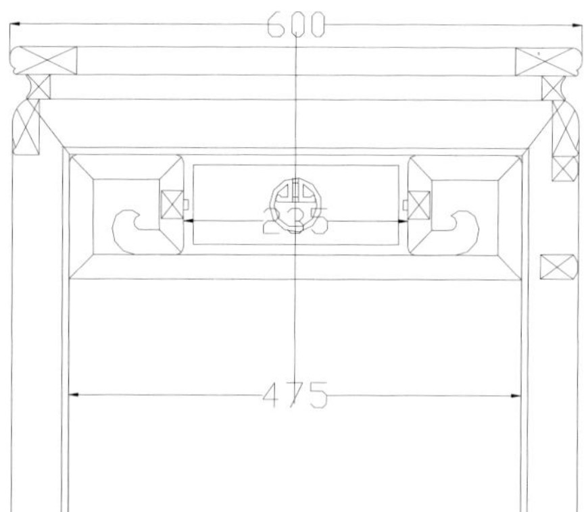

左视图

新中式人物沙发套件

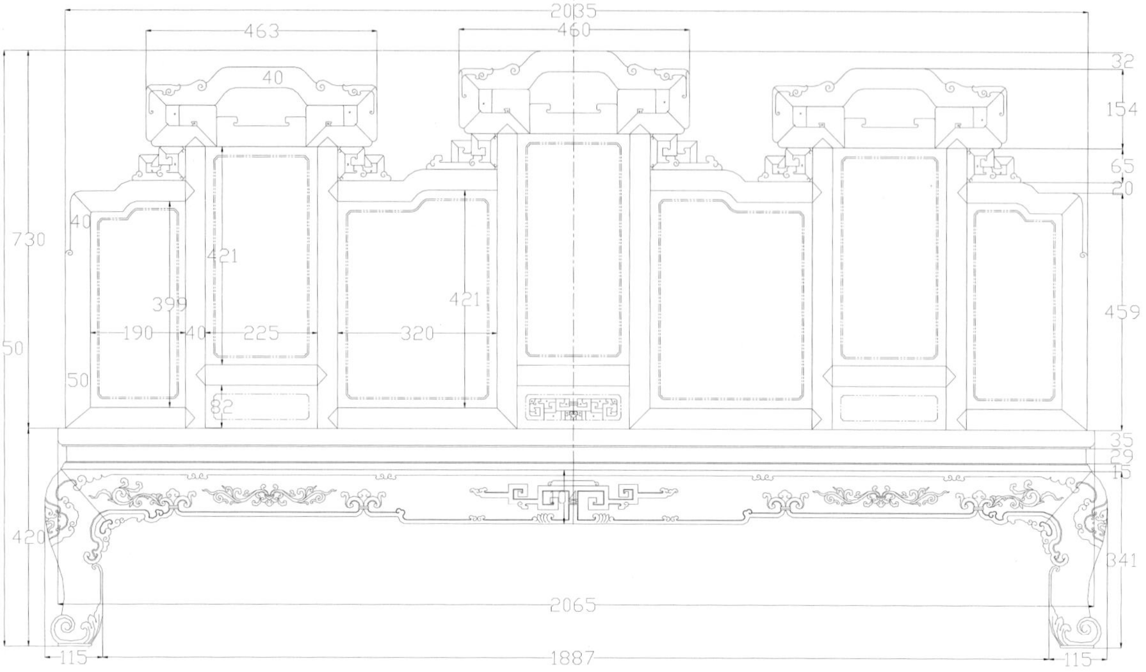

主视图

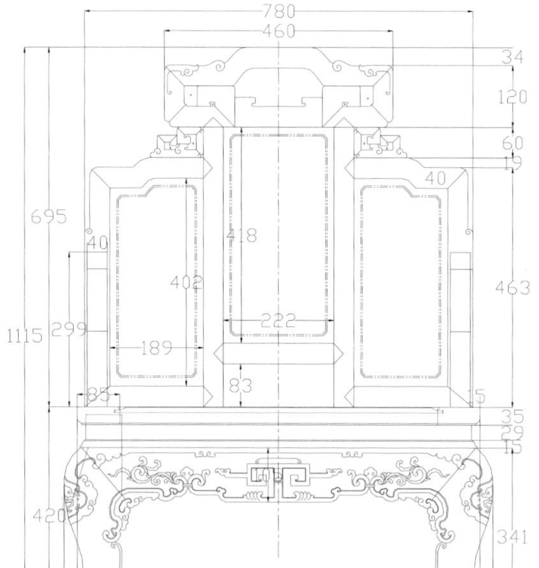

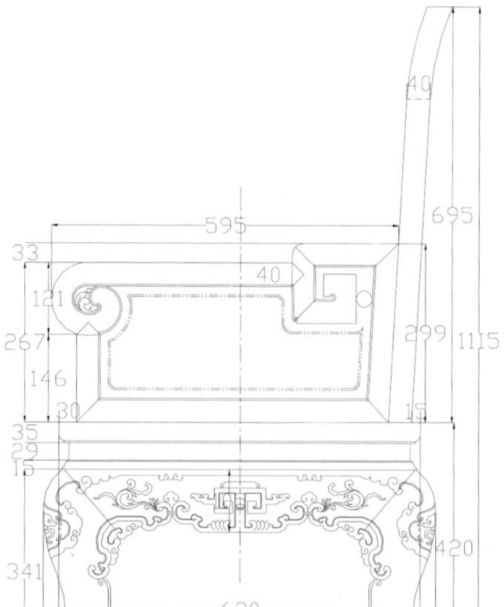

主视图　　左视图

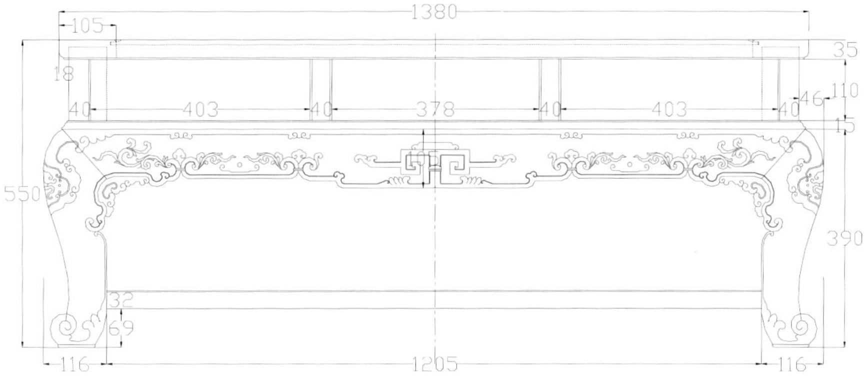

主视图

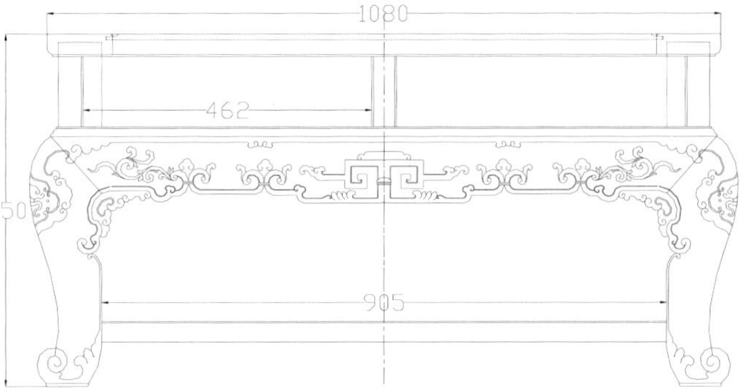

左视图

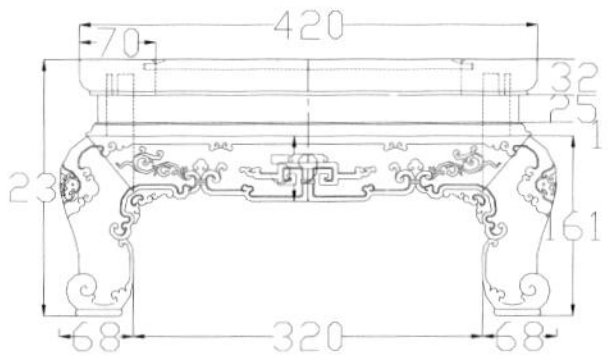

左视图

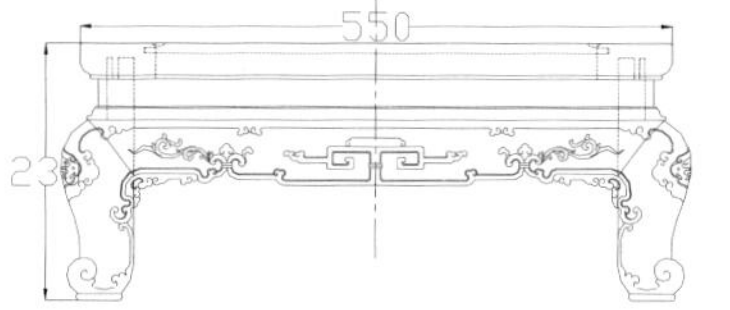

主视图

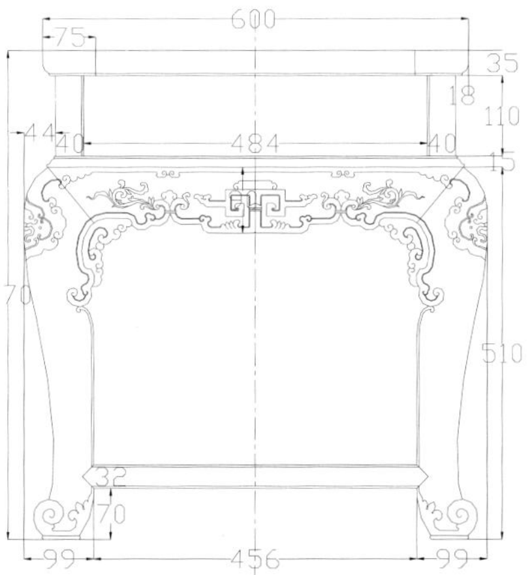

主视图

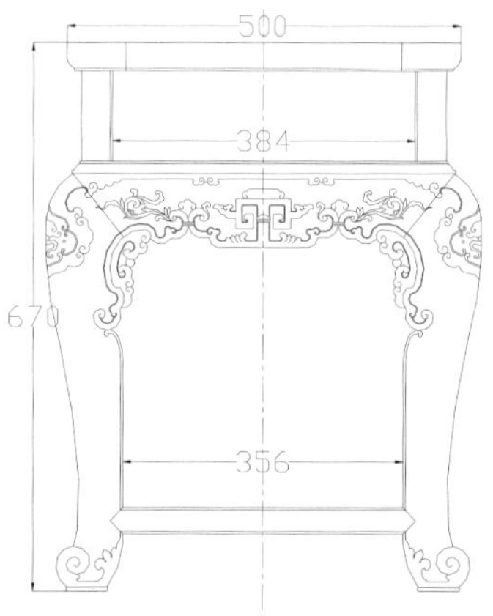

左视图

人物卷书沙发

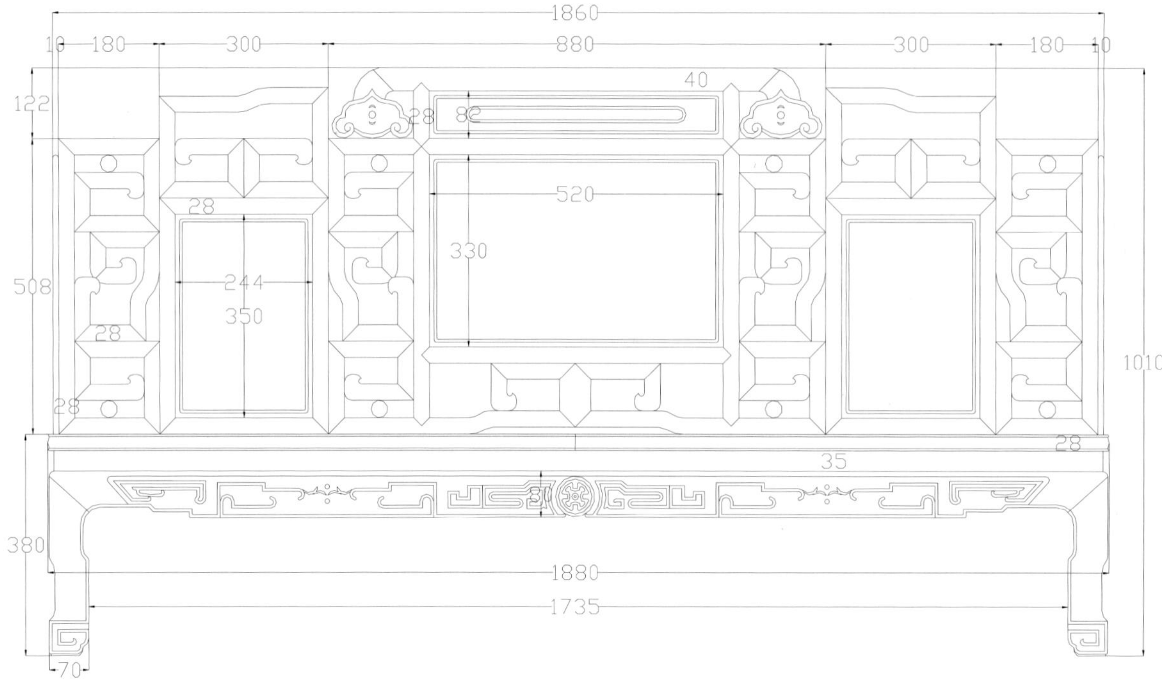

主视图

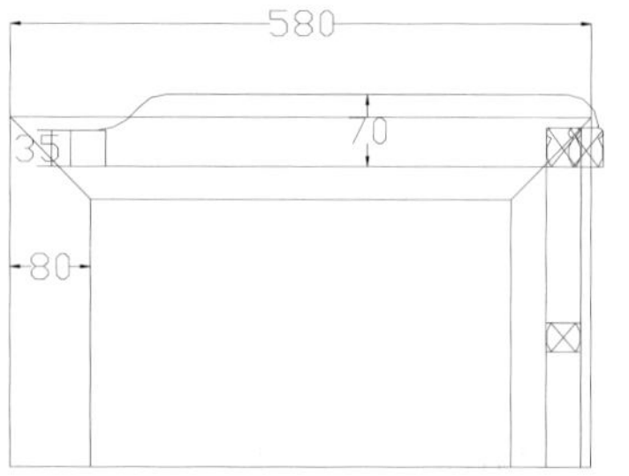

细节图

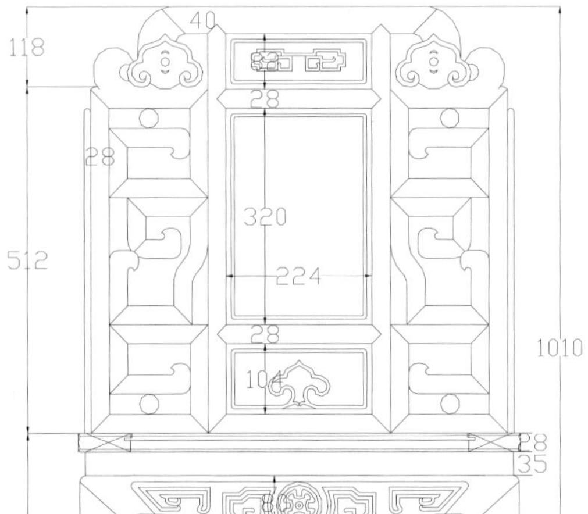

主视图

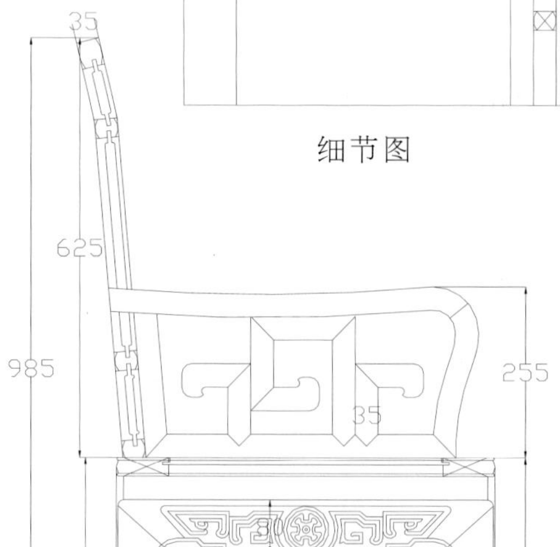

左视图

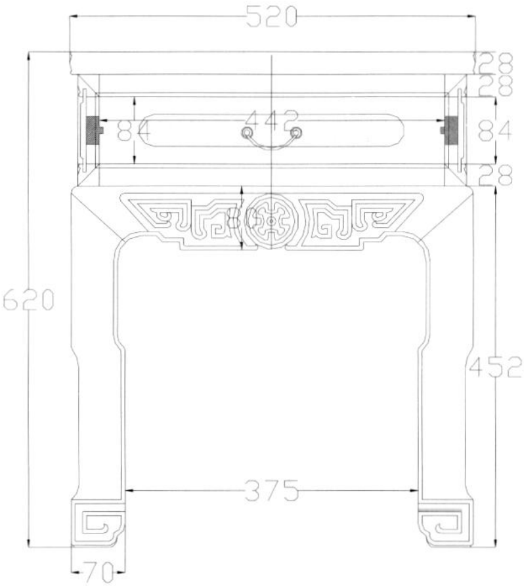

左视图

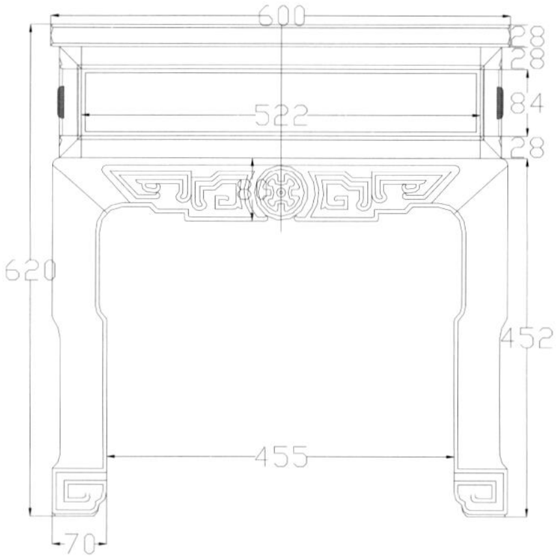

主视图

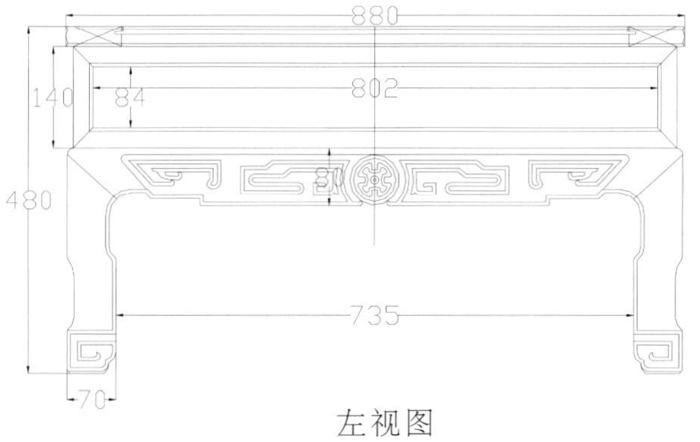

左视图

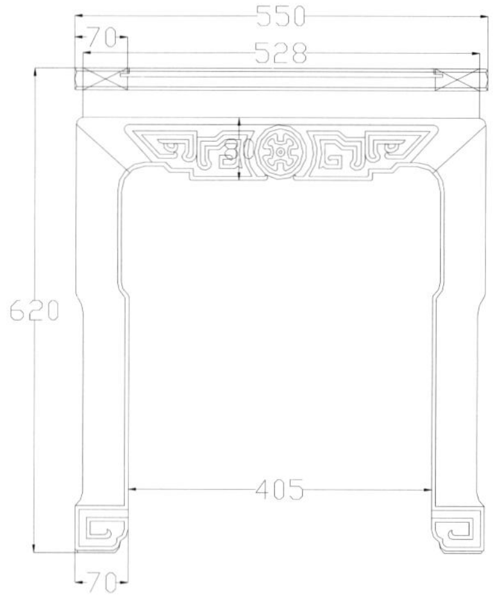

主视图

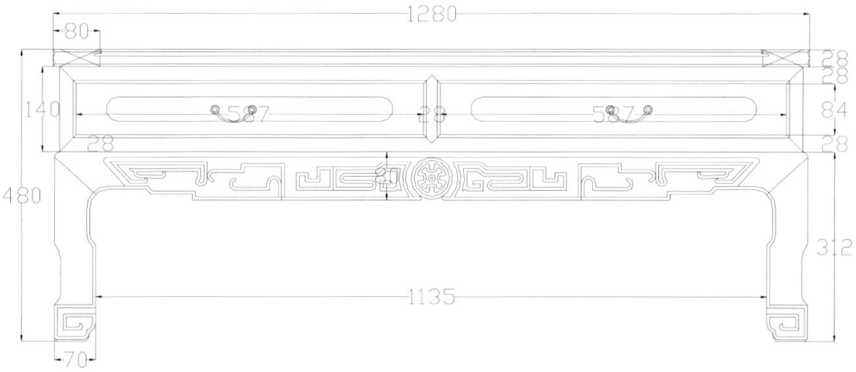

主视图

荣华富贵沙发

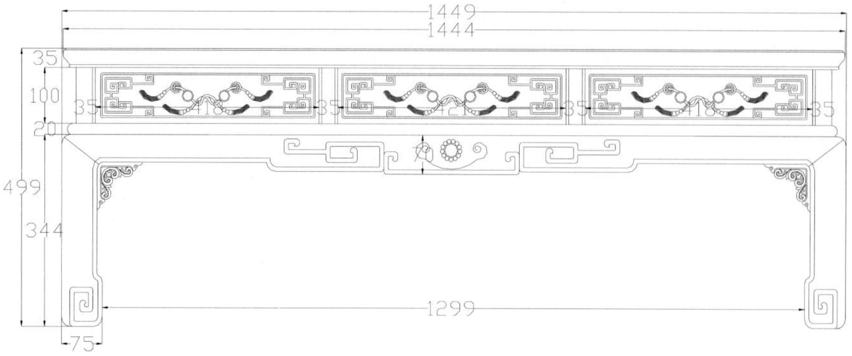

主视图

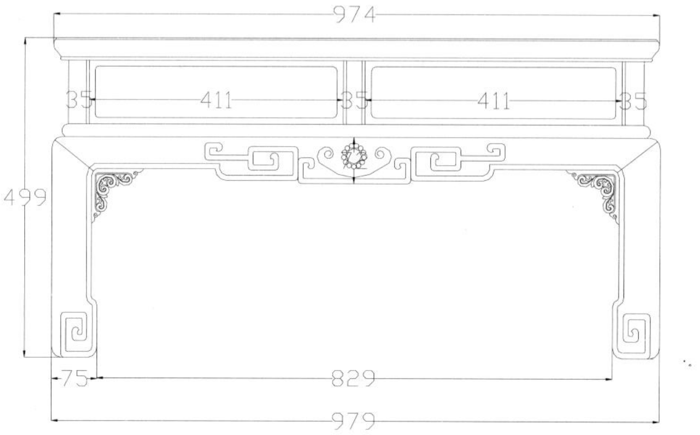

左视图

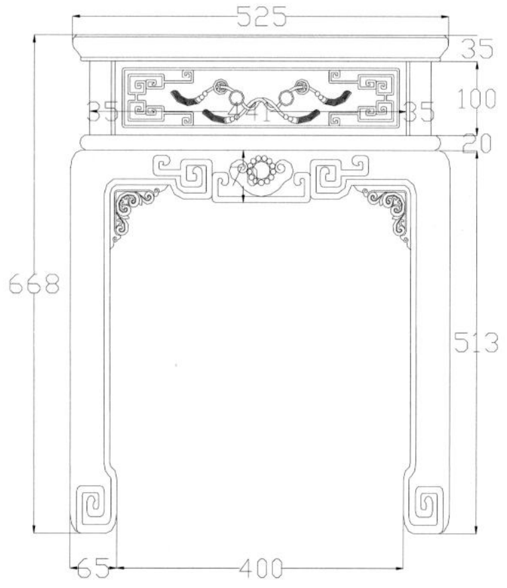

左视图

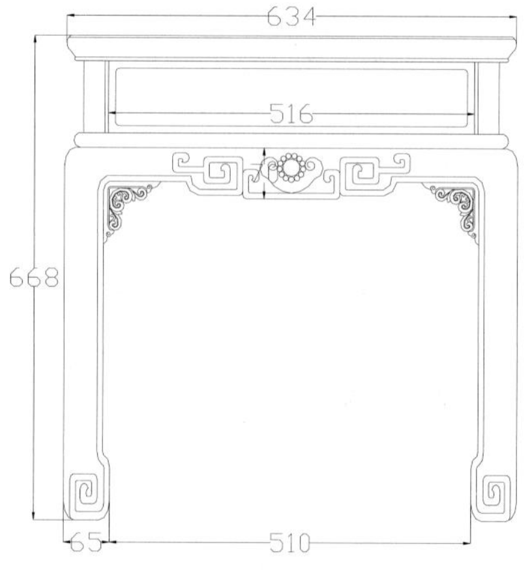

主视图

2110
98
100
35
28
40
40
185
410
410
582
318
1160
200
28
28
60
28
780
35
25
20
380
300
2150
75
2000

主视图

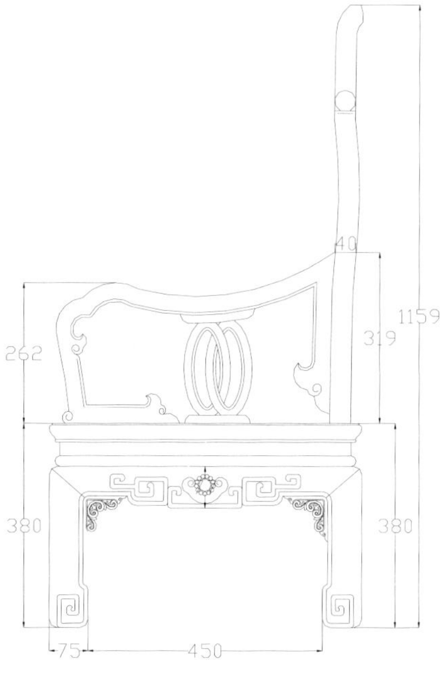
40
1159
262
319
380
380
75
450

左视图

20
40
60
28
780
185
410
318
1160
210
28
28
28
60
28
35
25
20
380
300
75
620

主视图

如意耳沙发

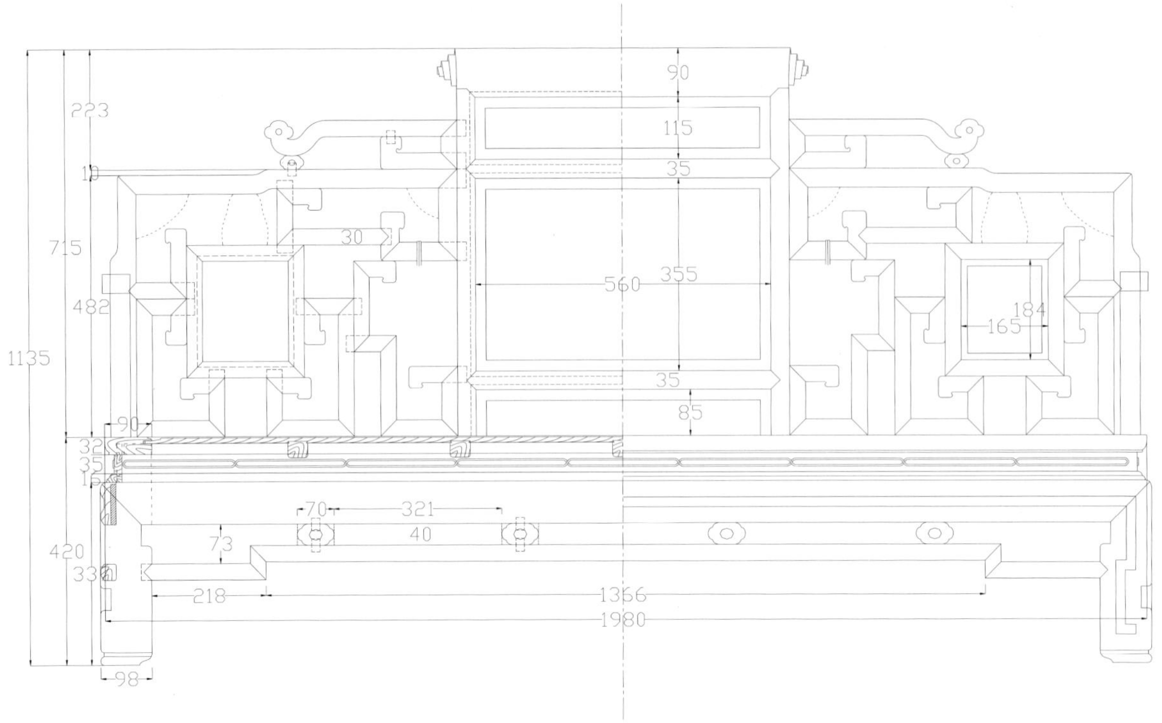

主视图

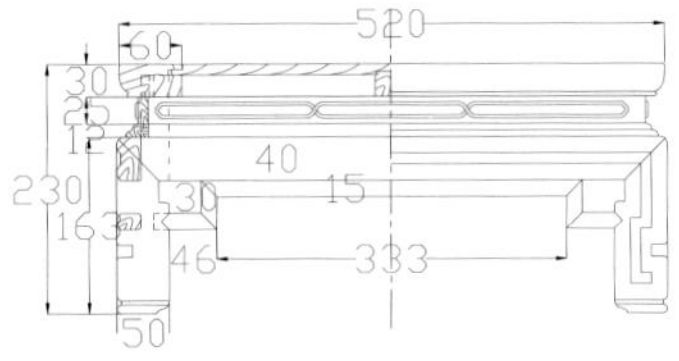

主视图

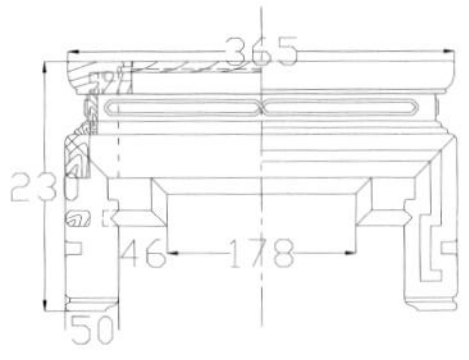

左视图

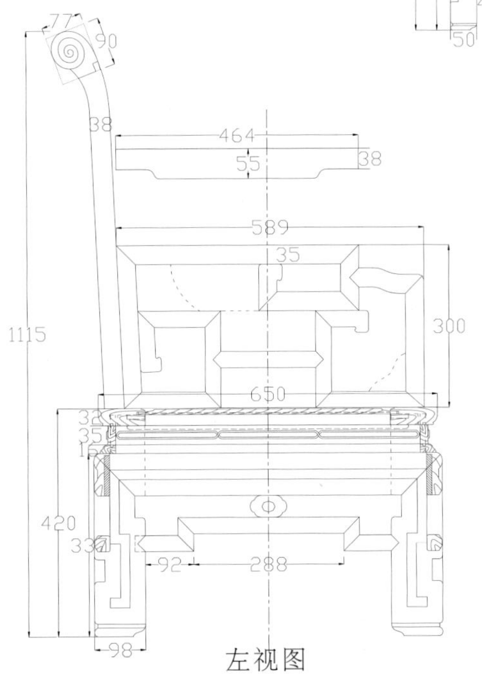

左视图

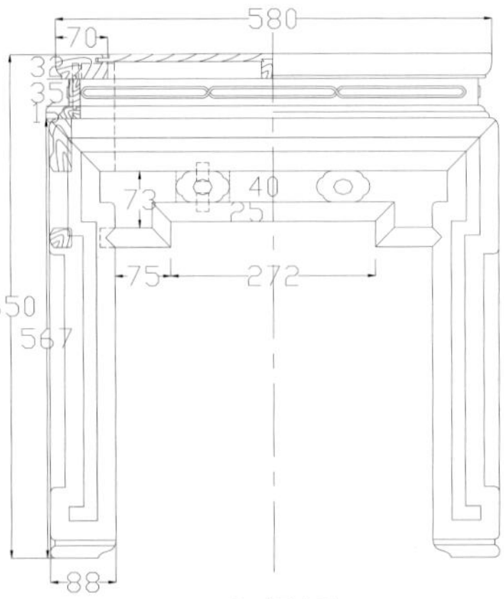

主视图

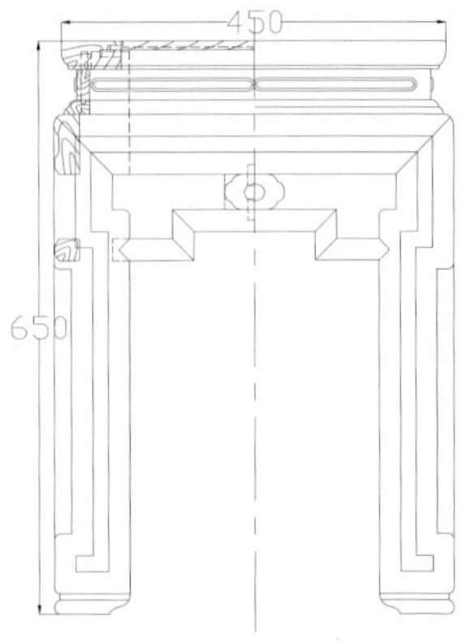

左视图

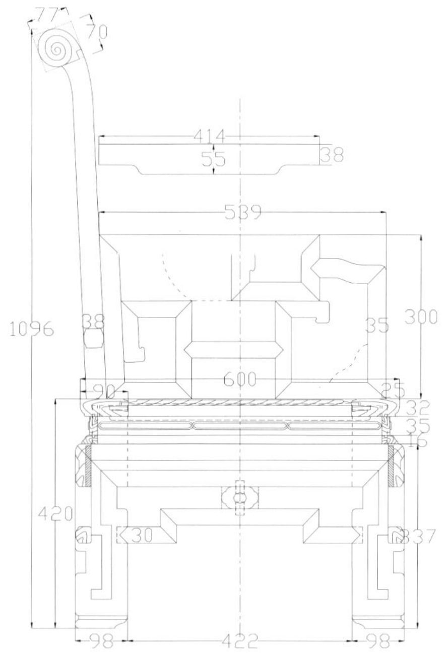

左视图

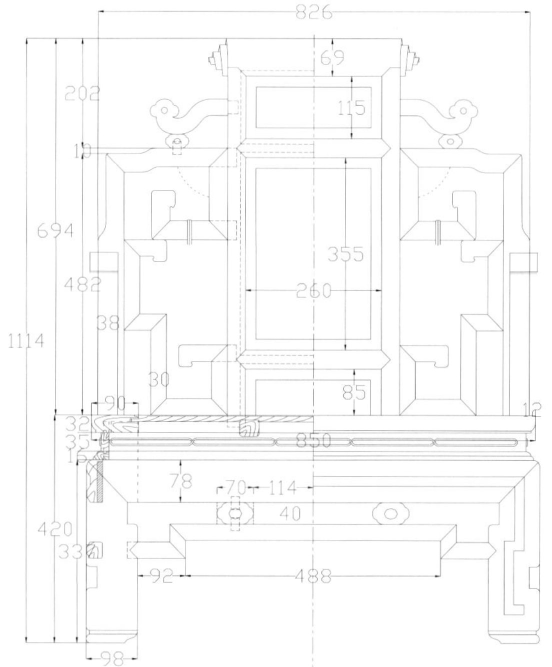

主视图

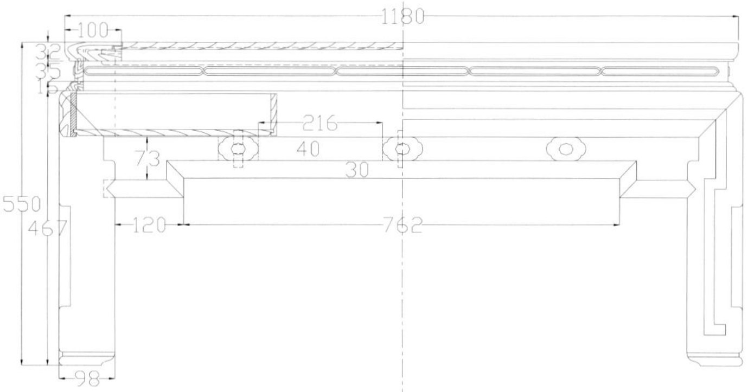

左视图

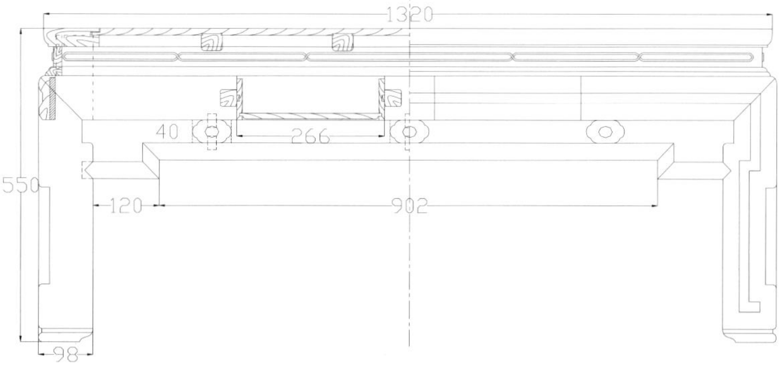

主视图

新中式如意沙发套件

主视图

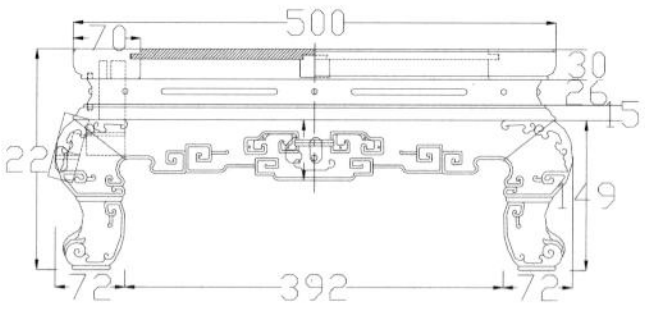

主视图

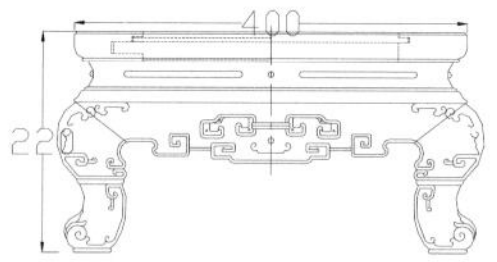

左视图

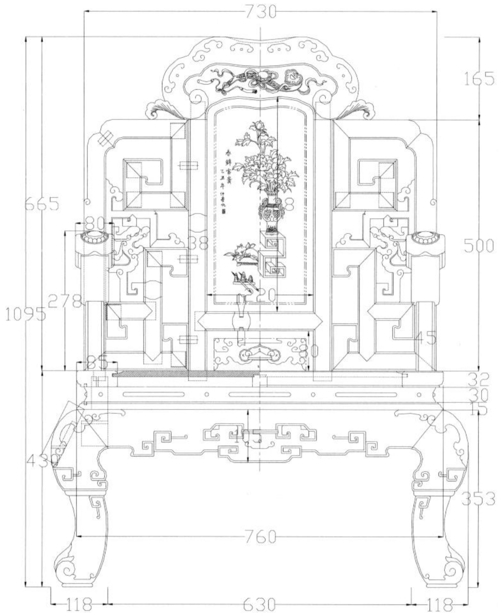

主视图

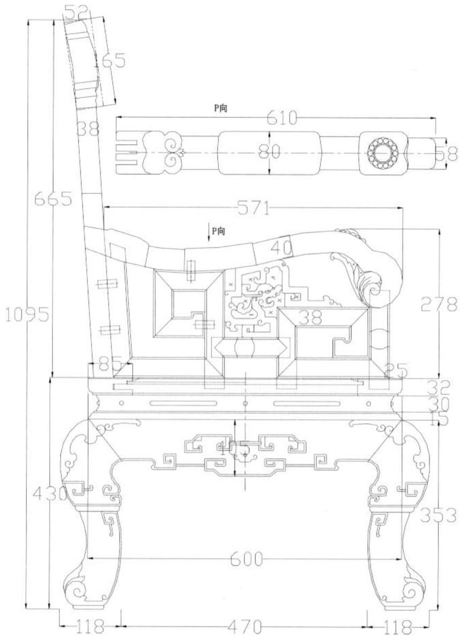

左视图

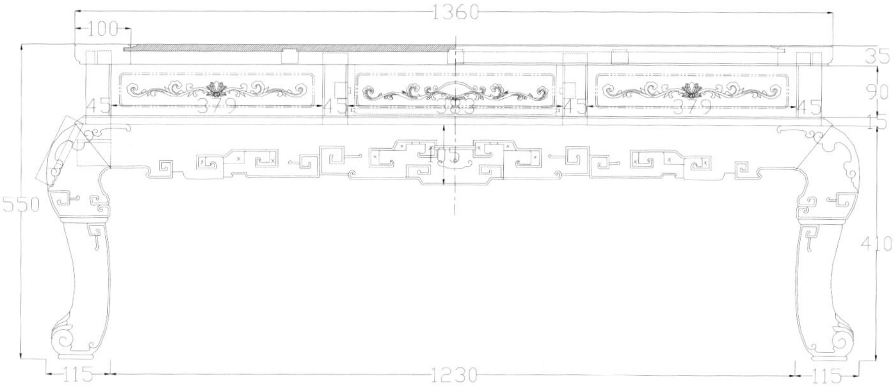

主视图

左视图

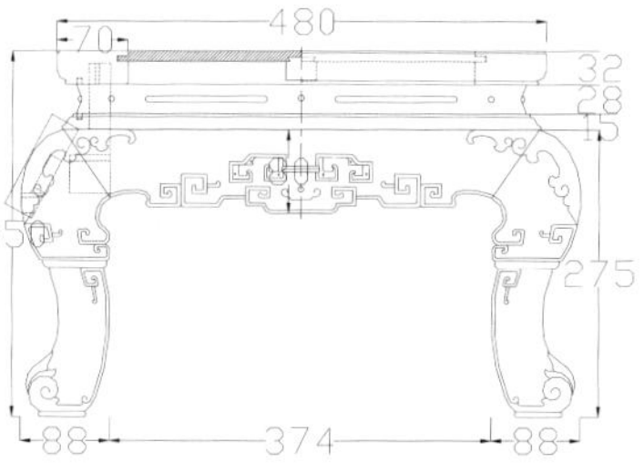

主视图

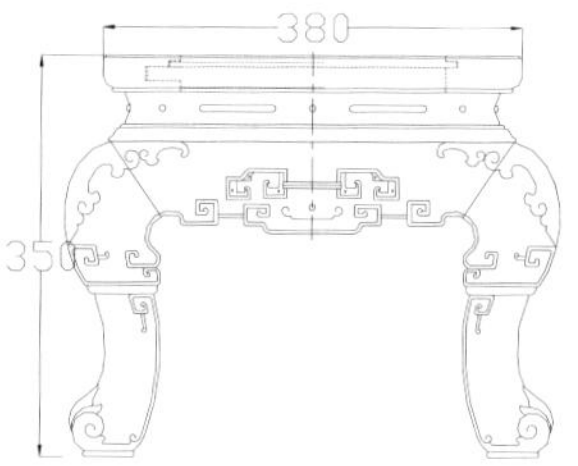

左视图

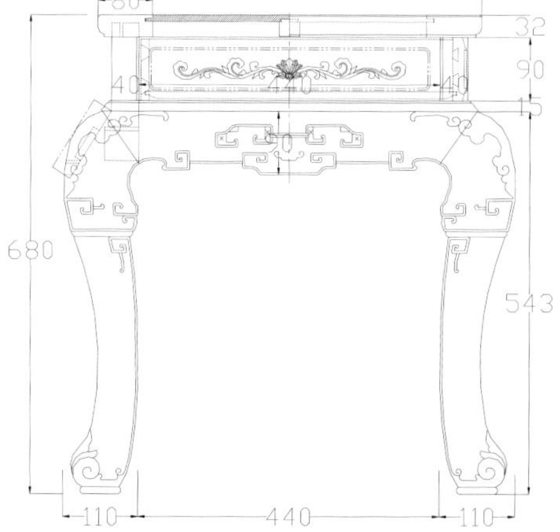

主视图

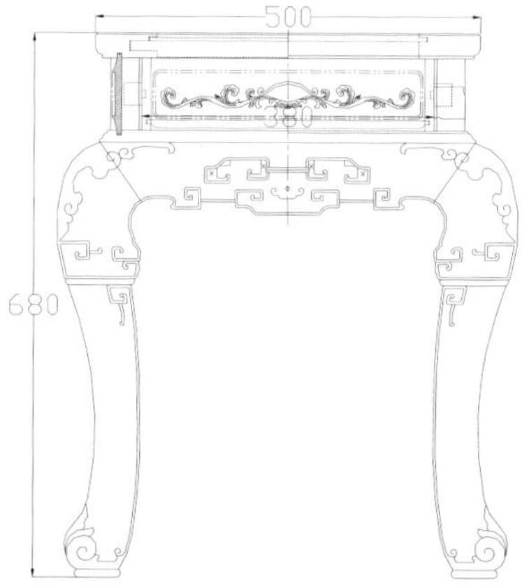

左视图

盛世宝鼎沙发

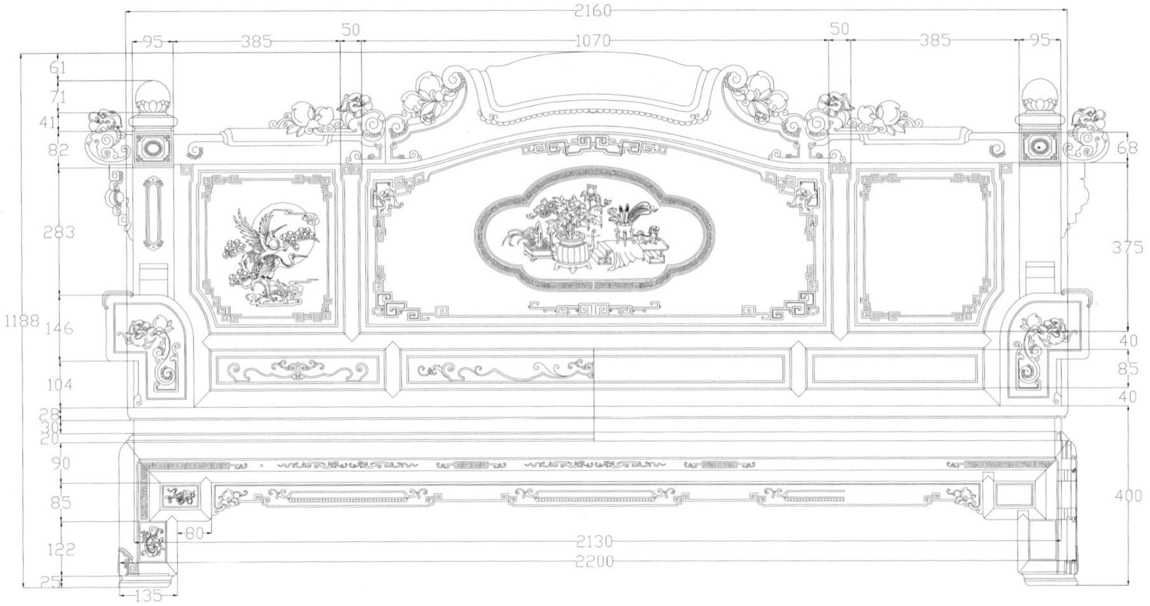

主视图

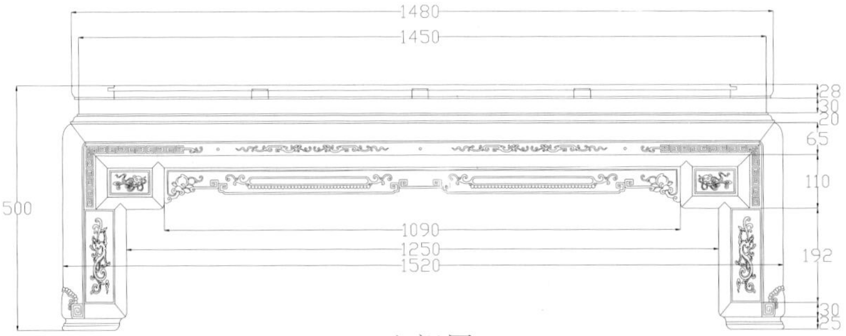

主视图

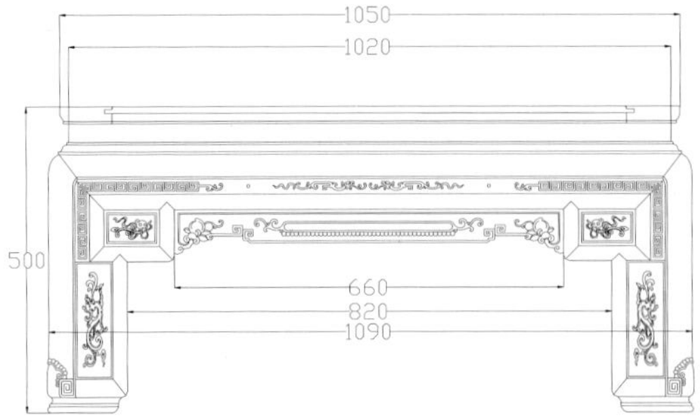

左视图

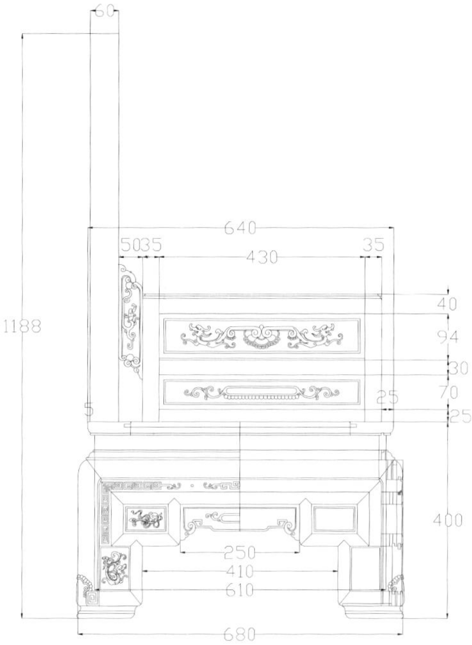

左视图

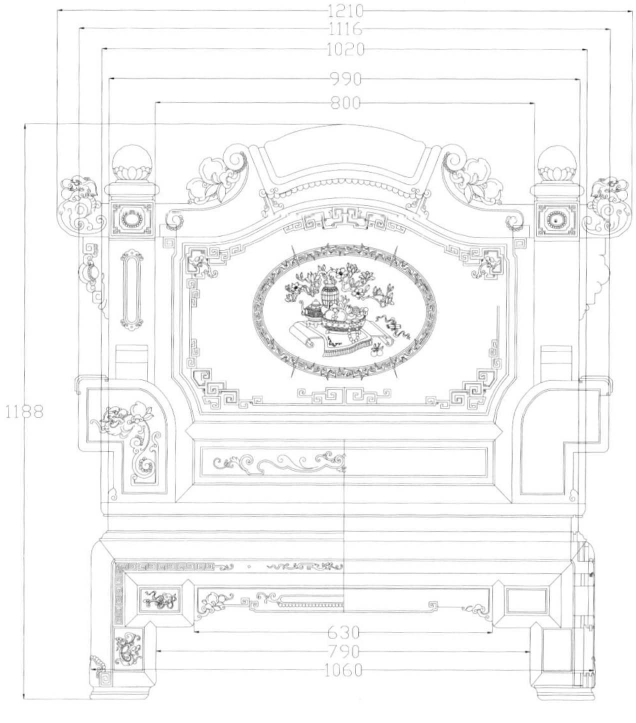

主视图

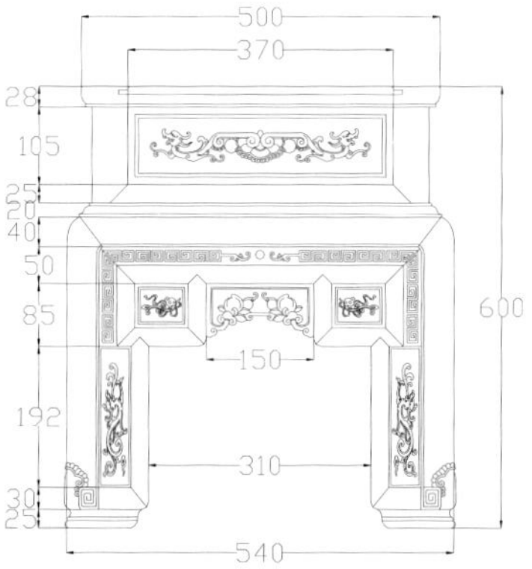

左视图

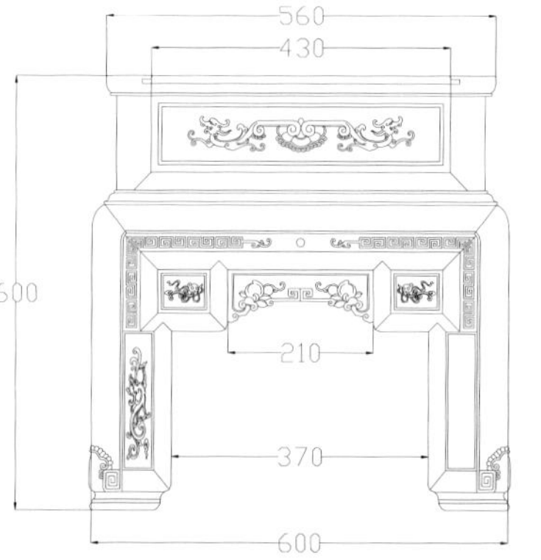

主视图

新中式寿字沙发

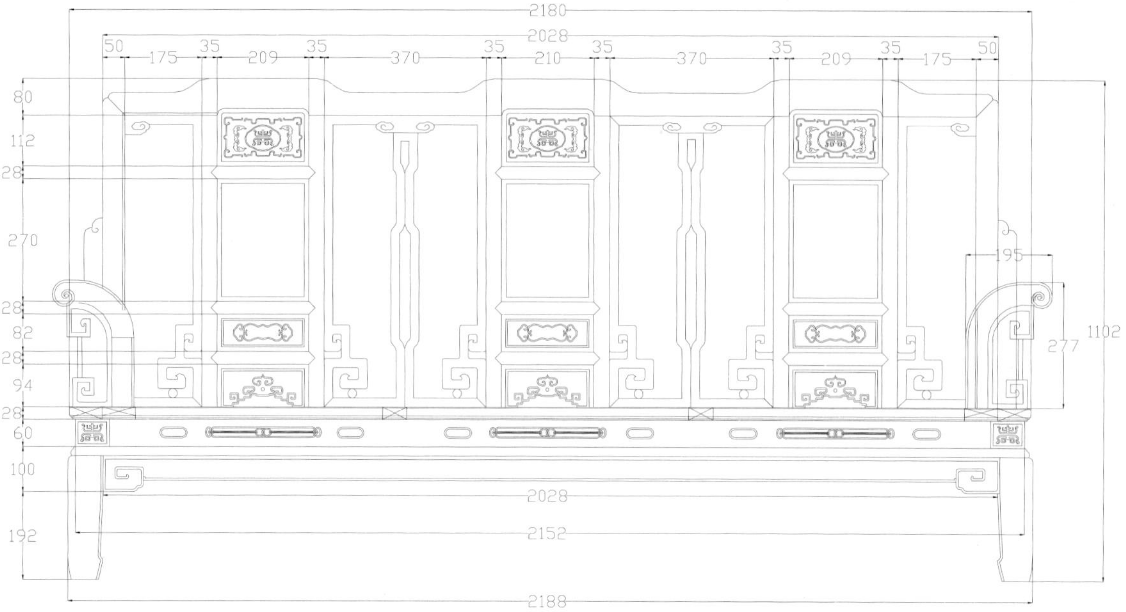

主视图

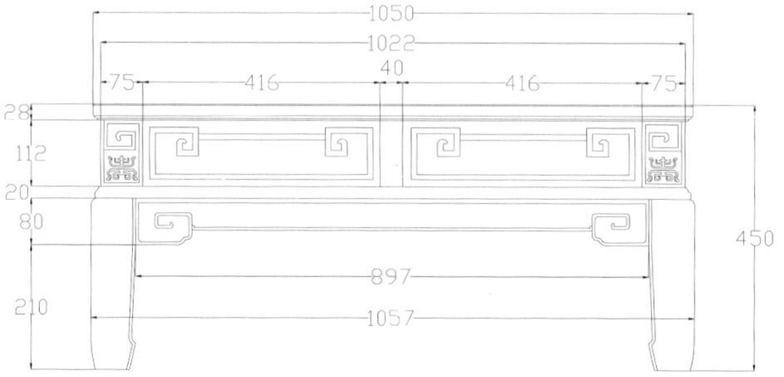

左视图

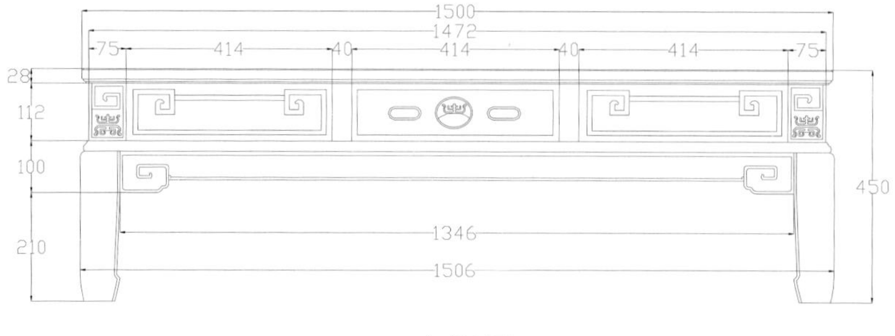

主视图

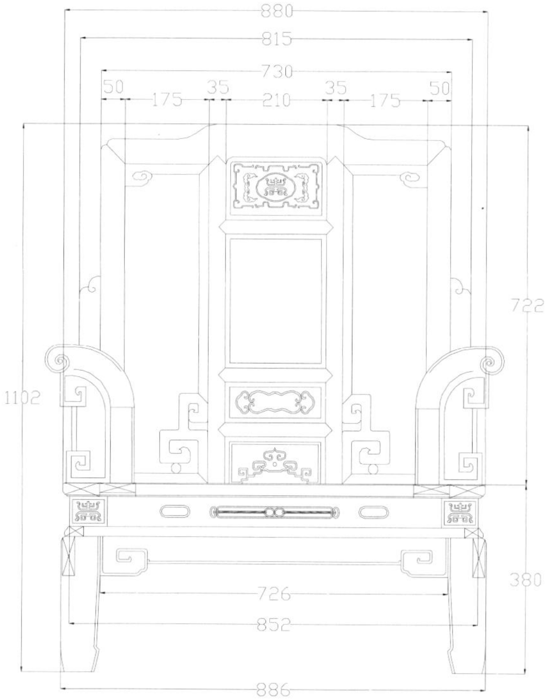
880
815
730
50
175
35
210
35
175
50
722
1102
380
726
852
886

主视图

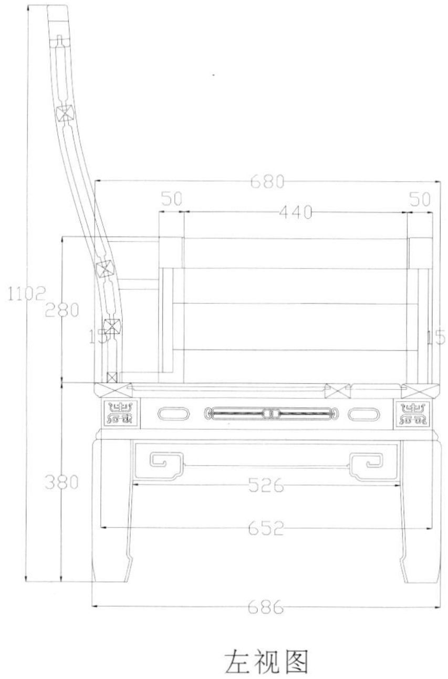
680
50
440
50
1102
280
15
15
380
526
652
686

左视图

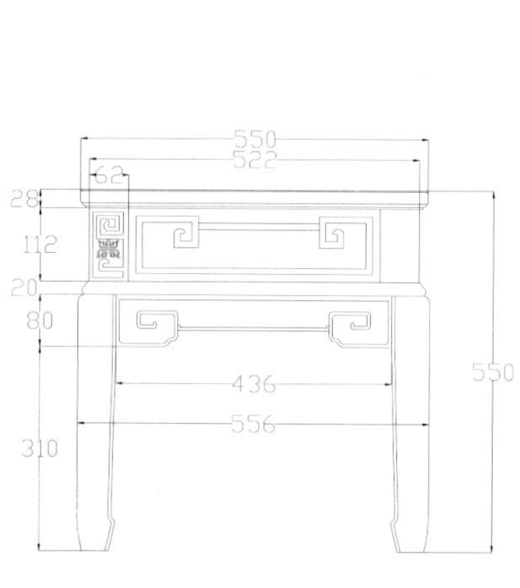
550
522
62
28
112
20
80
550
436
556
310

主视图

新中式双龙戏珠沙发

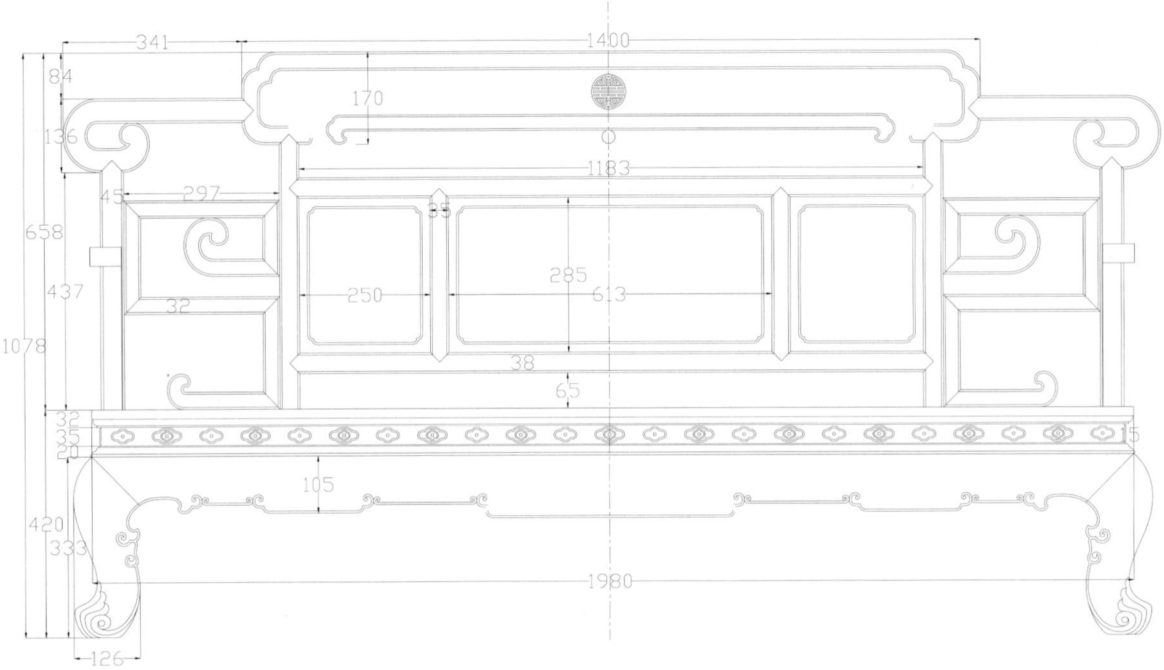

主视图

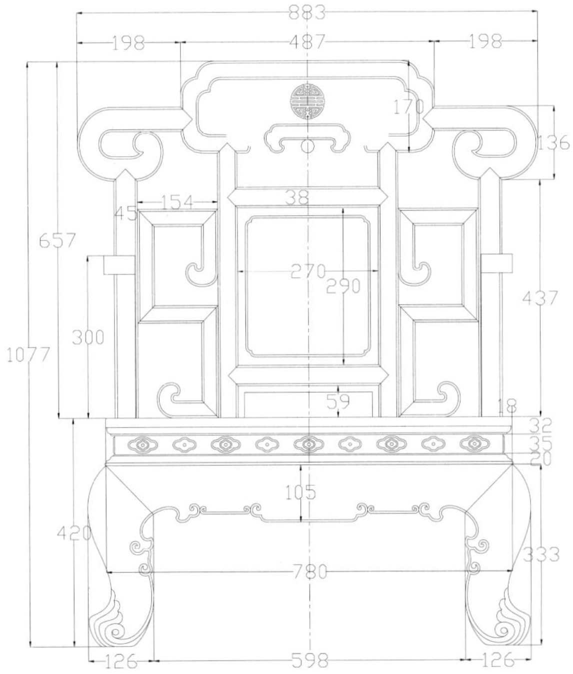

主视图

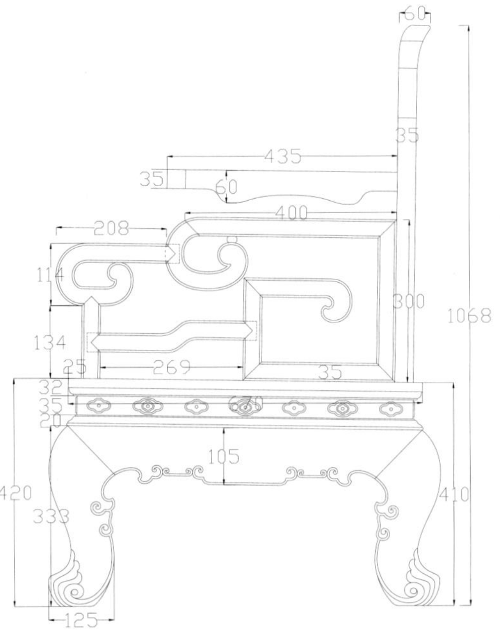

右视图

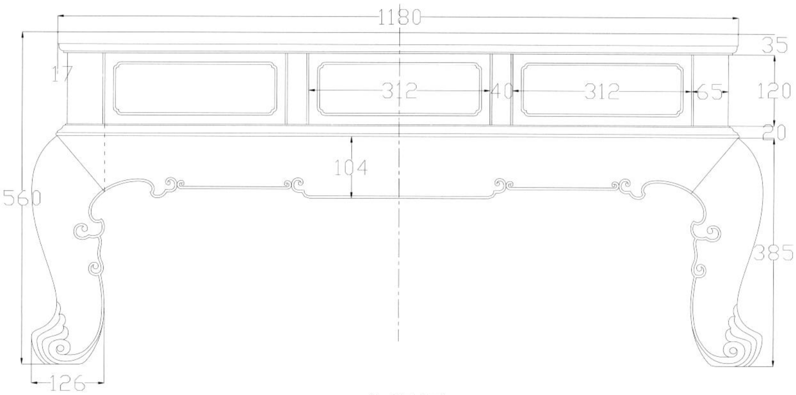

主视图

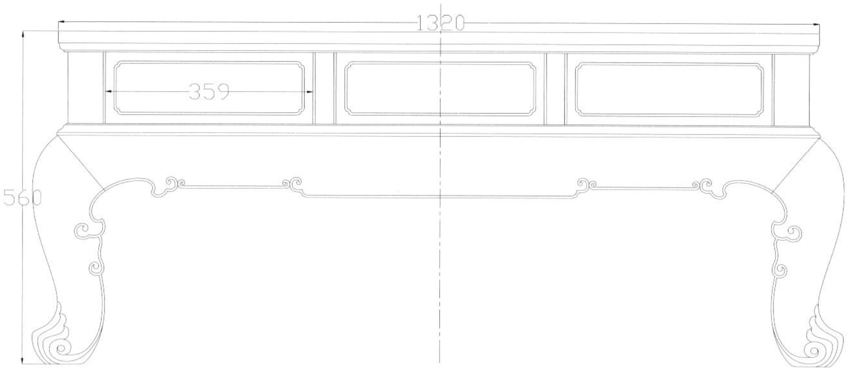

左视图

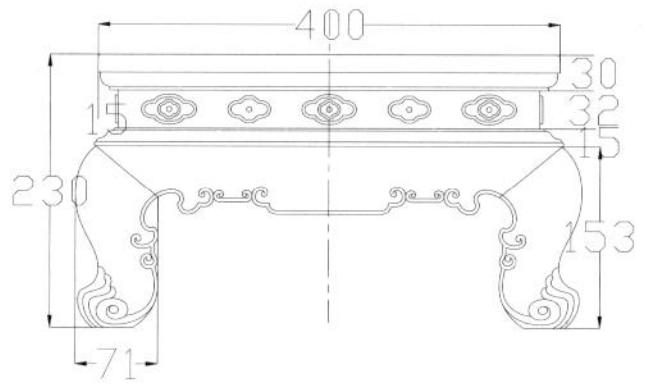

左视图

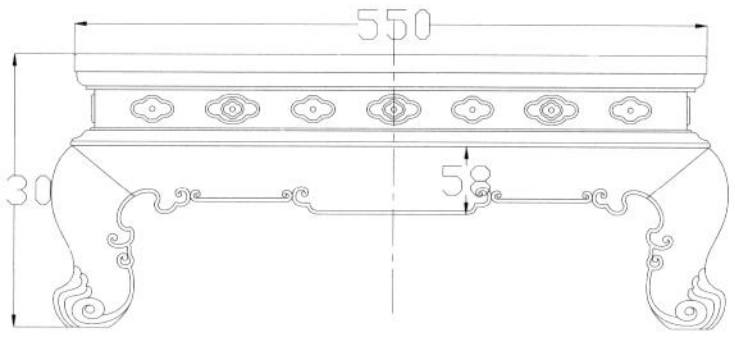

主视图

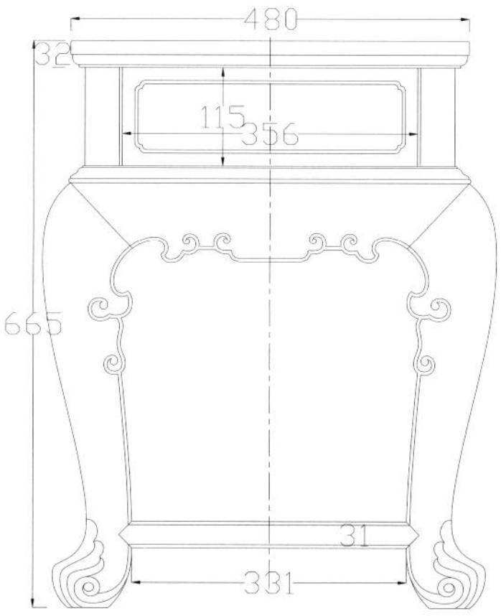

左视图

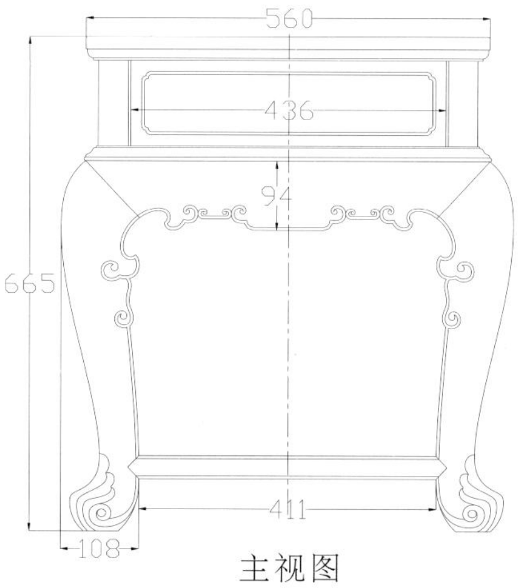

主视图

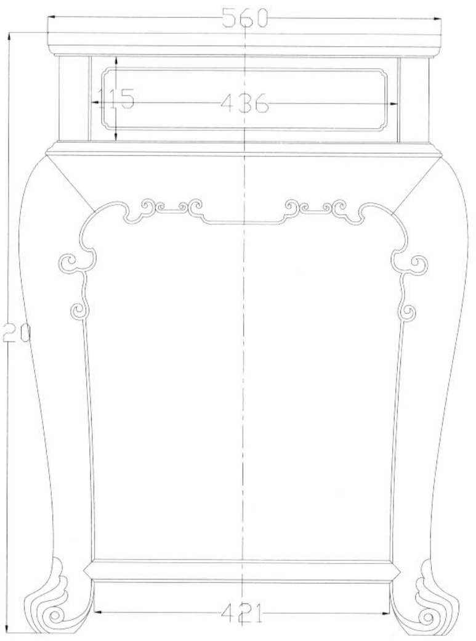

主视图

新中式双狮沙发

主视图

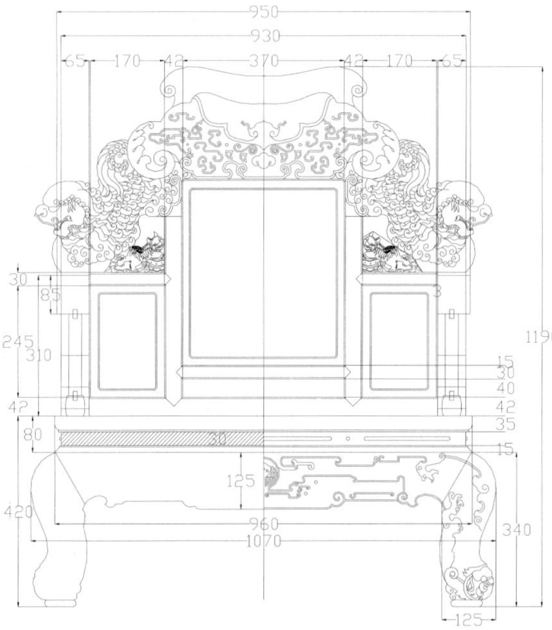

主视图

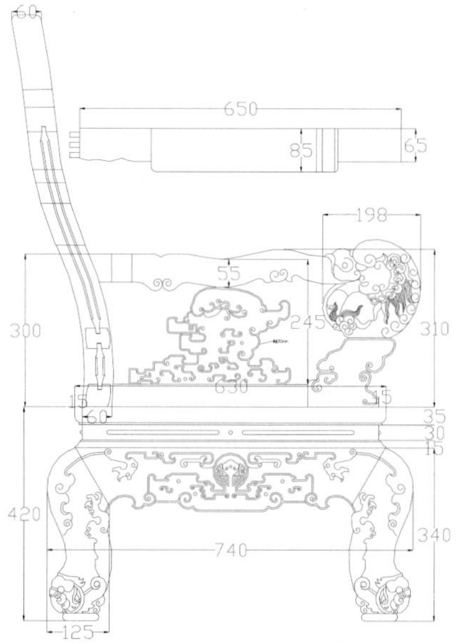

左视图

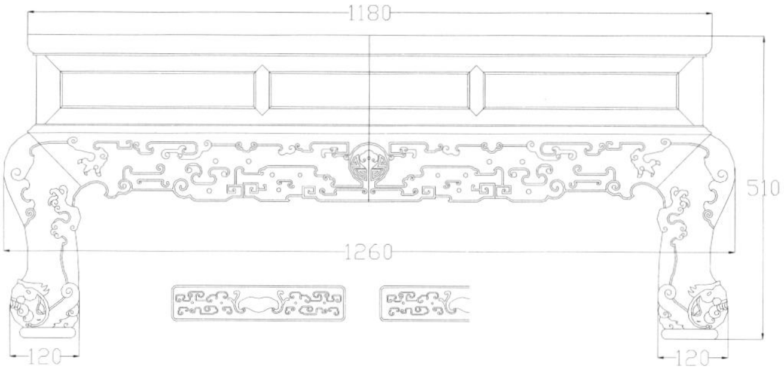

左视图

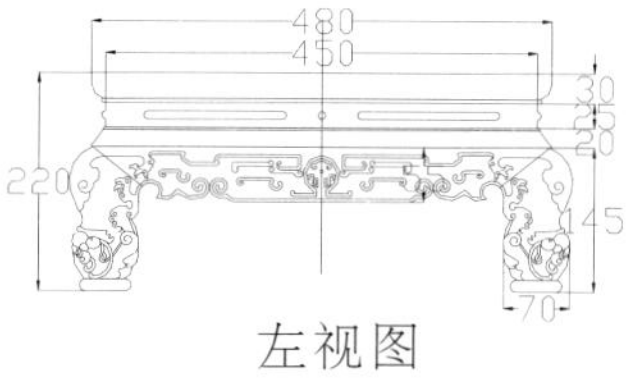

左视图

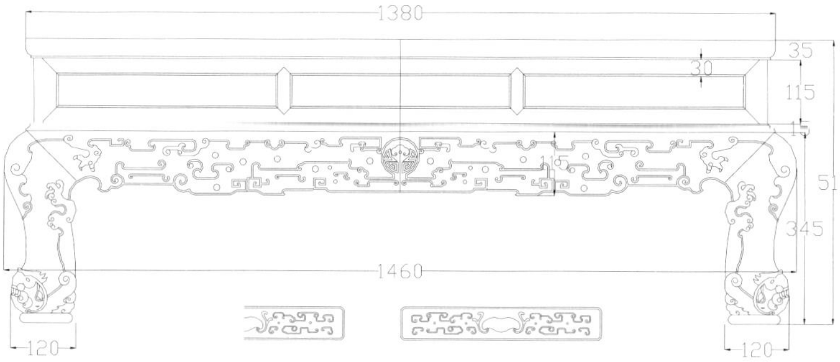

主视图

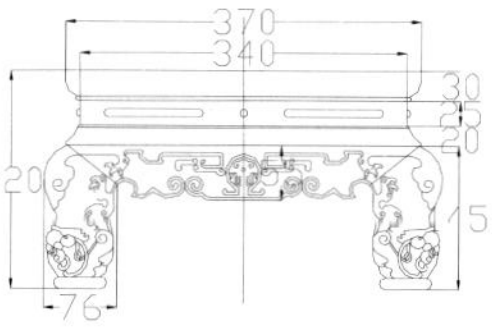

主视图

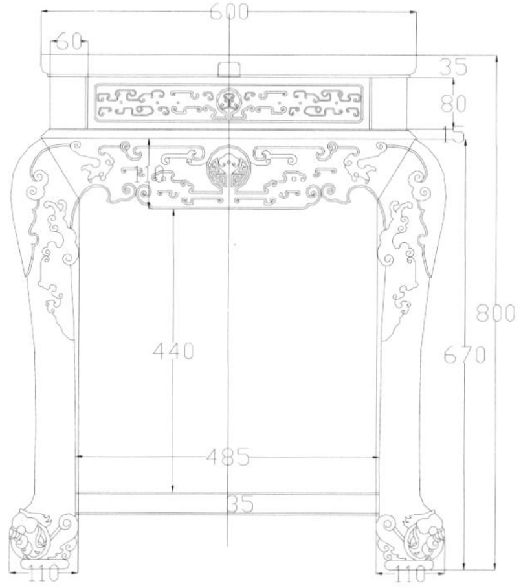

主视图

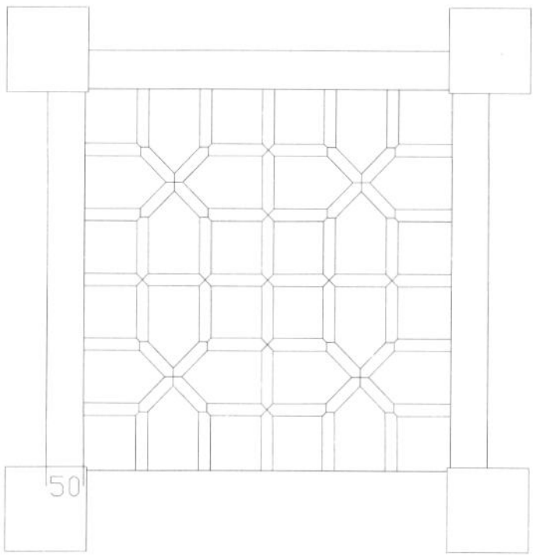

俯视图

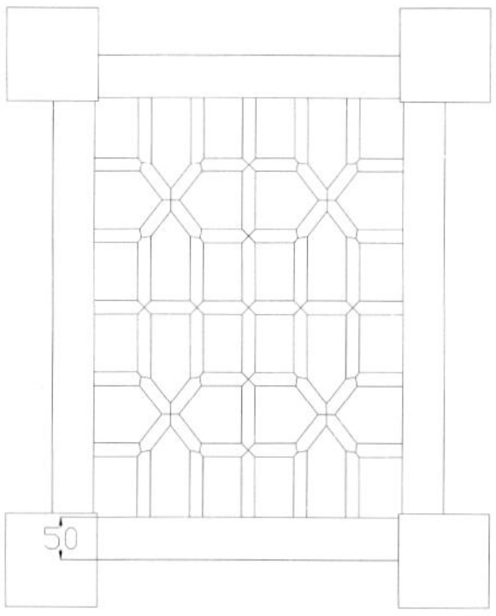

俯视图

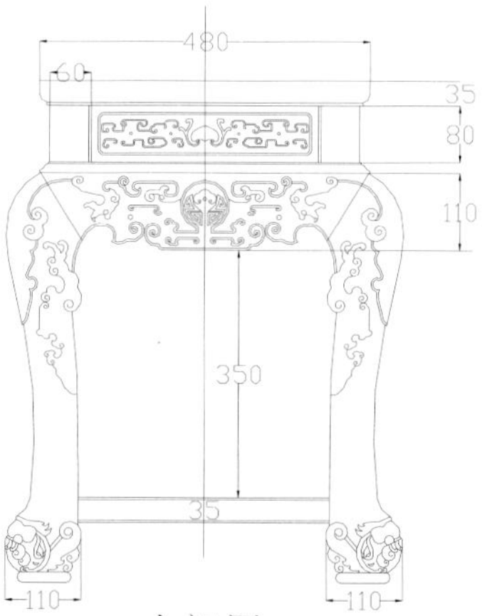

左视图

主视图

松鹤延年沙发

主视图

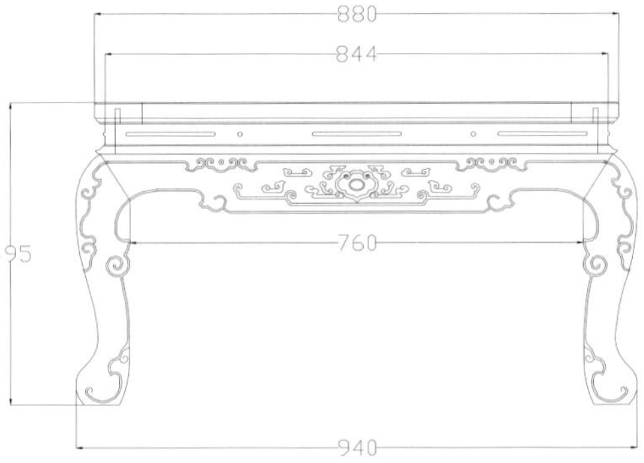

左视图

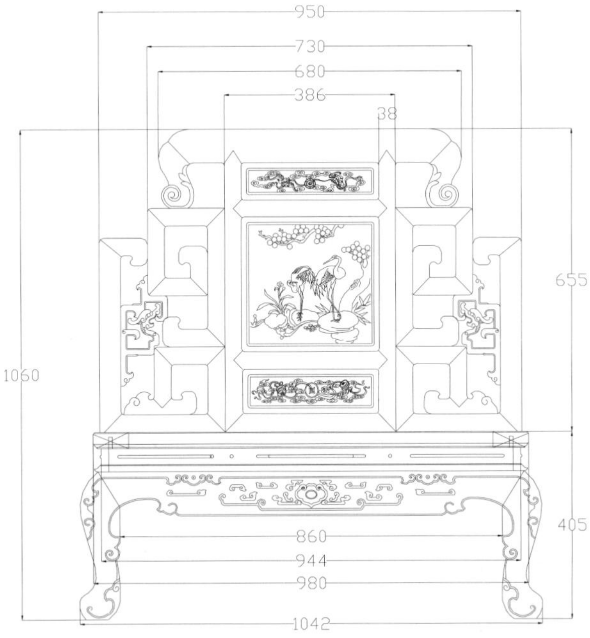

主视图

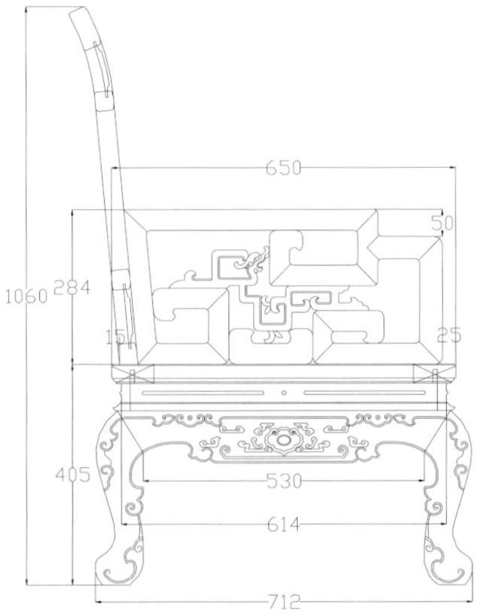

左视图

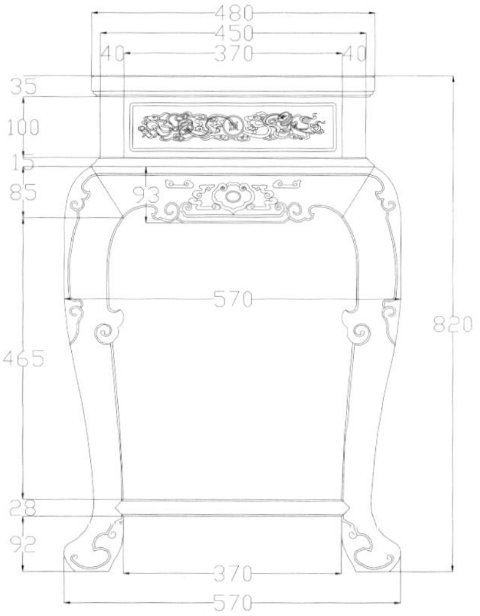

左视图

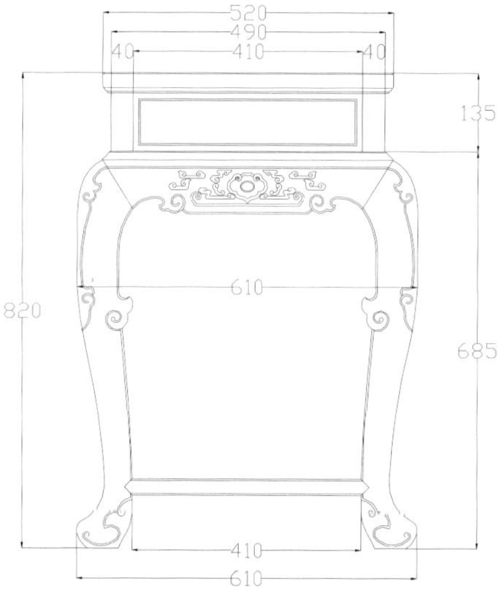

主视图

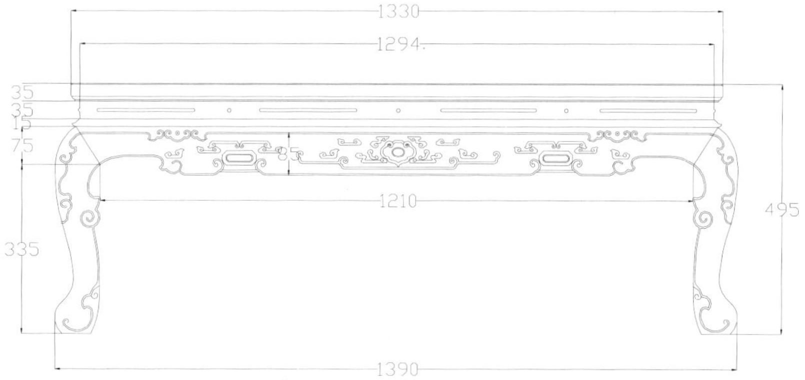

主视图

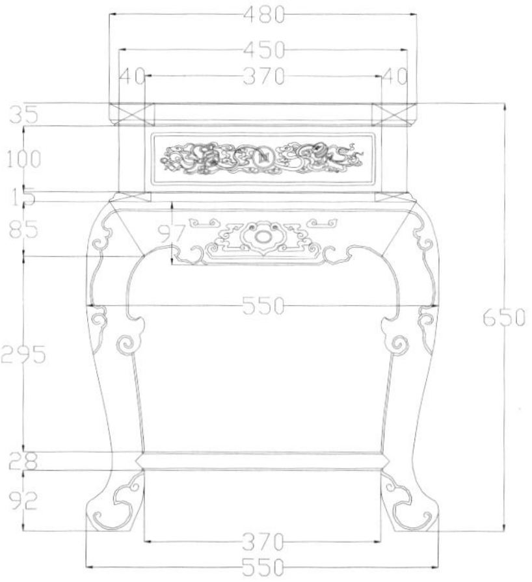

左视图

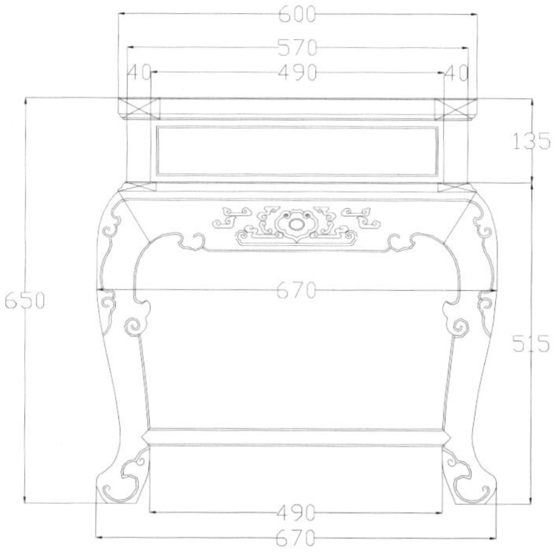

主视图

五福卷书沙发

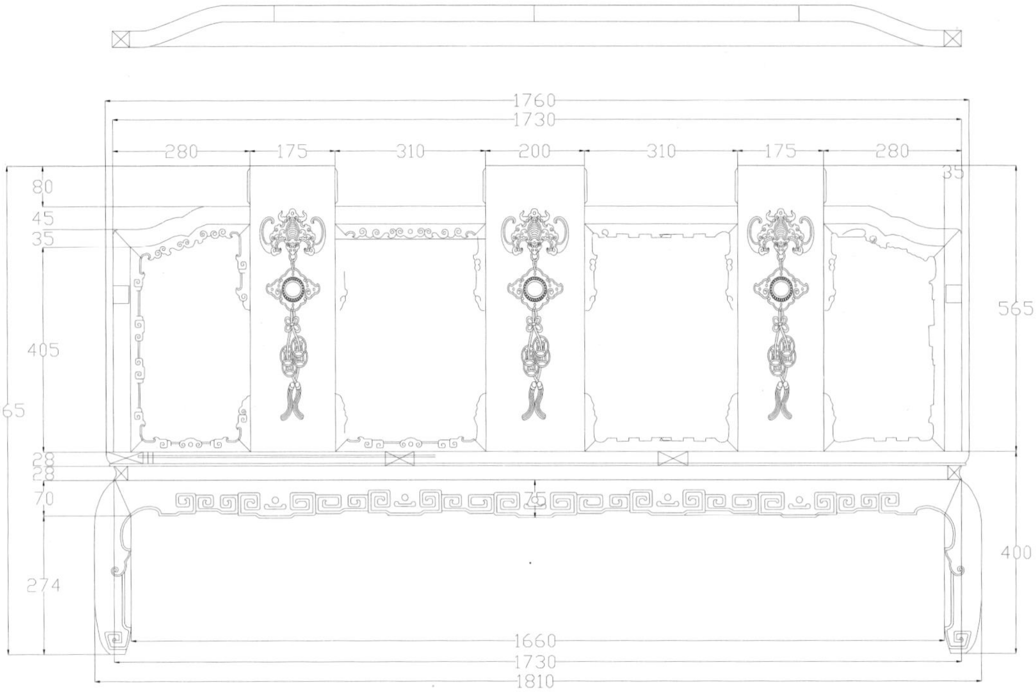

主视图

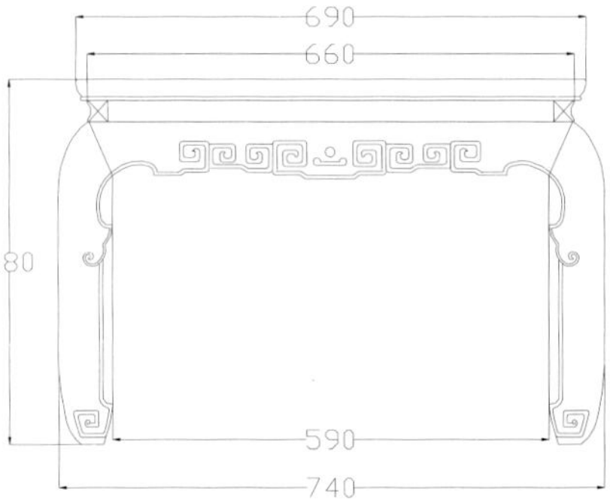

左视图

主视图

主视图

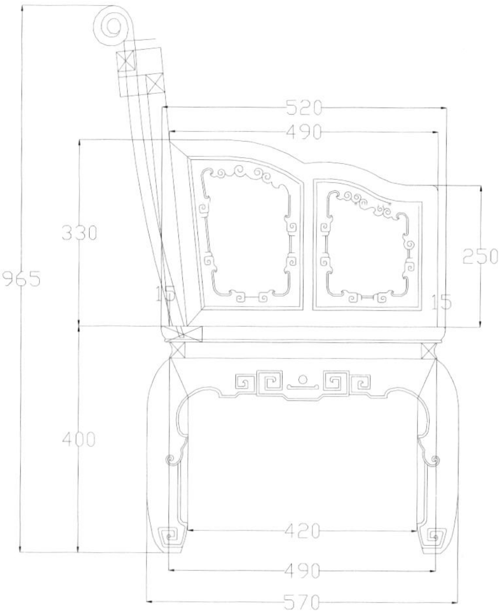

左视图

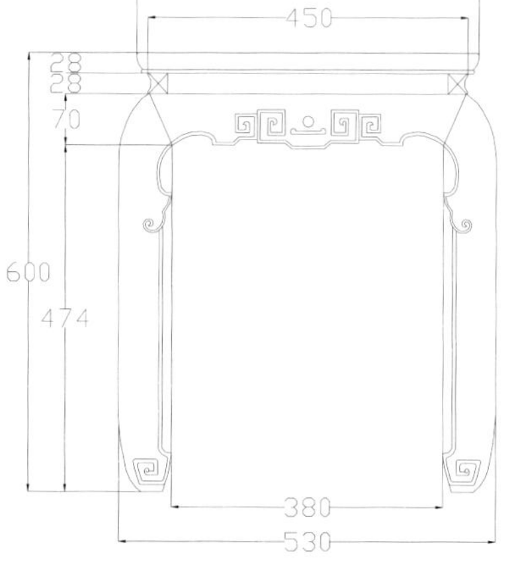

左视图

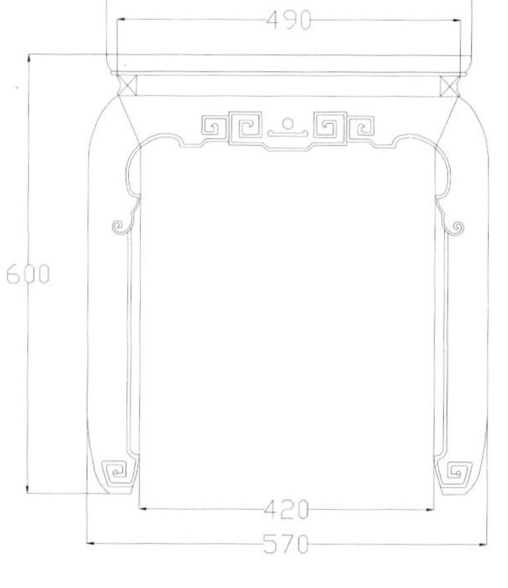

主视图

清式五福捧寿沙发

主视图

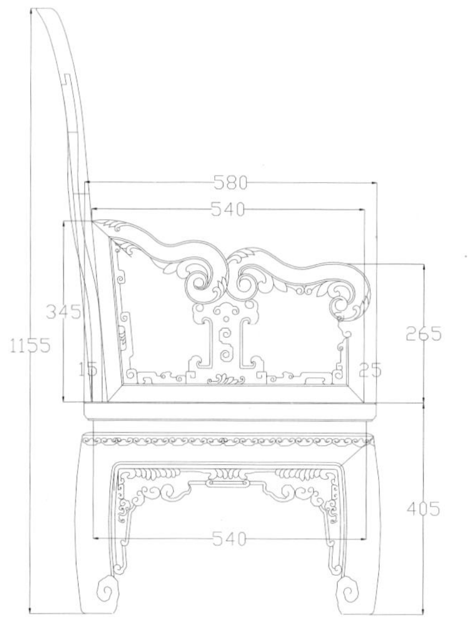

左视图

主视图

主视图

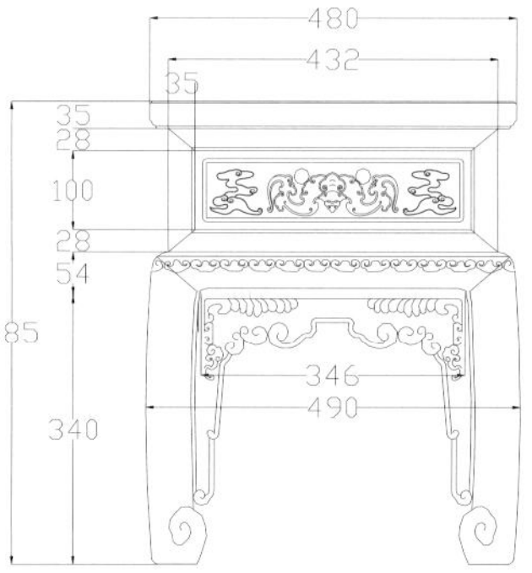

左视图

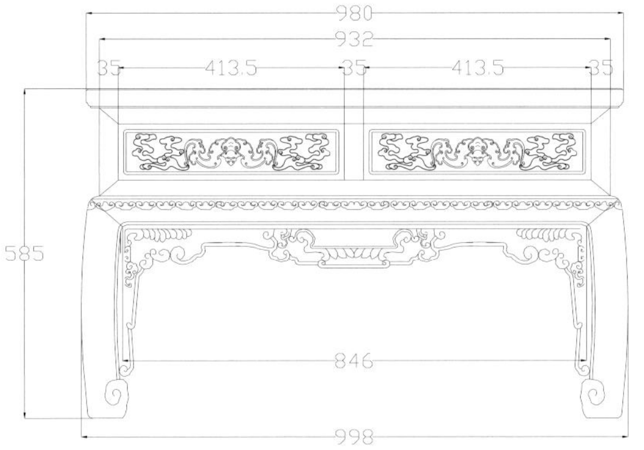

主视图

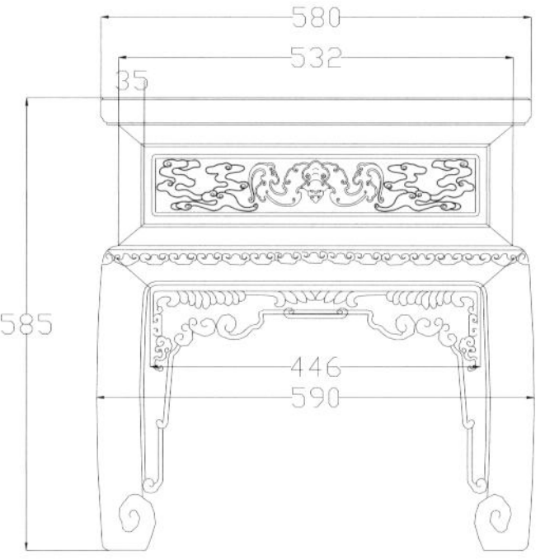

左视图

清式五福沙发

主视图

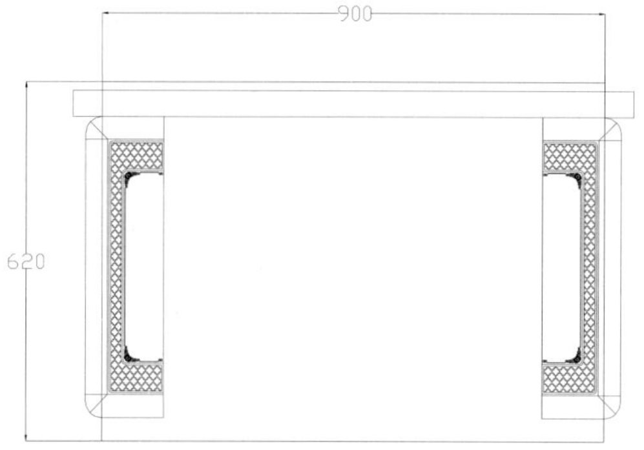

俯视图

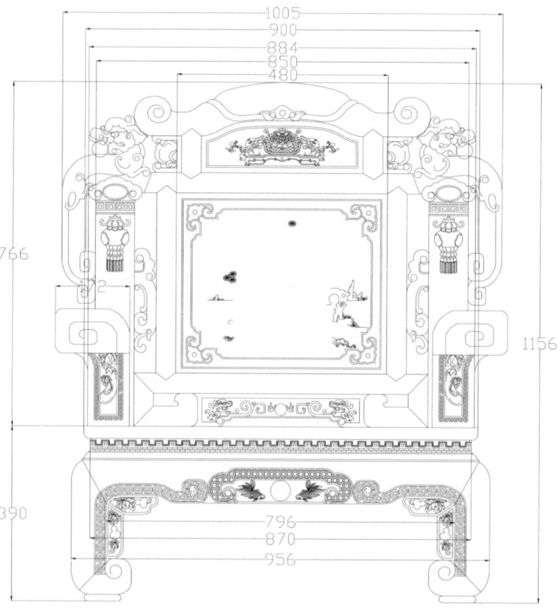

主视图

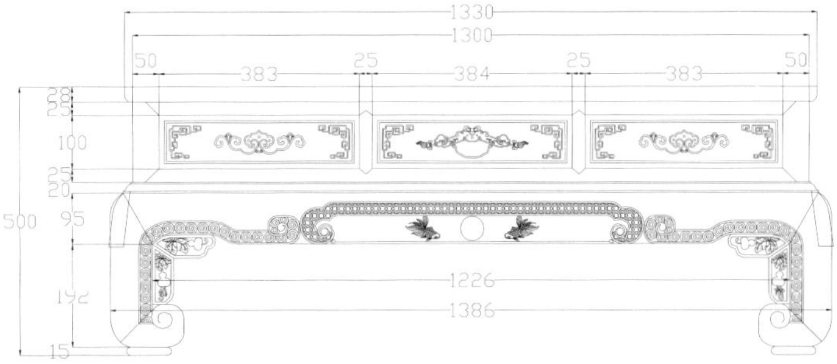

主视图

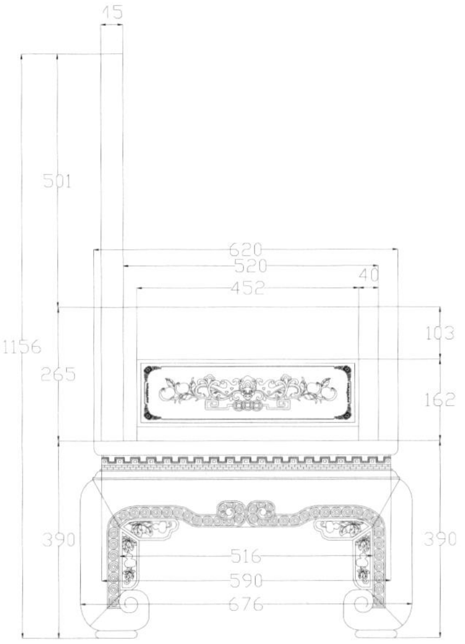

左视图

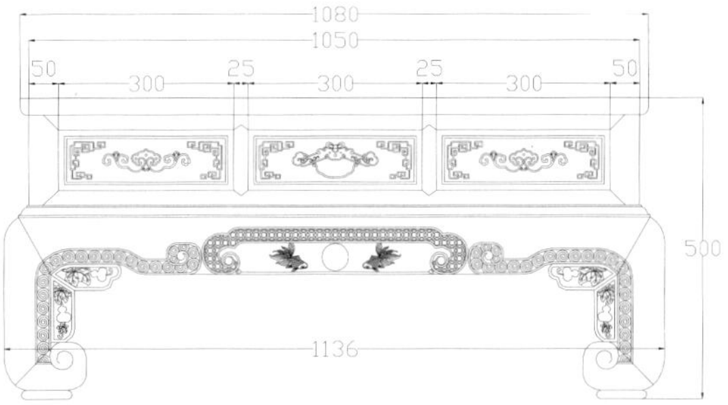

左视图

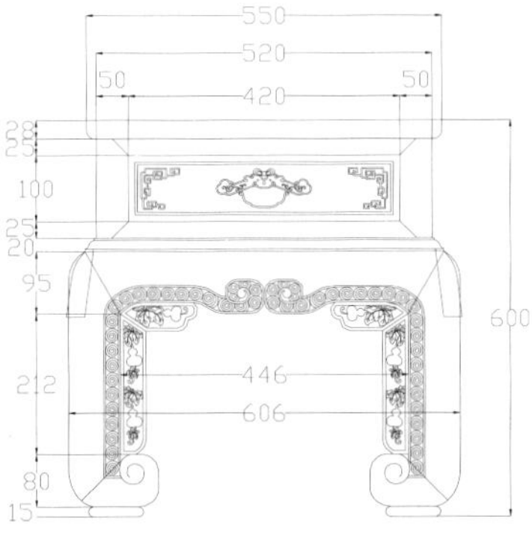

左视图

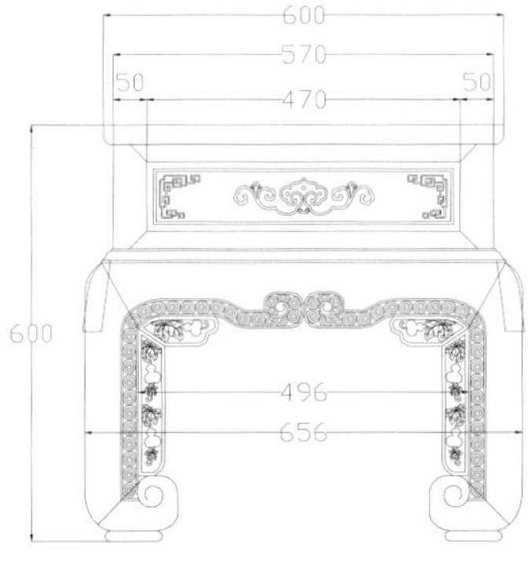

主视图

祥云如意沙发

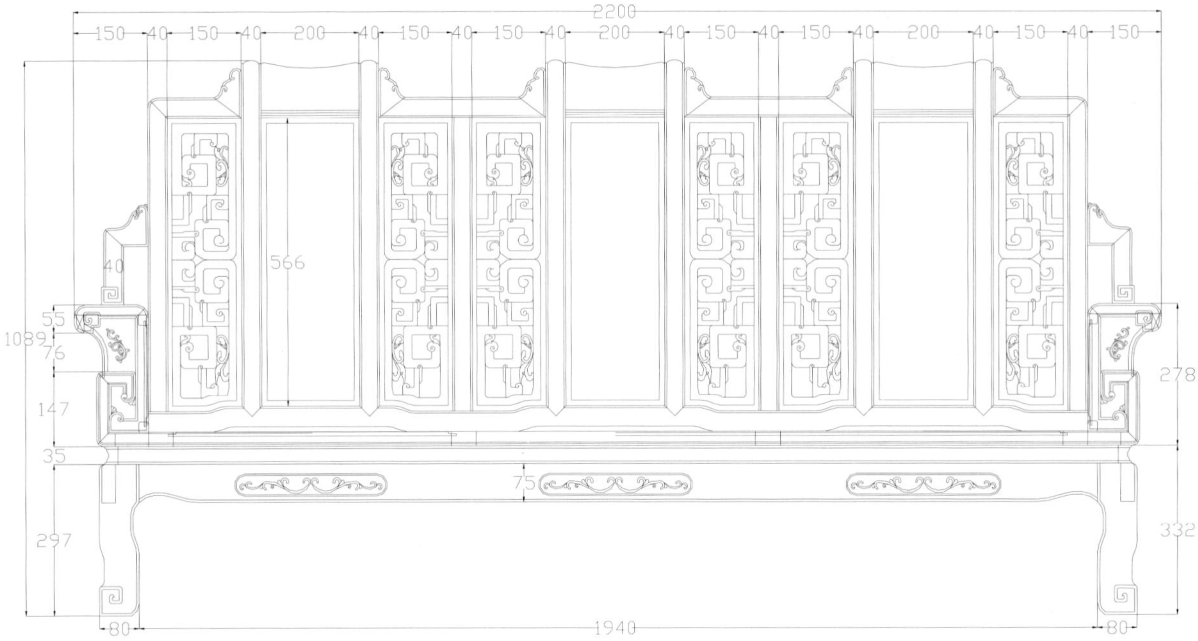

主视图

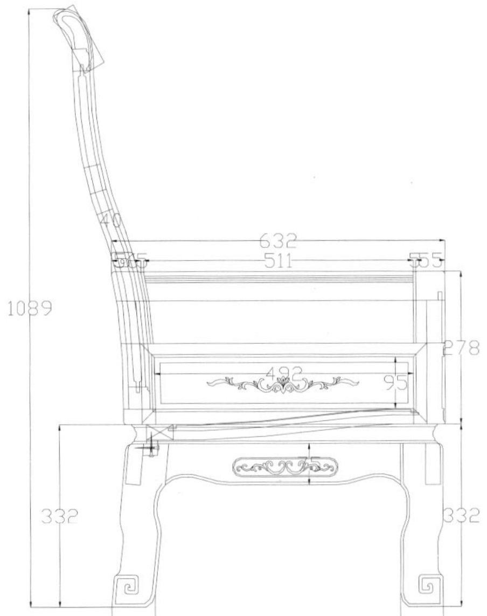

左视图

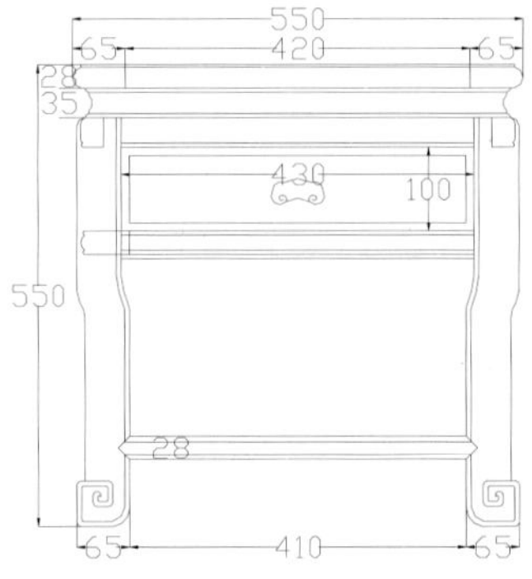

主视图

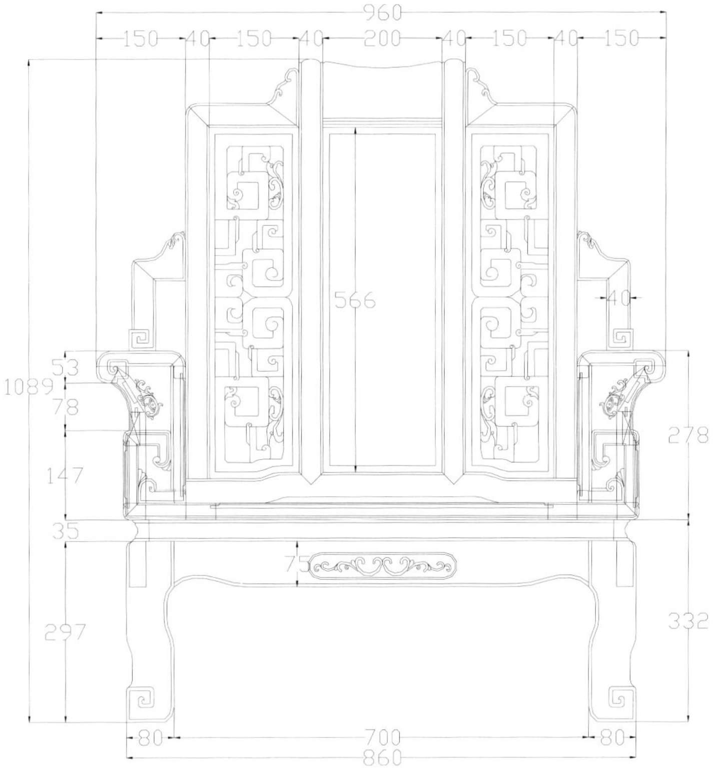
960
150
40
150
40
200
40
150
40
150
566
40
53
1089
78
278
147
35
75
297
332
80
700
80
860

主视图

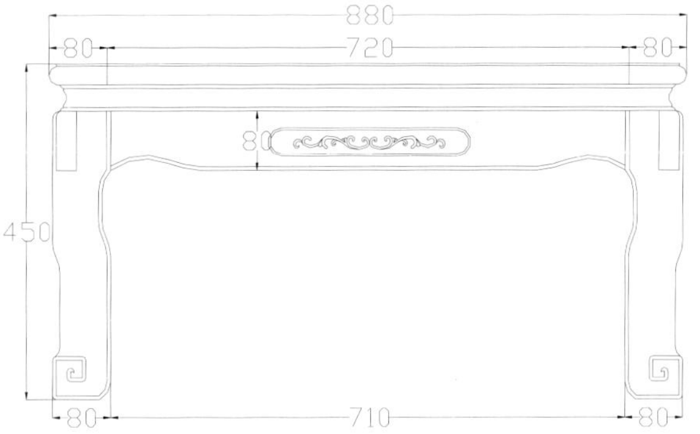
880
80
720
80
80
450
80
710
80

左视图

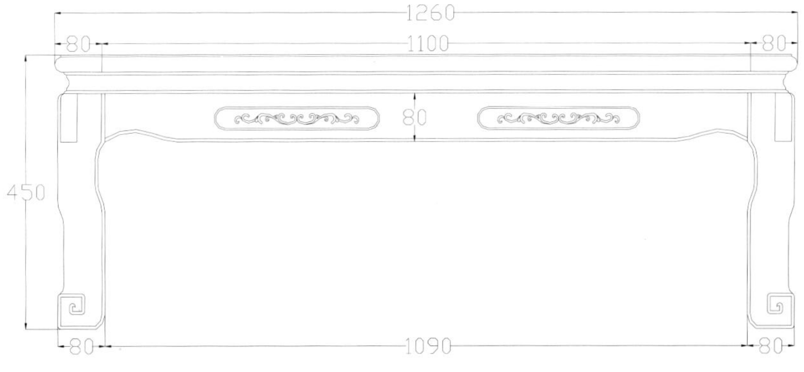
1260
80
1100
80
80
450
80
1090
80

主视图

新中式幸福沙发

主视图

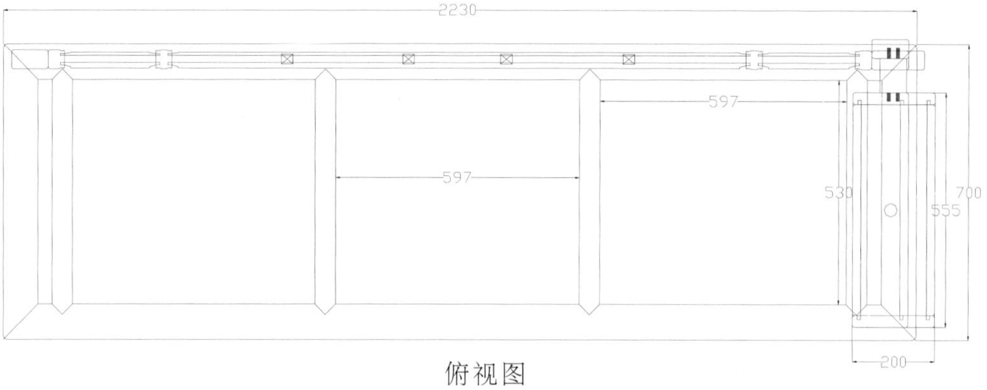

俯视图

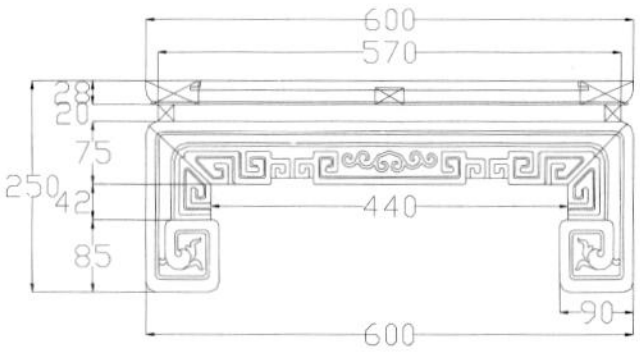

主视图

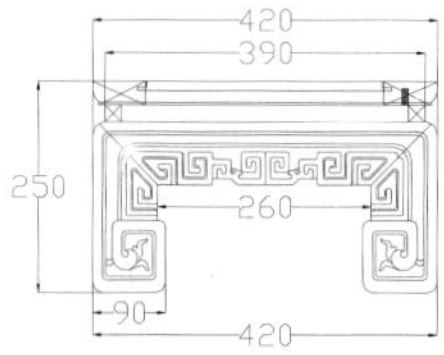

左视图

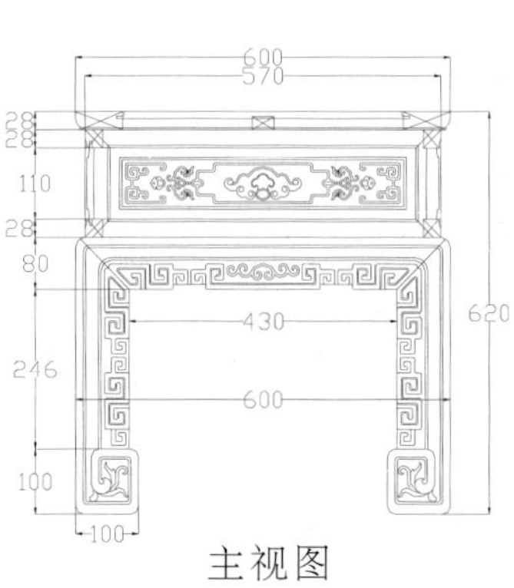

主视图

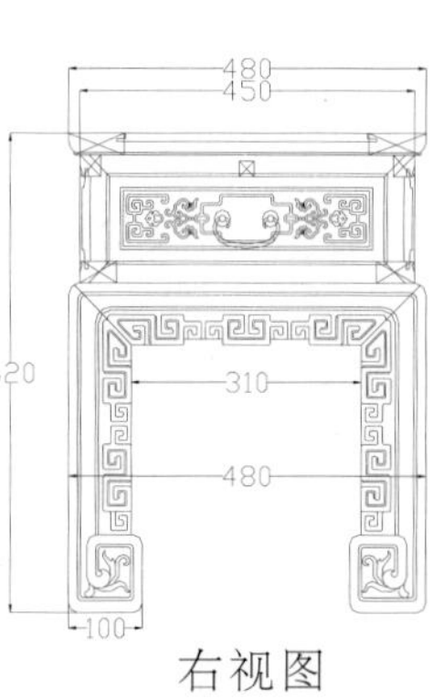

右视图

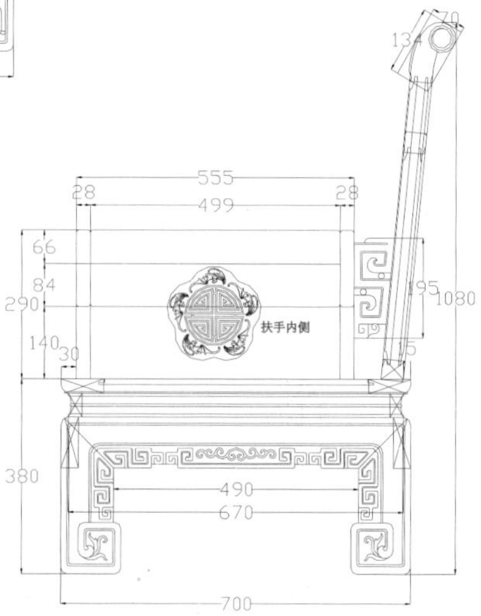

右视图

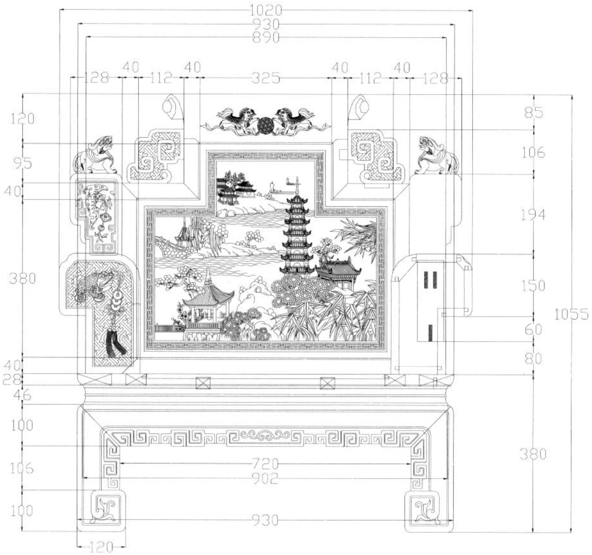

主视图

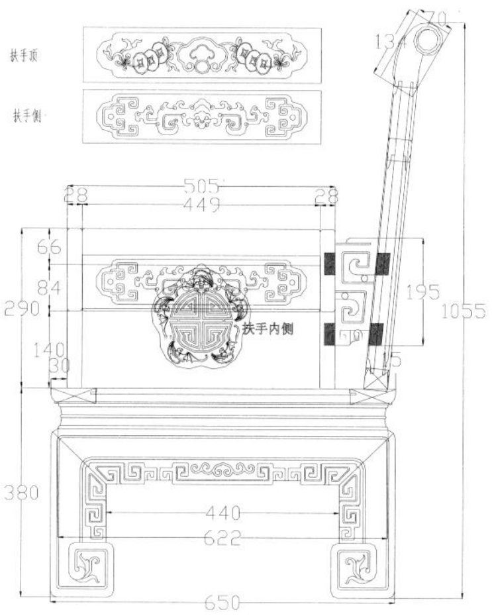

右视图

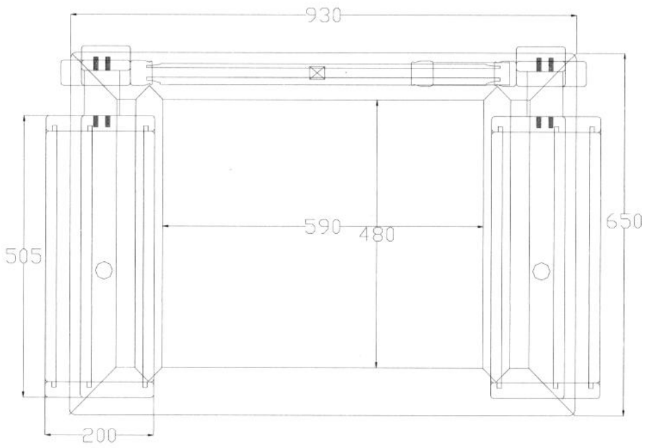

俯视图

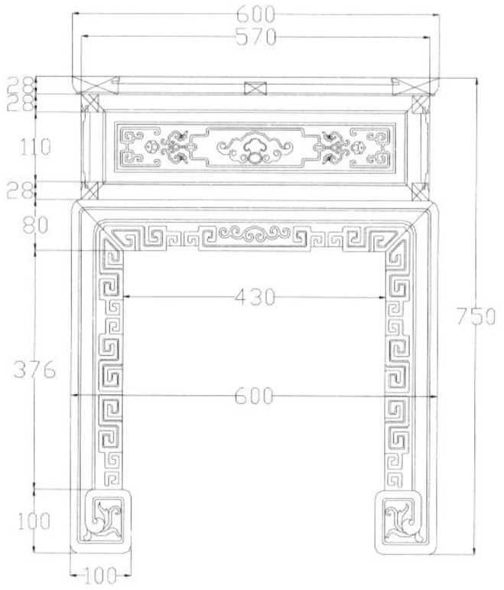

主视图

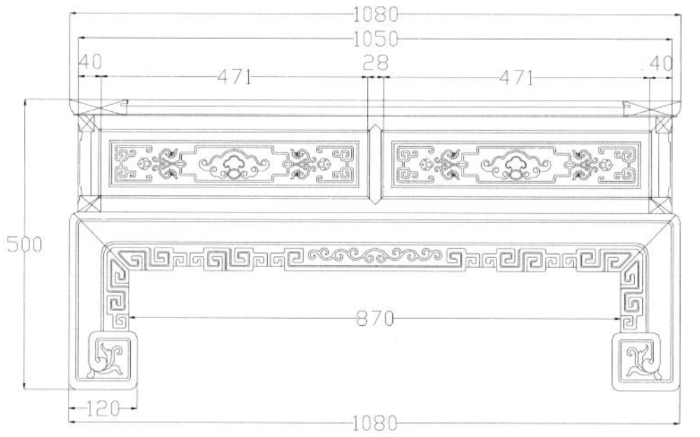

左视图

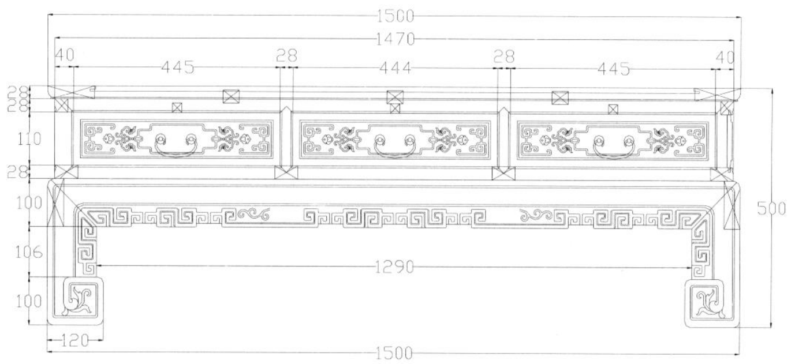

主视图

新中式云龙沙发

主视图

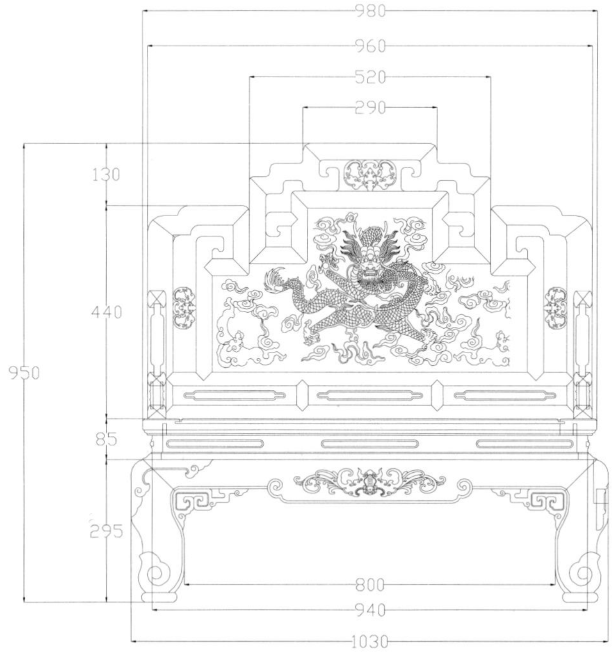

主视图

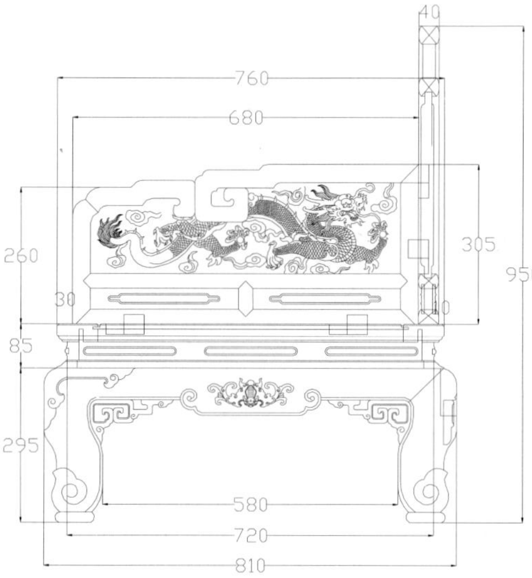

右视图

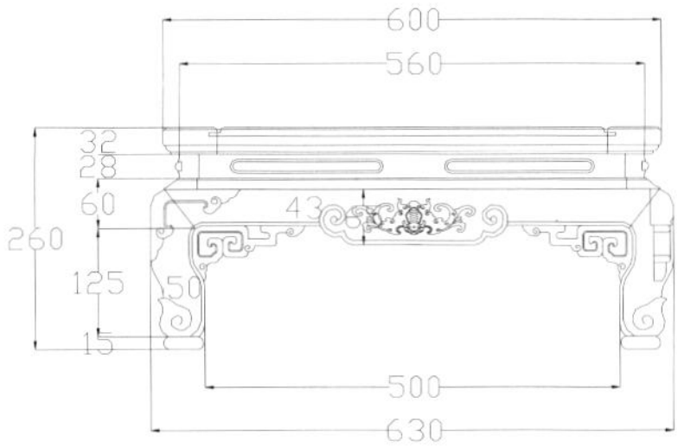

左视图

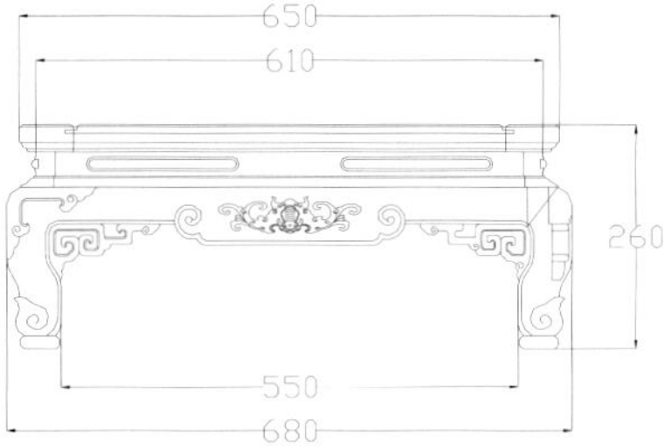

主视图

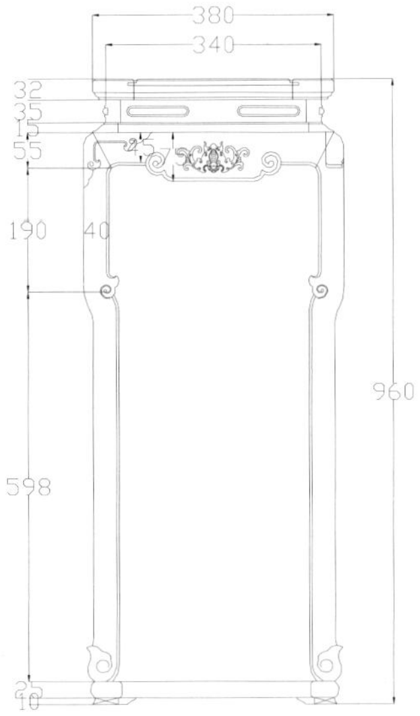

主视图

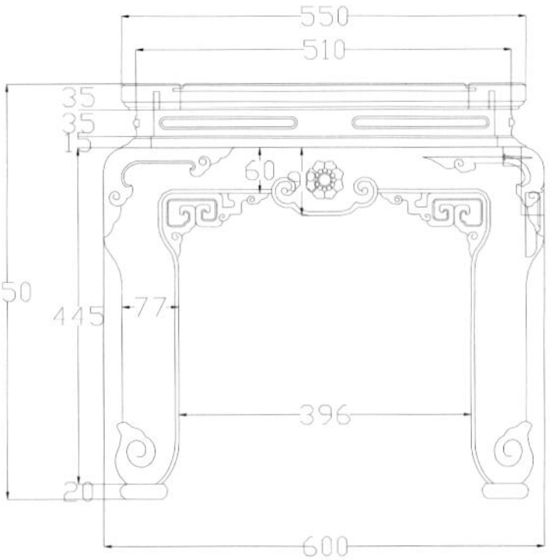

左视图

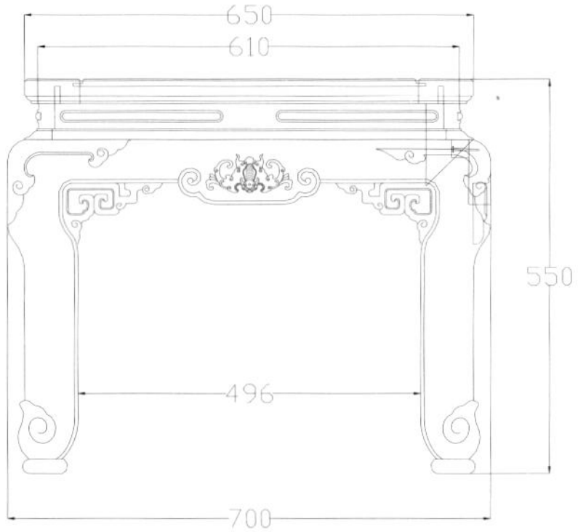

主视图

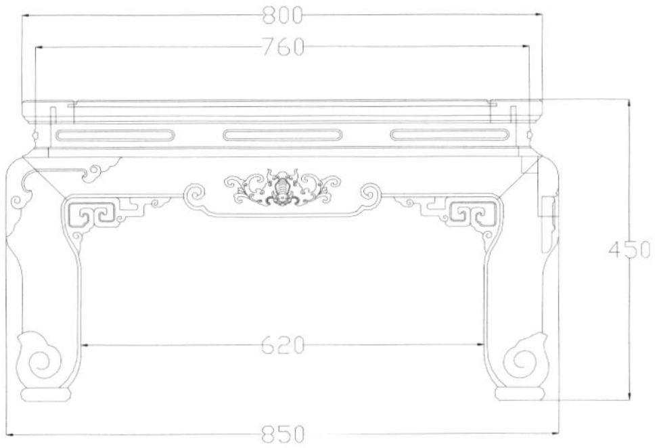

左视图

主视图

新中式竹节沙发

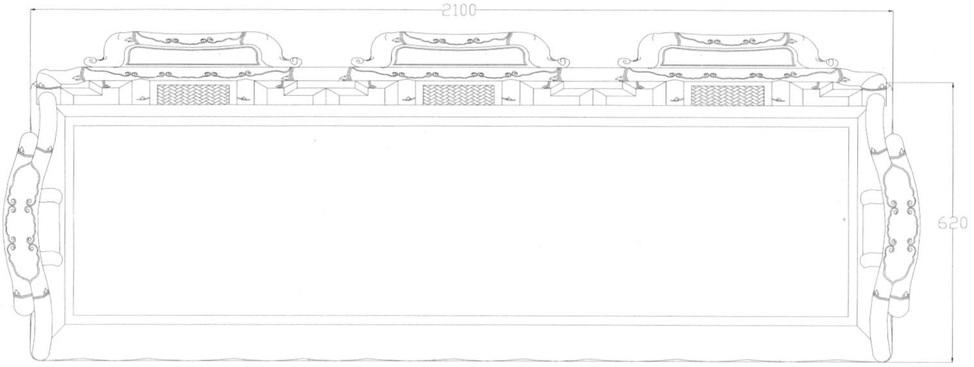

俯视图

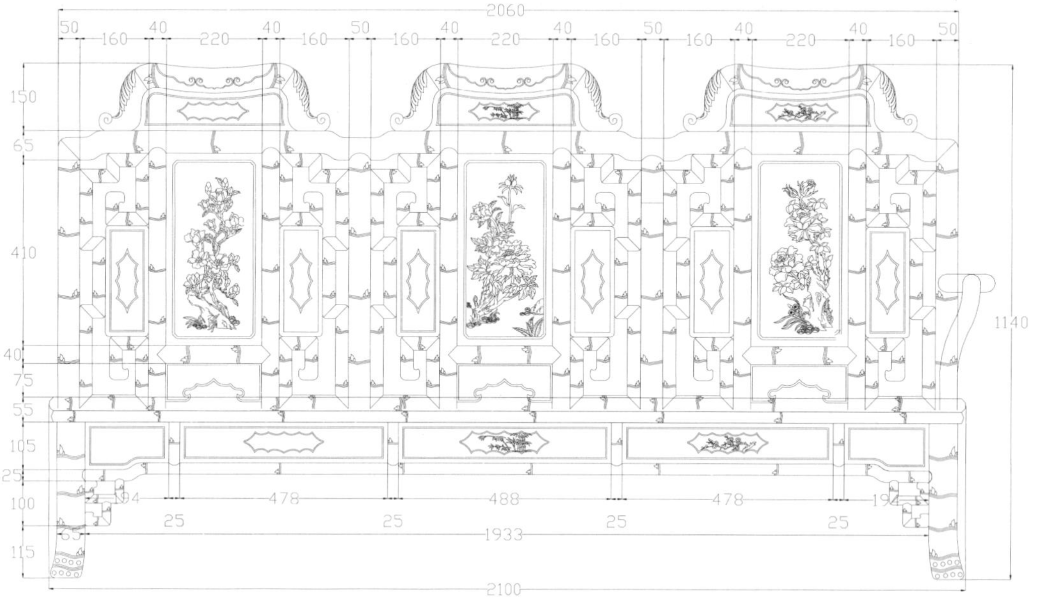

主视图

俯视图

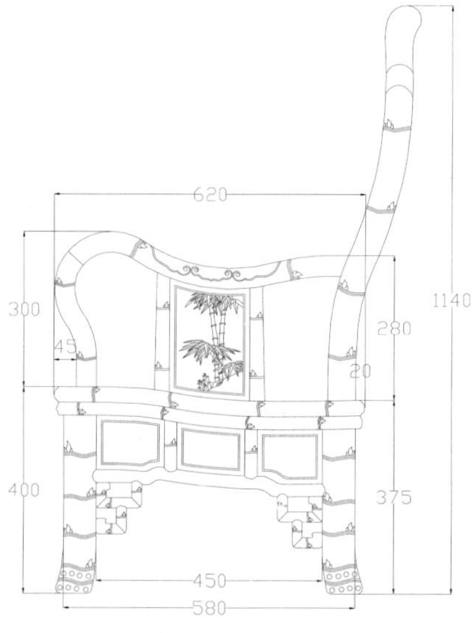

右视图

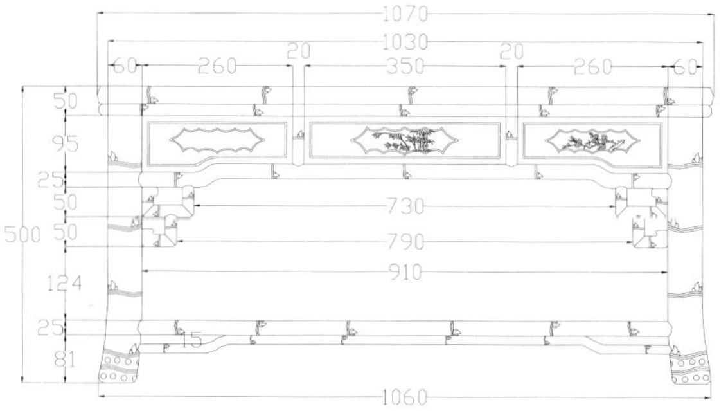

左视图

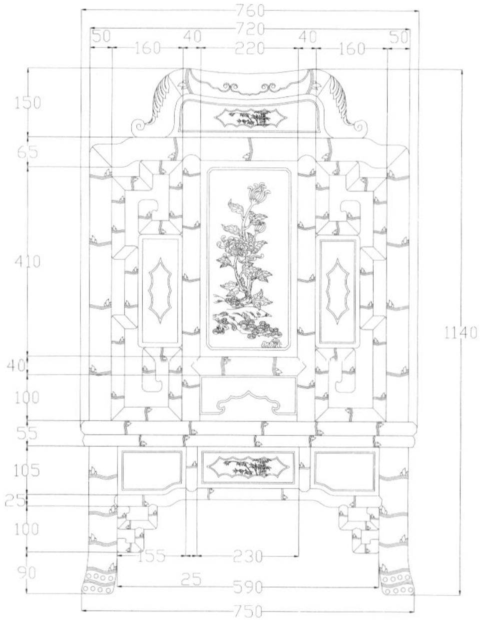

主视图

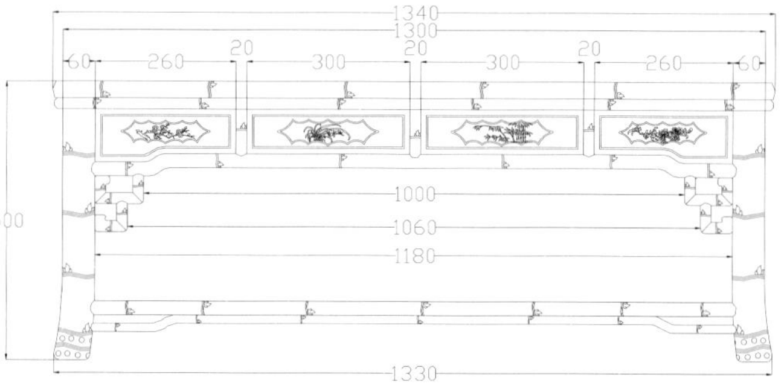

主视图

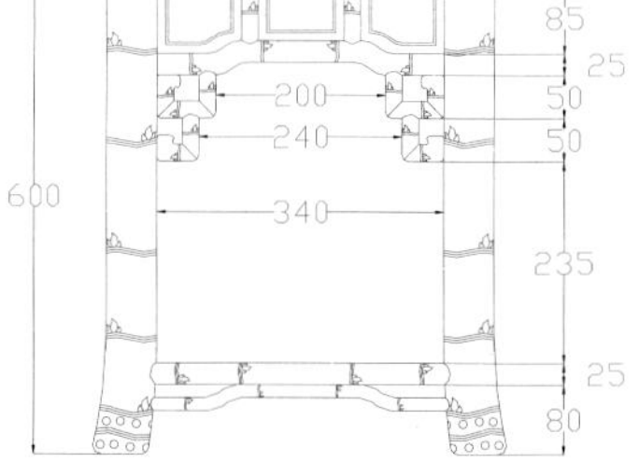

左视图

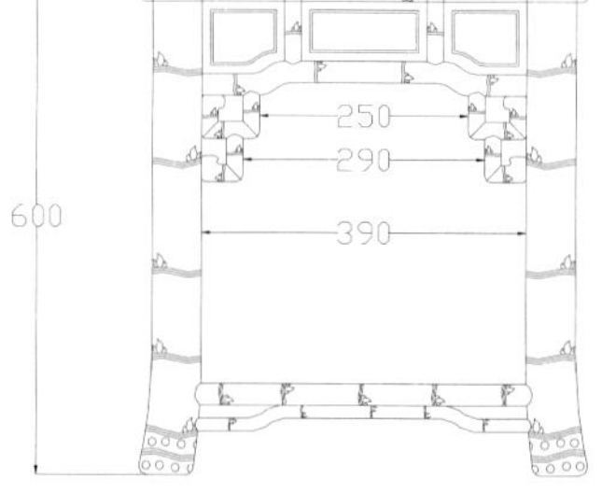

主视图

清式竹节沙发

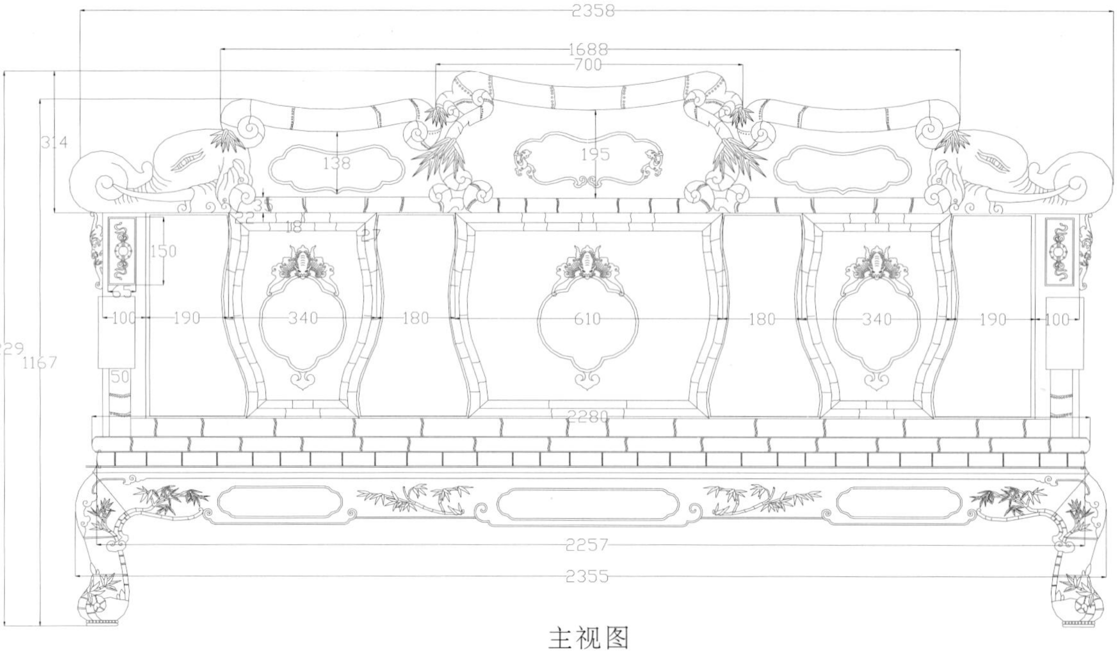

主视图

左视图

主视图

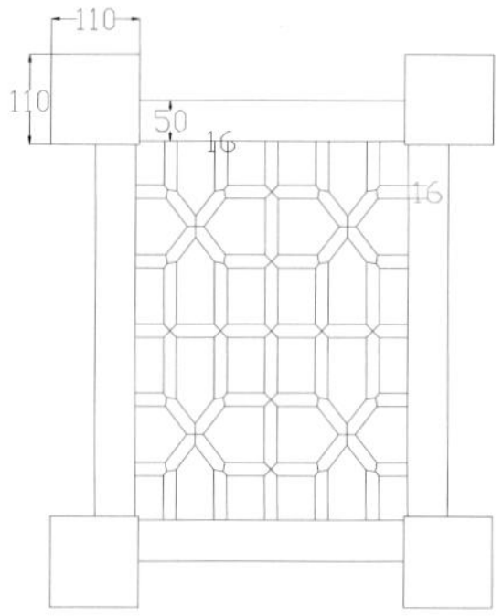

俯视图

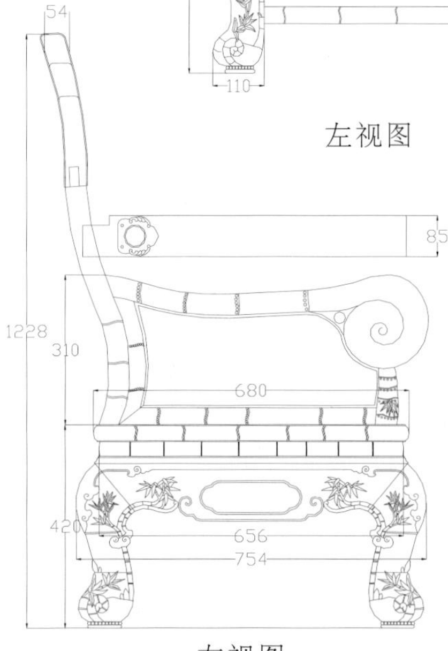

左视图

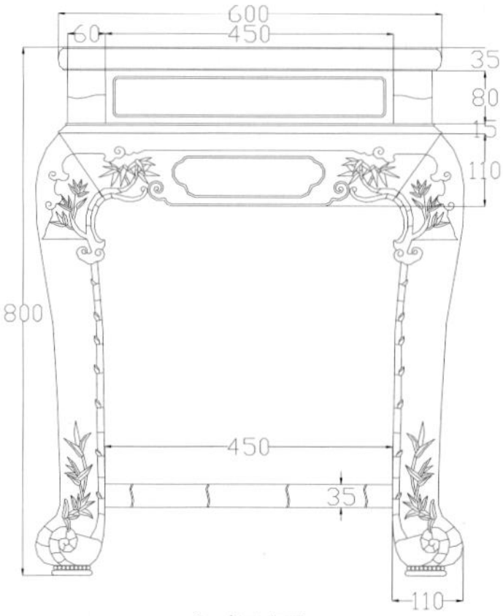

主视图

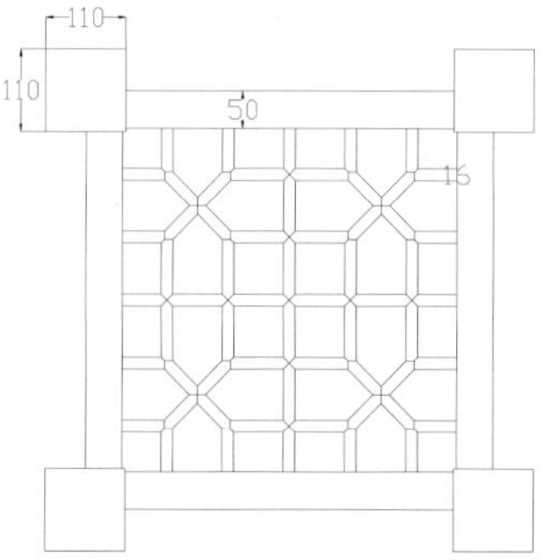

俯视图

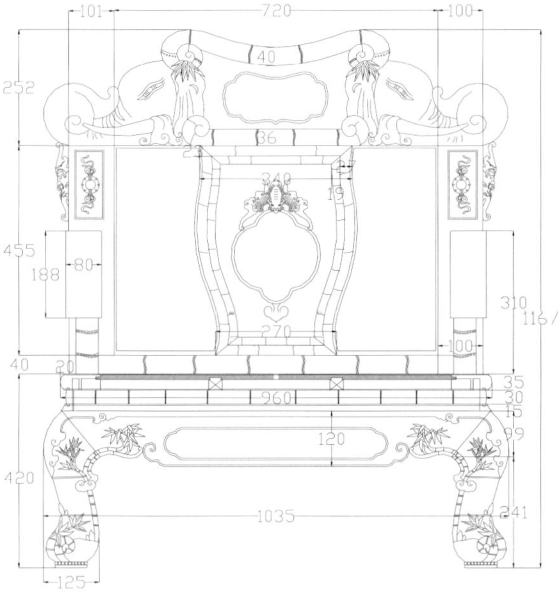

主视图

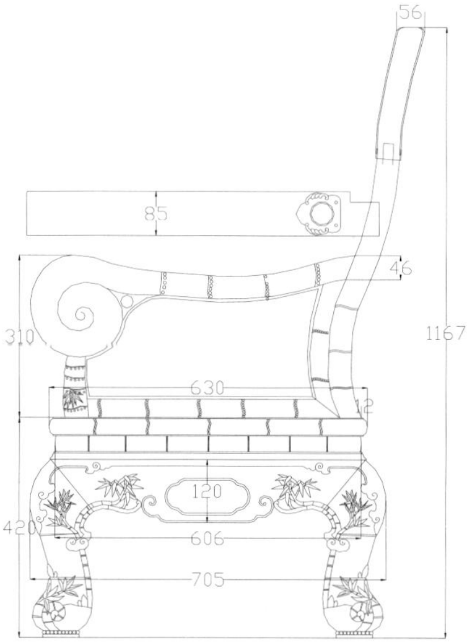

右视图

左视图

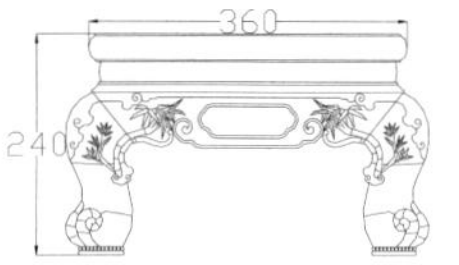

左视图

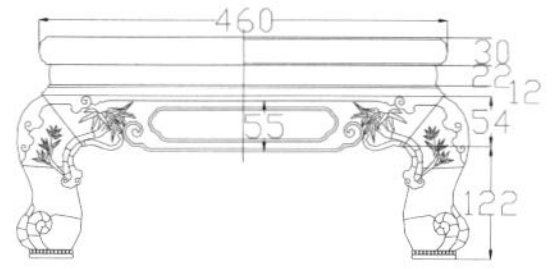

主视图

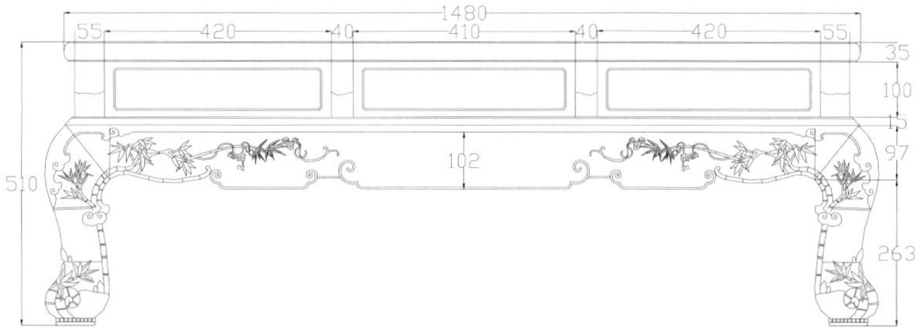

主视图

紫光沙发

主视图

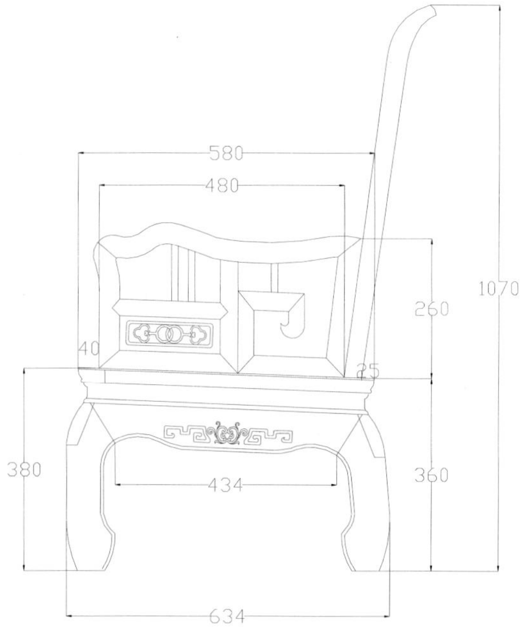

左视图

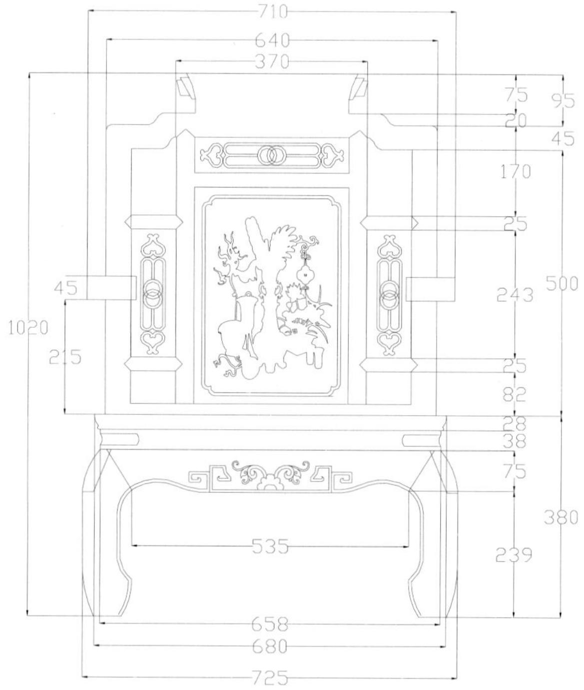

主视图

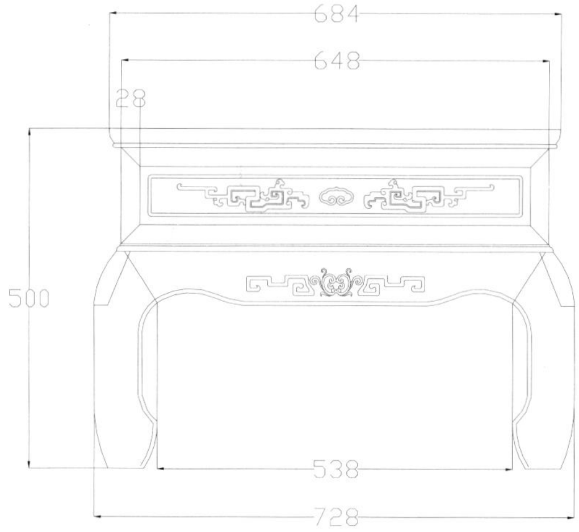

左视图

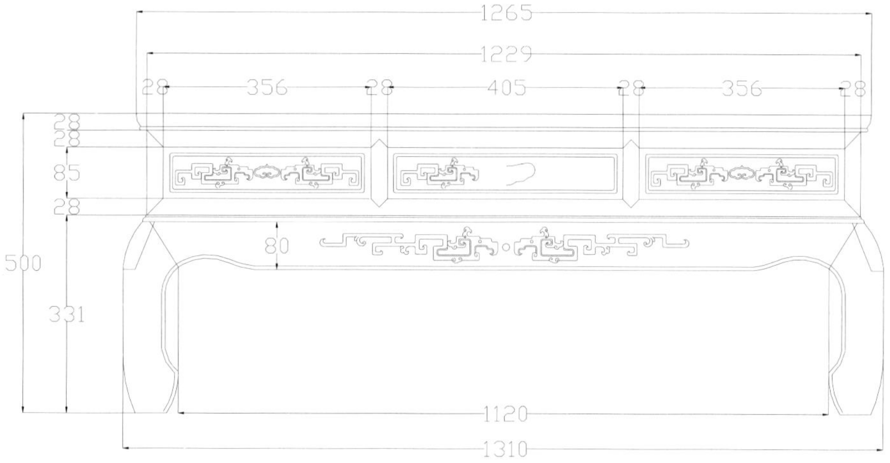

主视图

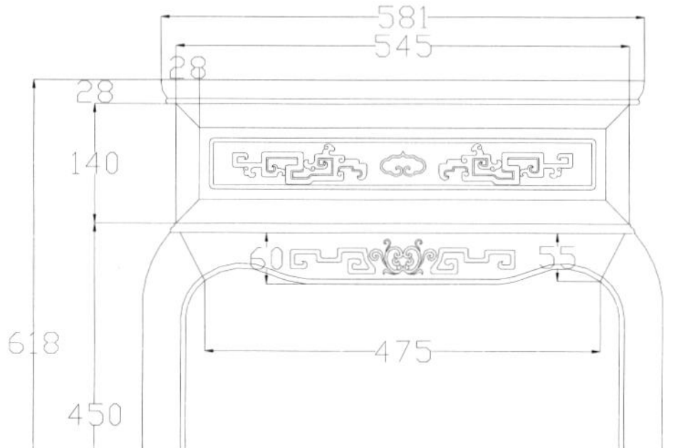

主视图

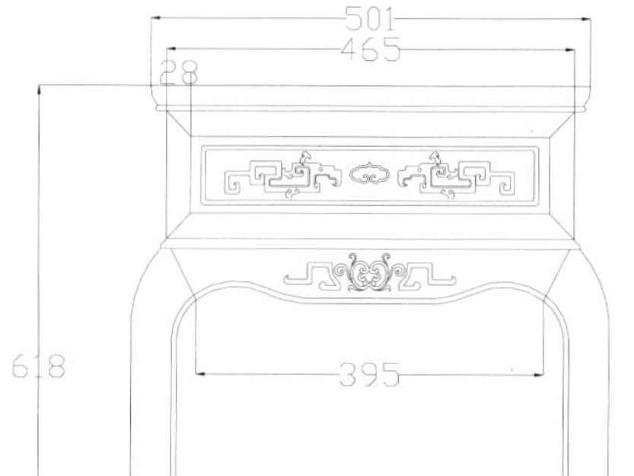

右视图

鸿运沙发

主视图

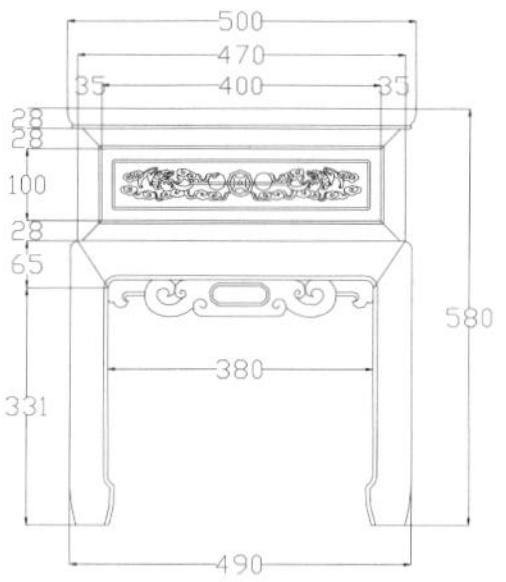

左视图

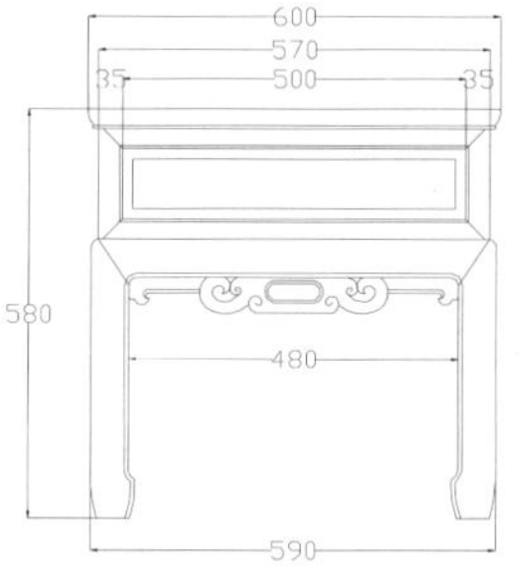

主视图

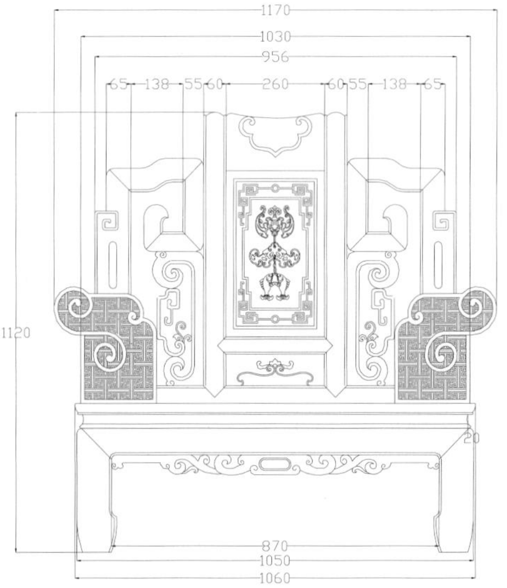

主视图

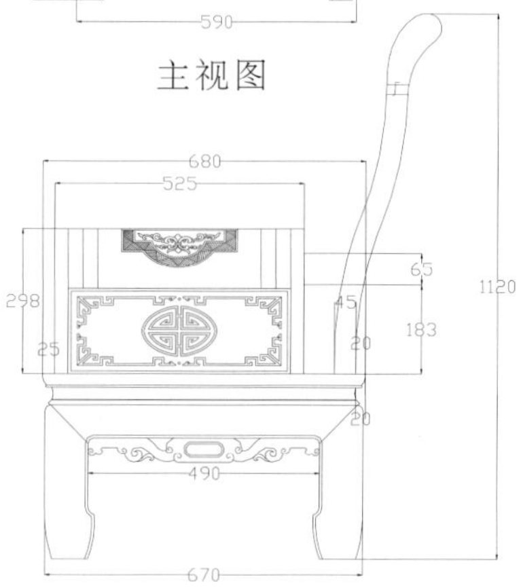

右视图

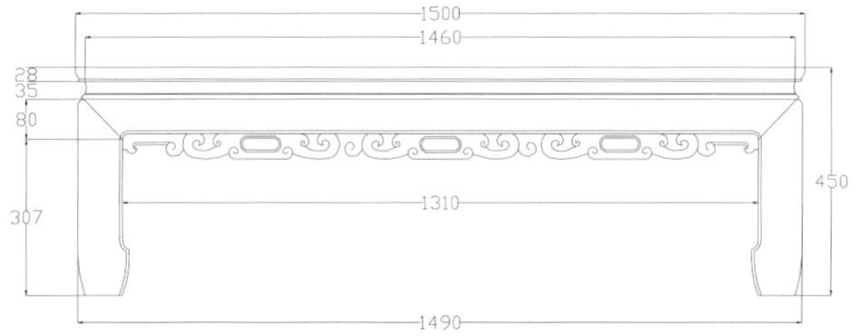

主视图

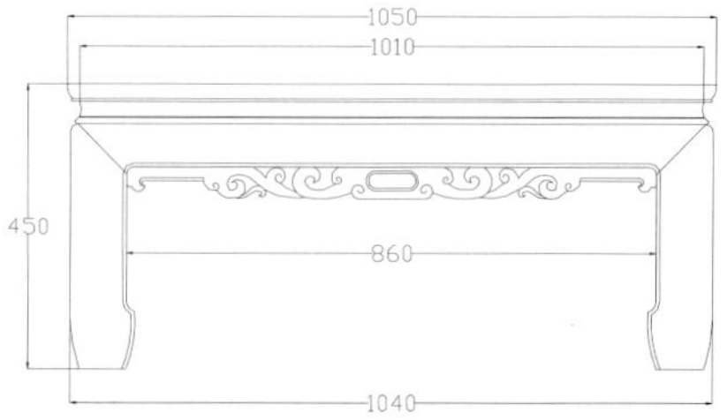

左视图

景韵沙发

主视图

主视图

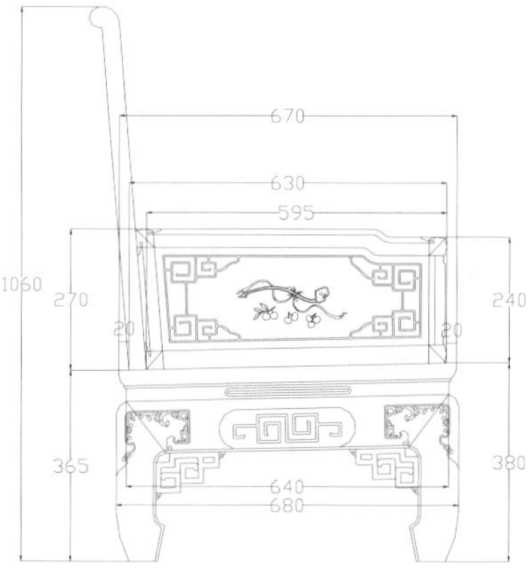

左视图

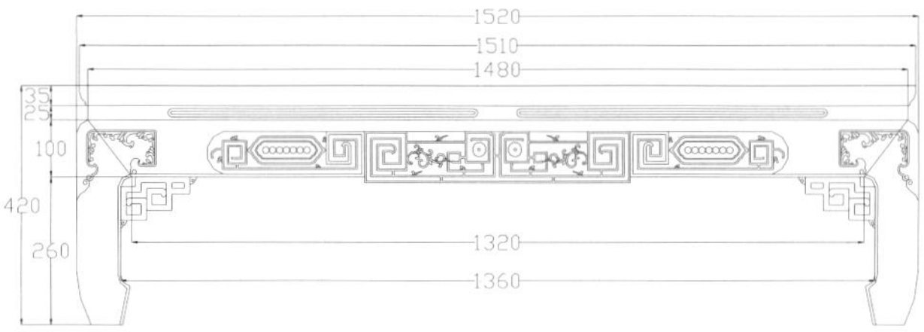

主视图

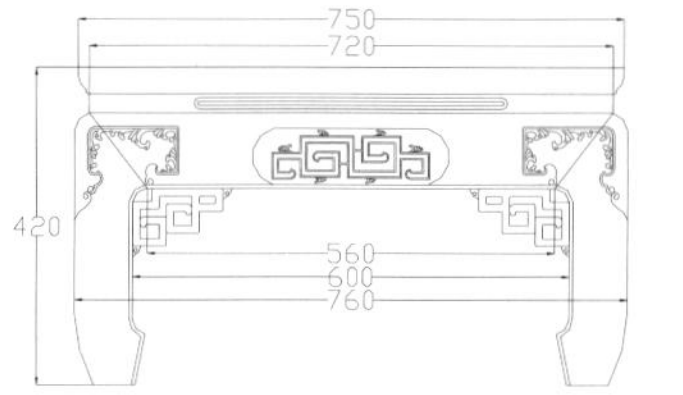

左视图

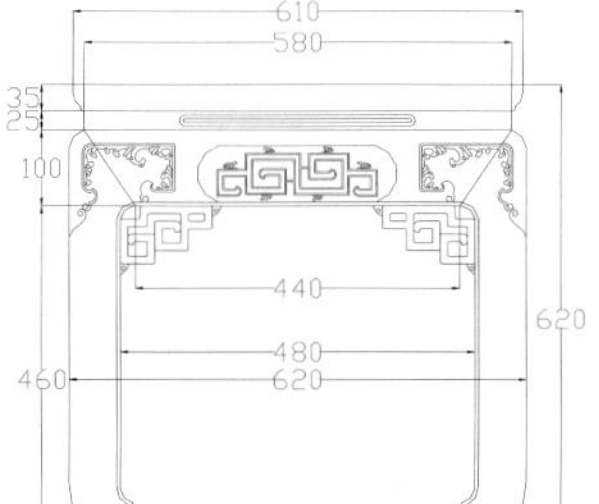

主视图

西湖沙发

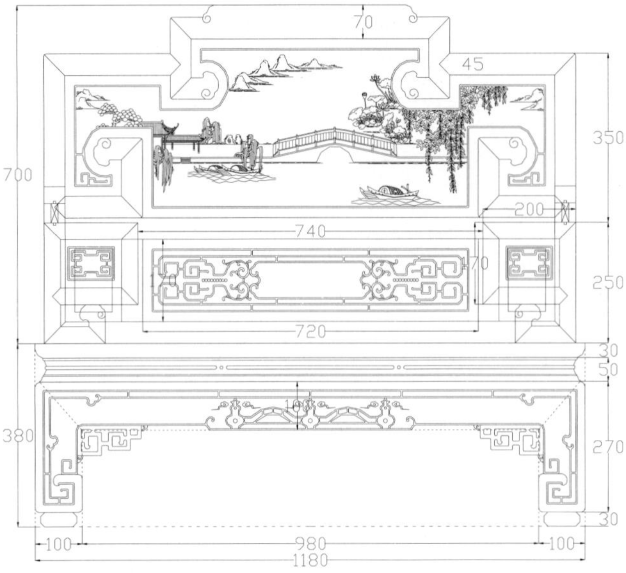

主视图

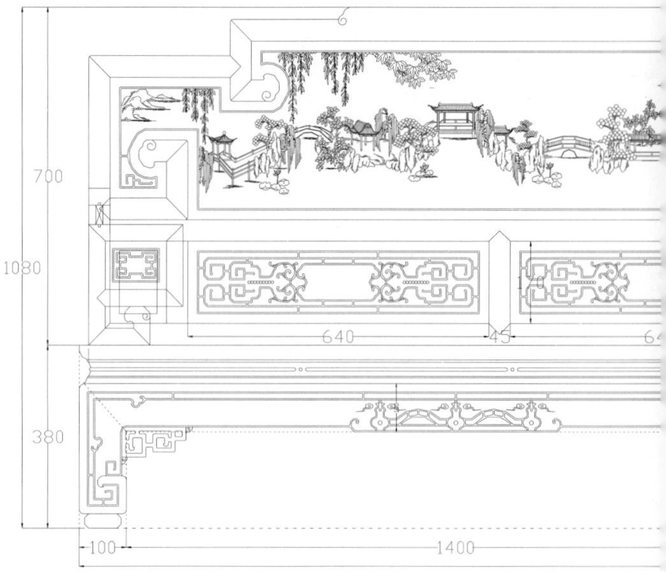

主视图

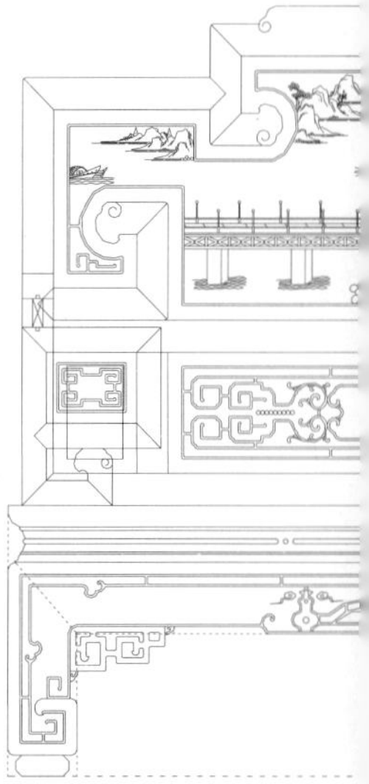

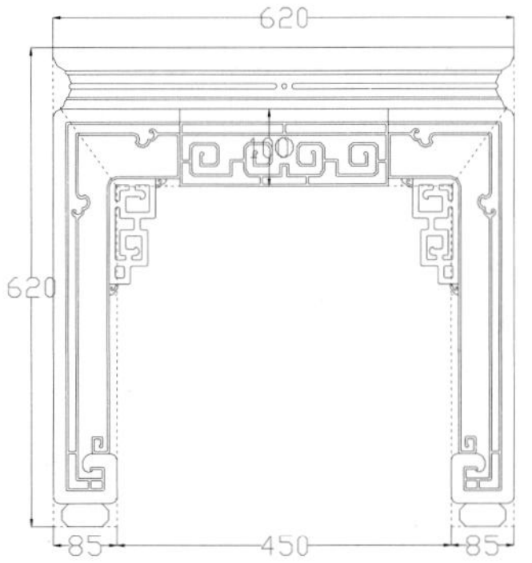

主视图

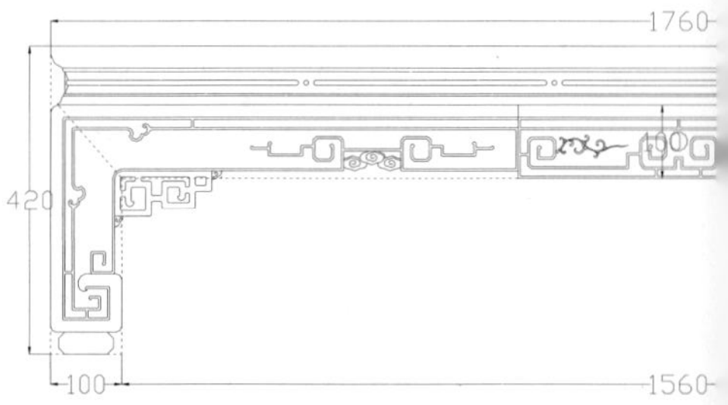

主视图

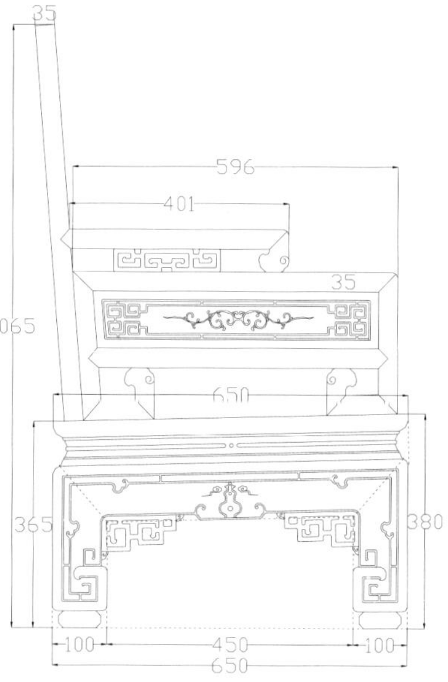

左视图

主视图

主视图

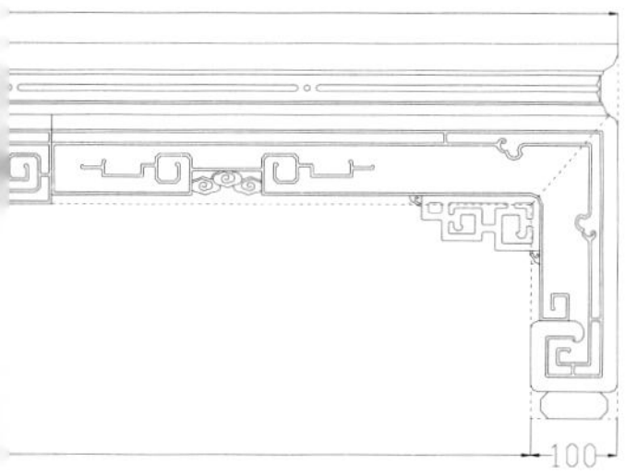

主视图

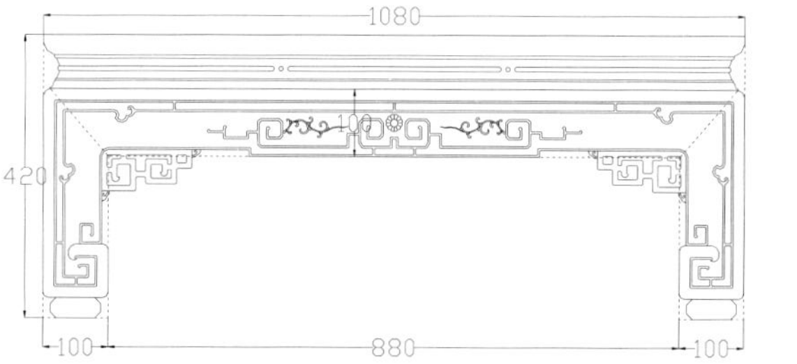

左视图

四季花沙发

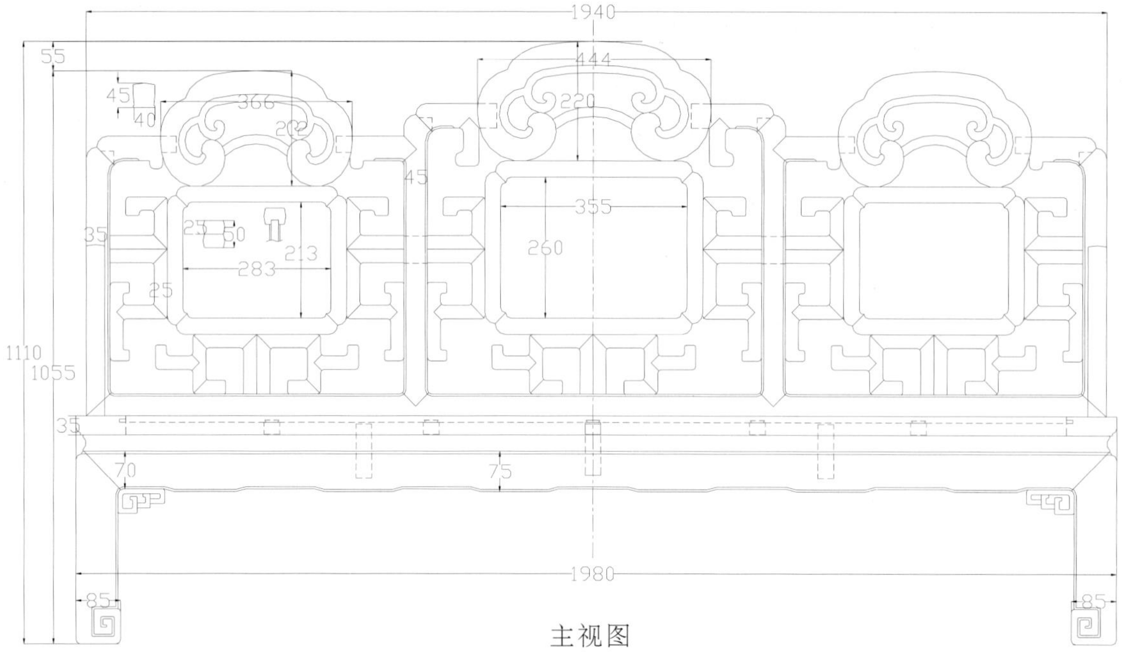

主视图

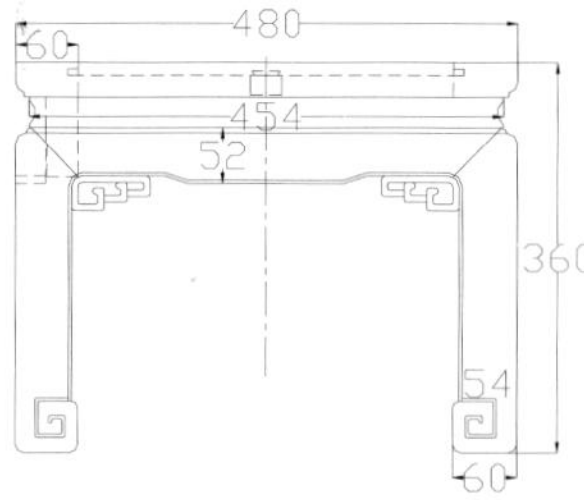

主视图

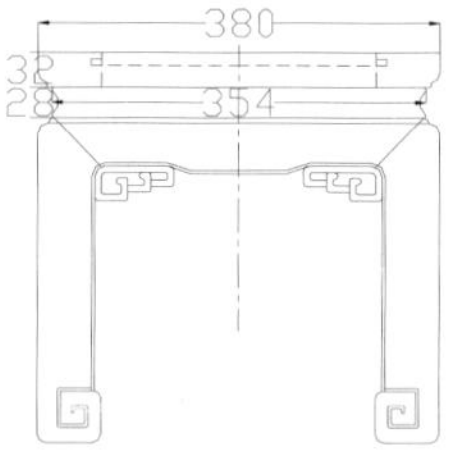

左视图

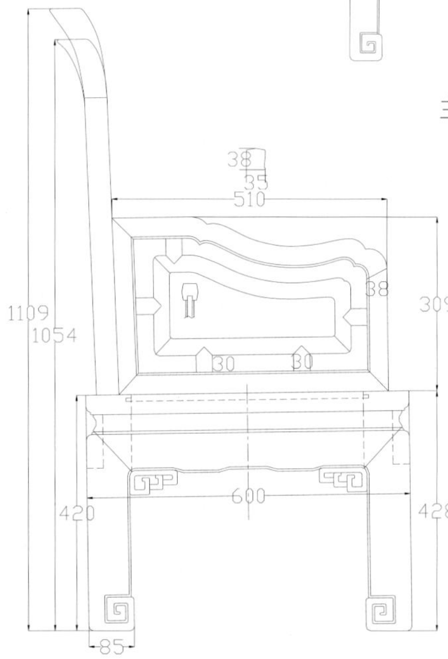

左视图

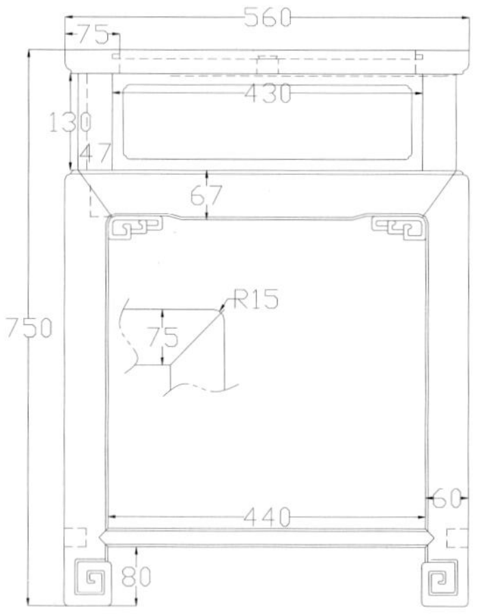

主视图

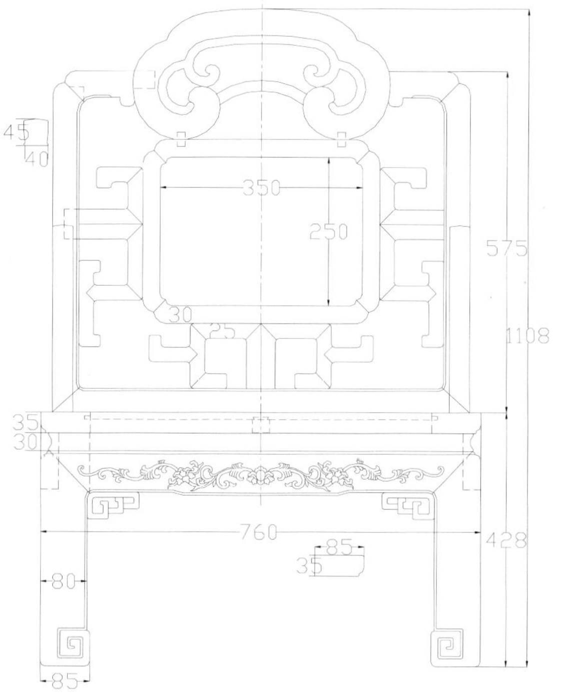
45
40
350
250
575
30
25
1108
35
30
760
85
35
428
80
85

主视图

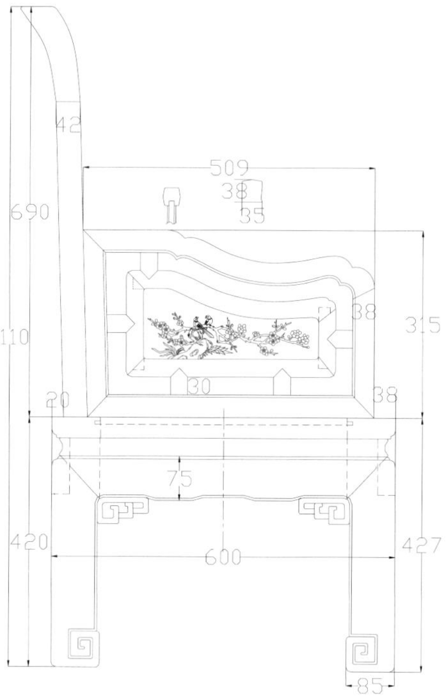
42
509
38
35
690
38
315
1110
30
20
38
75
420
600
427
85

左视图

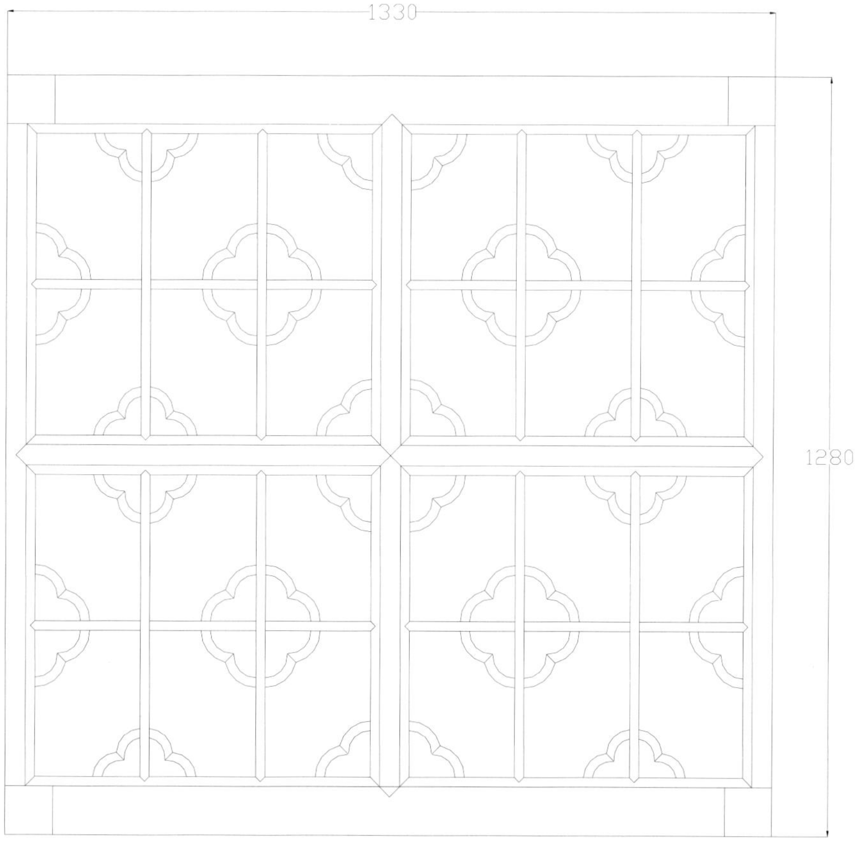
1330
1280

细节图

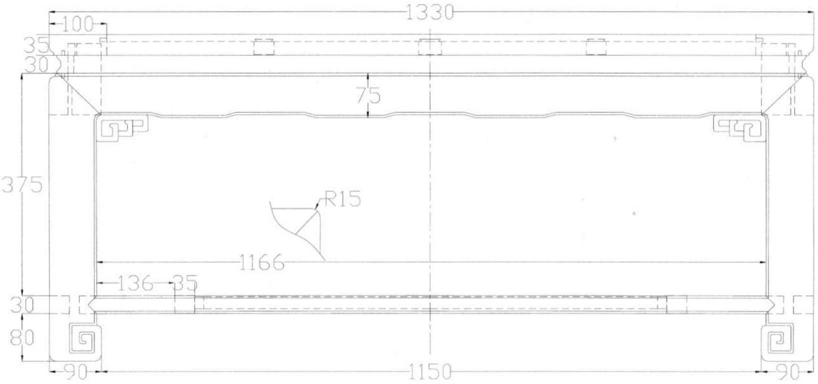

主视图

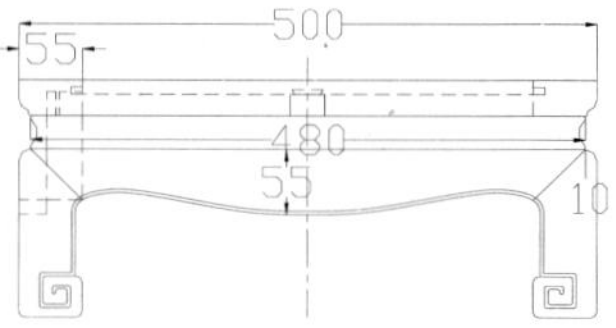

主视图

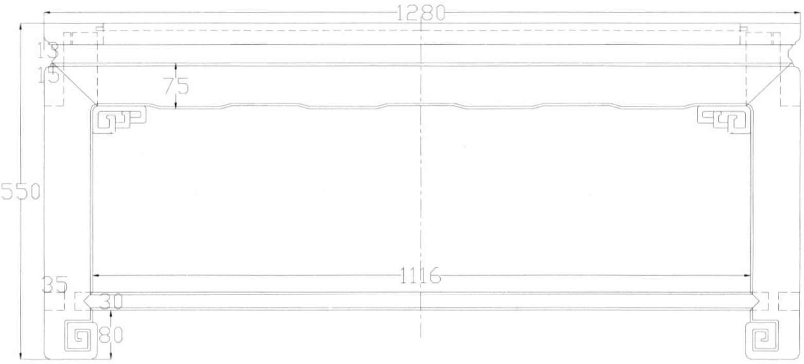

左视图

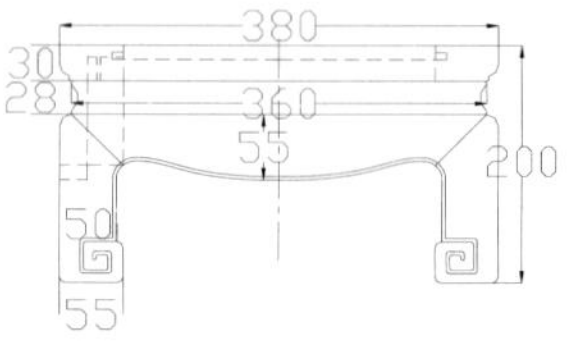

左视图

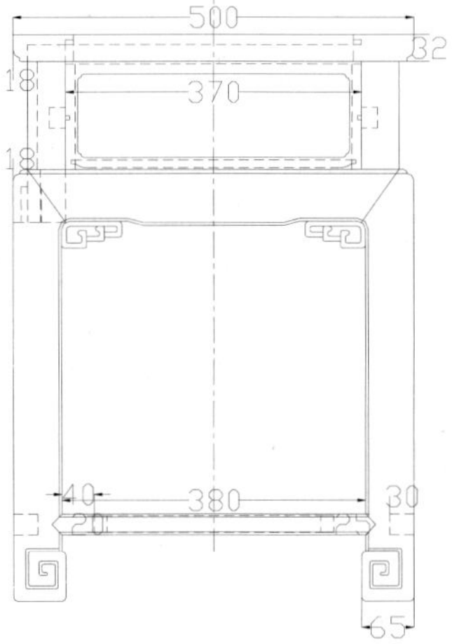

左视图

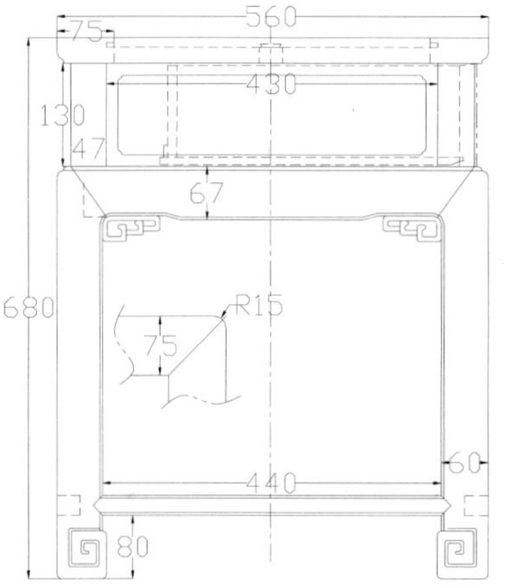

主视图

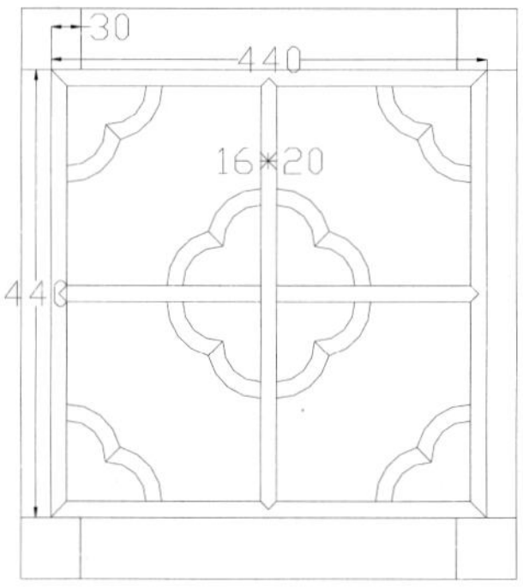

细节图